中国灾害社会心理工作丛书

一起重生

三个震撼人心的故事

沈文伟◎编著

董雪峰　刘忠能　苏成刚◎口述

BOUNCING BACK
TOGETHER

社会科学文献出版社

SOCIAL SCIENCES ACADEMIC PRESS (CHINA)

鸣　谢

感谢怡和集团旗下慈善组织香港思健（Mindset）基金会对映秀镇民众的持续帮助和对于本书的支持。感谢香港思健基金会长期的投入，可以让这样感人的故事被更多的人知晓，让更多的人从中受益。

编著者

编撰者团队

编　著　沈文伟

口　述　董雪峰　刘忠能　苏成刚

执　笔　潘　辉

编　辑　刘　洋

＊感谢刘立祥、徐艳青女士在资料搜集和整理方面对本书的贡献

目 录

一起重生

一起重生

总　序

　　积极参与灾害救援与灾后恢复重建是社会工作的重要使命，大力发展灾害社会工作是提升灾害管理能力的必然要求。2008 年 5 月 12 日，我国发生了汶川特大地震，这是世界历史上最大的自然灾害之一，共造成 69227 人丧生、374643 人受伤、17824 人失踪，给灾区人民生产生活造成了极大损失。地震发生后，有 1000 多名来自全国各地的社会工作者参与了灾害紧急救援、灾区群众过渡性安置和灾后恢复重建工作。他们秉承助人自助的专业理念、发扬无私奉献的专业精神，围绕灾区群众需求开展了心理疏导、情绪抚慰、残障康复、社区重建、生计支持、能力提升等一系列服务项目，得到了灾区党委政府和群众的充分认可。特别是在灾区党委政府的重视支持下，通过外来资源与本地力量的协作联动，组建了一批灾区本地的社会工作人才机构，使社会工作支援项目转化成了灾区本地项目，使社会工作专业理念、知识、方法在灾区落地生根，实现了社会工作的本地化、可持续发展。

　　社会工作在汶川地震中的介入，是我国首次开展灾害社会工作实务探索，在灾害救援和社会工作发展历史上具有里程碑意义。在之后发生的甘南舟曲特大泥石流灾害、玉树地震、雅安芦山地震中，社会工作介入汶川地震的经验被充分借鉴并得到进一步丰富和发展。民政部在此基础上制定出台了《关于加快推进灾害社会工作服务的指导意见》，并在 2014 年 8 月云南鲁甸地震发生后首次统筹实施了国家层面的社会工作服务支援计划，将灾害社会工作推向了新的发展阶段。

　　灾害社会工作是一个非常特殊的专业领域，社会工作者在灾害管理中扮演

着多种角色，需要与政府部门、社区机构、社会组织、企业等方面建立良好协作关系，针对灾后不同阶段特点，为不同服务对象提供个性化服务，这对灾害社会工作者的能力素质提出了很高要求。由于我国社会工作发展起步较晚，与社会工作发达国家和地区相比，灾害社会工作的教学研究与实务积累较为欠缺，迫切需要加强国（境）内外的交流合作，不断提升国内灾害社会工作的职业化专业化水平。

我国灾害社会工作的孕育发展，得到了香港社会工作同仁的大力支持。其中，来自香港理工大学的沈文伟博士在香港怡和集团思健基金会的资助下，与成都信息工程学院、四川农业大学、西南石油大学、乐山师院等高校合作开展了"四川灾后社会心理工作项目"。该项目自2009年2月开始，到2016年12月结束，致力于为灾区学校的学生、教师及其家庭、社区提供社会心理健康服务，为国内同行开展灾害社会工作提供了典型示范。此外，沈文伟博士通过"地震无疆界项目"，与英国剑桥、牛津、杜伦、赫尔、利兹、诺森比亚等高校的专家学者以及英国海外发展部、地质调查局、国家土地观测中心、灾害风险应急中心等机构密切合作，在哈萨克斯坦、吉尔吉斯斯坦、印度、意大利、希腊、土耳其、伊朗、尼泊尔等国家开展了一系列灾害社会工作研究与实务项目，对建立多学科交叉、跨部门联动的灾害社会工作服务机制，提升地震灾害的综合应对能力进行了卓有成效的探索。

经过汶川特大地震以来六年多的实践积累，沈文伟博士及其合作伙伴总结了近年来灾害社会工作研究成果以及汶川、陕西等地区防灾减灾、灾害救援和灾后恢复重建工作经验，精心编著了"中国灾害社会心理工作丛书"。丛书所包含的成果具有很强的实用价值，能够指引灾害社会工作者科学开展社会心理需求评估工作，设计实施社会心理服务项目。这些成果已经在芦山地震和鲁甸地震灾后恢复重建工作中得到了有效应用。同时，该丛书也有助于丰富社会工作教学内容，促进培养实务型社会工作人才特别是从事灾害管理与灾后恢复重建工作的社会工作者。我十分期待"中国灾害社会心理工作丛书"的出版发行，并愿意向广大社会工作从业人员推荐。

伴随着近年来中央一系列社会工作重大政策和相关法规的出台，我国社会工作事业迎来了蓬勃发展的春天。民政部社会工作司将坚持不懈地推进包括灾害社会工作在内的各项社会工作事业发展，充分发挥社会工作者的重要作用，增进人民群众的社会福祉。也真诚地希望社会工作教育、研究、实务、行政各界同仁，秉承社会工作的专业价值，发扬社会工作的专业精神，坚守社会工作的专业理想，精诚团结、继往开来、不断提升，为我们共同热爱的社会工作事业贡献更多智慧与努力。

　　是为序。

民政部社会工作司司长　王金华

2014 年 9 月 22 日

推荐序一

2008年5月12日四川省阿坝州汶川县发生特大地震的时候，我仍在美国居住，虽然天南海北，但那地动山摇、颓垣败瓦、生离死别的画面震撼了世界每一个角落，也牵动了每一个人的心。我从那时起知道有一个映秀镇，有一个映秀小学，刹那间，很多老师和孩子长眠地下，很多家庭从此不一样。作为一个中国人，作为一个教育工作者，作为一个家长，此情此景，似远还近，内心有说不出的无奈和难过。

2013年5月，汶川大地震5年之后，我来到了映秀镇，我怀着哀悼和纪念的心情而来，但目之所及令我惊叹不已，曾遭无情天灾彻底破坏的映秀镇重建得如此整齐亮丽，一切已井然有序地重新开始，当中处处流露出映秀镇居民或者说是中华民族的坚忍、顽强的精神。

香港理工大学积极参与了四川"5·12"地震救灾以及灾后重建工作，灾难当前，能够用得着我们的专业知识，对于我们来说，既义不容辞，也责无旁贷。其中的灾后重建学校社会工作项目（现更名为香港理工大学四川灾害社会心理工作项目）已经在映秀镇、汉旺镇、兴隆镇、清平乡四个重建地区进行多年，专门服务于灾后致残人士、老师、家长及学生，为重建提供心理支持及家庭综合服务等，并且取得了良好的成果。

那次到访映秀镇，我认识了董雪峰、刘忠能、苏成刚三位老师，他们开朗健谈，向我详细介绍映秀小学当下的情况以及今后的愿景，聚餐时更是引吭高歌，跳起了欢快的锅庄舞。我深信，映秀小学在他们几位充满正能量的老师的带领和感染下，一定可以精彩地重生，而且能更胜从前。

直至我翻阅《一起重生》这本书时，才知道他们在"5·12"地震中经历了生命中难以承受的悲痛，挚爱的妻子和儿子都在那天崩地裂的一瞬间离他们而去。字里行间，当年映秀镇在天灾蹂躏之下的彷徨、恐惧、悲哀、绝望仿佛重现眼前，让人心痛之余，亦令人对董雪峰、刘忠能、苏成刚三位老师由衷敬佩，他们痛失至亲，仍可以抖擞精神，在极度恶劣的环境下继续担负起拯救学生的神圣任务。

风光如画的映秀镇被彻底破坏，幸福的生活画上句号，他们没有选择继续悲伤，没有选择放弃，他们互相搀扶，坚毅刚强地站起来，重新出发，在一片废墟上将映秀小学重新建立起来，带领学生走出阴霾，燃起了生活的希望；他们重新组建幸福家庭，挥别伤痕累累的过去，创造更美好的将来。

如果现在你再去映秀镇，你会看到崭新的建筑物，整洁的街道，你也会见到安居乐业的居民，朝气勃勃的孩子。映秀镇"重生"全因为大家坚强的信念，以及对生命的热爱。董雪峰、刘忠能、苏成刚三位老师就是最好的见证。

感谢三位老师重述和分享他们的生命故事，我祝愿他们日后生活愉快，也祝愿映秀镇的居民幸福快乐。

唐伟章

香港理工大学校长、教授

推荐序二

汶川地震转眼已过去 7 年，每一年的 5 月 12 日，我都会用一点时间，哪怕是很短的时间，遥望西天、面向四川——逝去的同胞在那边还好吗？健在的人们可幸福平安？

本书讲述经历了"5·12"地震，在地震中失去家人，自己奋力参加救灾，并参与灾后重建的董雪峰、刘忠能、苏成刚三位老师的故事。这些文字反映了地震后他们的心路历程——在悲伤中从事教学和学生安抚工作，从悲伤中走出，重新开始自己的生活。读后，我看到了三位老师的大爱、忠诚和坚强，我为他们点赞。

我曾做过小学老师，"5·12"地震之后我也曾到四川广元中小学跟进中国社会工作教育协会与中国青少年发展基金会联合举办的灾后学校社会工作项目，接触到那里的学生和老师。所以对于上述三位老师的叙述，在情感上还是比较亲近的。

三位老师的叙述是真实可感的——那是在地震发生时出于教师的责任对学生的救助和关照，是在政府统一布置下对救灾工作的参与，这时他们是公职人员，也是救灾的生力军。一转眼，他们变成了失去亲人的灾民，他们也应该成为被关怀的人。在这两种角色的交织之中，作为灾害中的幸存者，他们很快加入救灾的洪流之中。工作的忙碌与无暇思索，亲人遇难后的绝望与不愿回首，纠缠在他们的生活之中。紧张的救灾阶段过去了，灾区重建已经开始，三位老师在忙碌中迎来了自己的新生活，他们开始了新的正常工作和生活。

在我的眼里，三位老师和他们代表的群体是英雄的群体，当然，他们也是普通的老师，是平常人。面对三位老师的叙述我能说什么？是什么使这些老师在救灾过程中表现出不逊于专业人士的服务，是什么使得他们慢慢开始了自己新的生活？他们的作为对社会工作来说有什么值得总结和反思的？事实已经做出了回答，我们的任何理论分析可能都是浅薄的。但是，为了表达我的一点想法，我还是不避浅陋做一些讨论。

社会工作强调"人在环境中"，是啊，这些老师也是时刻在环境中活动和生活的。他们所处的具体环境以他们扮演的角色因为转移而发生着改变。他们地震发生后随即展开的救灾工作，这时，作为老师，无论在时间上还是在工作内容上都占主导地位，灾民的角色则成为次要。作为老师，面对学生和家长，他们以顽强的毅力和忙碌的工作履行着自己的职责，在这其中丧失亲人的内心伤痛则有意无意地被遮蔽了。只有在工作停下来的时候，痛心的回忆与白酒才与他们相伴。他们的角色不同，社会环境也不同，表现出来的行为也不同。但是，无论如何，我们都能从中看到他们的爱心和坚强。

灾害事件及其影响逐渐明确，个人的期望也在事件的进展中得以印证或毁灭，接下来的是日常生活，在那个开始绝望后来又有新希望的环境下生活，工作依然是有效填补他们内心的东西。在这里，我们看到了平常人的坚强，看到了时间的力量。

平常人的坚强在社会工作中被称为抗逆力，而他们所在的社会系统和对这些系统的日益清楚的认识和理解过程，正是促使其抗逆力发酵的因素。对现实的社会环境发展趋势的实际感知和理解，使人们做出现实的理性判断。这就是抗逆力，三位老师在救灾和重建大势中结合自己的现实处境做出选择。这种抗逆力表现出来就是热爱生活和对生的选择，这也体现中华民族社会文化中的韧性——坚强地活下去，为了无愧于失去的亲人、为了自己的未来。

在这个过程，时间扮演了隐没者的角色。但是，正是充实的时间及其不紧不慢的流淌使被伤害者的生活逐渐平复，人们得以重新正常地生活。对于地震受害者来说，时间是最好的治疗剂，是这样的。

在强调了受灾人员的抗逆力和时间的作用之后，我们对社会工作能说些什么呢？我想起地震过后，在一线参与救灾的社会工作同人经常说的一句话：我们的任务是陪伴。是啊，在整个灾害以不可阻挡之势而来时，在整个救灾工作系统地、有条不紊地展开时，在受灾者处于迷茫状态时，社会工作者最主要的任务便是陪伴和给予他们心理支持。在进行重建的过程中，各方的支持依然十分重要，社会工作者在社会关系重建中发挥促进作用——人们开始进入新的社会生活轨道，意味着新的生活开始了。

我们可能应该说，灾害和救灾有它的发展逻辑，受灾者的应对和适应也有

其逻辑。对于社会工作来说，我们应该看到受灾者的主体性，看到他们生活其中的救灾体制和社会文化的作用，领悟他们的生活韧性，并在适当的环节给予恰当的援助，这才是对他们的真正帮助。

感谢董雪峰、刘忠能、苏成刚三位老师的故事引起我这并不深刻的思考。我想，三位老师的故事会给人们带来很多思考和感悟，最根本的是对他人和生活的热爱。

最后，再次感谢和祝福映秀小学三位老师和他们代表的群体。

王思斌

北京大学社会学系教授　中国社会工作教育协会会长

推荐序三

在 2008 年 5 月 12 日那场夺去了诸多生命的地震之后，我们思健（Mindset）有幸与香港理工大学的沈文伟博士合作，迅速在灾区设立了扩展式精神卫生工作项目，以回应地震灾区民众的需要。不同于常规的精神卫生服务，沈文伟博士和他的工作团队并没有仅仅关注精神病理学方面的治疗，而是应用社会心理的工作视角，发掘当地人和社区自身的潜力，帮助他们运用自身的资源，去克服地震造成的心理创伤。

本书所讲述的故事正是一个振奋人心的例证，揭示了普通人所具有的抗逆力。在位于震中的映秀镇，当地小学的三位老师遭遇了共同的不幸，在突如其来的灾难中失去了自己挚爱的伴侣和年幼的孩子。这样的打击是剧烈的，三位老师的人生轨迹被彻底改变了。他们消沉过，借酒浇愁，在醉乡逃避痛苦；他们彷徨过，流连于旧日的温馨回忆中，整日整夜地思念故去的亲人。但是，在生活的行进中，在社工的陪伴之下，借由来自内心的力量和外界的帮助及祝福，他们渐渐跨过了痛苦，随着拔地而起的映秀新城一起，带着历经生死之后对于生活和幸福的深沉思考，开始了崭新的生活。

三位老师遭遇的不幸让人潸然泪下，但是他们在穿越痛苦之后获得的重生更加让人动容。感谢沈文伟博士把这样平凡却又惊心动魄的故事记录下来，我们确信，这样的故事应该获得广泛推介，让更多人能够从其中汲取生命的力量。

目前，我们正在和沈文伟博士合作，准备将这本书翻译成英文。因为我们相信，文化的隔阂和语言的障碍不会是壁垒，这样质朴而又坚强的故事，可以帮助更多人。这样精彩的生命历程不只属于中国，更属于全世界。

麦理文

思健董事

推荐序四

前段时间，接到刘洋老师的电话，他跟我谈到沈文伟博士希望我为《一起重生》作序，并将书稿发给我。在短短的几天里，我把这本书从头到尾读了好几遍。和别的震后纪事不同的是：它在真实且详细地记录了我校三位老师震前震后的工作、生活、心理变化的同时，还生动地还原了一个美丽的、重生的映秀。因此，每次读起，都仿佛让我再次回到那一刻定格的画面，让我再一次经历温暖、震惊、恐惧、绝望、坚定、欣慰、感激……这些悲喜的交织，让我的记忆又回到与沈老师相识的那个夏天。

沈老师和他的团队于2008年暑期来到我们学校，因为有他们的陪伴，映秀小学才能在废墟中迅速站立起来。

书中描写的三位老师，于我来说，不只是共事的同事，他们更像我的弟弟，是与我共同经历了生死与风雨的亲人。在地震发生前，他们一直享受着幸福宁静的生活，在这场突如其来的特大地震中，他们都失去了最爱的人。他们曾经为此消沉过、绝望过，但他们都是当之无愧的男子汉，面对灾难，都没有退缩，而是毅然地投入危险的搜救工作中。他们最先搜救的对象，并不是自己的家人，而是自己每日悉心教导的、如子女般疼爱的学生。对于他们来讲，最难过的时光，并不是灾难发生的那一刻，而是之后的无数个日日夜夜与那无尽的自责与愧疚。在面对离开与留下的选择时，他们都不约而同地选择了坚守，坚守在这片曾经所爱的土地上，只为这一信念——映秀不能没有学校！他们的精神是映秀小学老师的精神，因为这群可敬、可爱的老师的坚守，换来了映秀小学在地震当年在原地板房的复课。映秀小学的师生们都怀着一颗感恩之心，努力工作，努力学习，获得了映秀小学连续5年县督导评估第一的好成绩！

我们深知，这样的成绩，离不开一直关心我们、陪伴我们的沈老师和他团队的社工老师们。在这本书里，看到的不仅是映秀和在这里生活的老师、在这里成长的孩子们的重生，字里行间的真情更让我感慨——是怎样的热情和感动让沈老师和他的团队在这近两千个日日夜夜里，坚守在映秀，守护着我们的老师和孩子们！这样用心和真情记录下的重生史，值得我们细细品读。

谭国强

汶川县映秀小学校长

前　言

这本书是三位映秀镇中心小学老师经历大地震的真实故事，讲述了他们让人钦佩的意志和信念，以及他们一步一步死里逃生的挣扎和痛失至亲后的艰难重生。

它缘起于 2009 年夏天，汶川县映秀小学正在水磨八一小学过渡复课。那时我和刘忠能主任已经是无所不谈的朋友了。一天我们在宾馆后山走着，刘主任说他非常担心，他对"5·12"地震当天发生的点点滴滴似乎不如先前记得那么清楚和细致了。他不愿这惊心动魄的片刻淡去，更不愿忘却他与爱人生离死别的痛楚。我虽然没能明白刘主任的感受和执着，但我还是愿意尽我所能去支持朋友。作为一位研究员，记录是我的强项，我毫不犹豫地建议可以协助刘主任把想说的进行录音，然后逐字转录。刘主任欣喜地同意了。后来董雪峰副校长和苏成刚主任也加入其中。经过一番讨论和计划之后，几位老师决定和我进行个人深度访谈。我和老师们草拟了提纲，共包括十方面。

1. 地震以前总体状况——个人、家庭关系（家庭成员图）、工作的情况

2. 地震那一瞬间的经历

3. "5·12"之后的一两个星期的救援经历

4. 准备复课阶段，开学第一个学期、第二个学期

5. 地震后与家人、朋友的关系

6. 地震后身心的发展与改变

7. 自我调整的过程和方法（个人的生活、所用的方法，例如听音乐、看电视、上网等）

8. 寻求过的帮助和人（比如社工、心理咨询），哪些有用，哪些没用？

9. 自己的体会（如，对人生、家庭和自己的看法）

10. 对今后的预期和展望

我请当时社工站的督导（西南石油大学刘立祥老师）协助我一起和三位

老师逐一将他们的震前成长经历和地震故事细细说来。可想而知，这个过程对三位老师是非常不容易的。我备感意外的是几位老师和我说了一些不为人知的感受、想法和地震的细节。结果，三人的访谈，在2009年8月初整整进行了3天，共转录了231130字。

和三位老师访谈后，我非常担心给他们带来二次伤害。2009年10月，我们在水磨后山老师住的板房进行了一次小组讨论，目的在于总结这次访谈的经验。董副校长言简意赅地说："我没有想到这些痛苦经历竟然能够成为我的财富。"苏主任微笑着说："我那几天虽然和你谈的东西很细，但是也许还有很多东西没有谈到。但谈了之后，一下子突然从头到尾整个记忆翻新了，好像如释重负，就放下、沉淀下去了。也没有像你说的，噩梦啊，伴随着一些不安啦！这些都没有。"刘主任赶紧接上，好像在安慰我似的："我愿意谈，所以到现在为止，我还是愿意和你谈。什么东西都可以谈，可以敞开心扉，愿意和你去分享这些东西。我愿意说给你听，你也愿意听我说。"我很欣慰这次深入的分享给老师们带来了莫大的收获。

我深信三位老师的故事是能够给许多人力量的，特别是能够激励处于逆境中的人。于是我当场建议把他们的故事整理成集和更多人分享。他们一口答应下来。于是，出版一本有关三位老师的书的计划就在板房里敲定了。2011年7月，我们又进行了一次个人访谈，跟进震后三位老师的发展和改变。那时，映秀镇中心小学已经搬入了重建后的新校舍。

三位老师对这本书的每一行、每一句都是最后的"说话人"，哪个情节可以加入、哪个地方需要修改，最终他们说了算。因为我很清楚：这是关于三位老师的书。我已经不记得对访谈记录和撰写的稿件进行过多少遍校对了。但是，每看一次我都觉得很震撼，往往不能自已，每看一次，都有所启发。

能够结识三位老师是我极大的福气。虽然他们都比我年轻许多，但是这几年与他们结识及共事，我学到了许多。这些年他们影响了我对心理治疗的看法、做法和教法，对人的抗逆能力有了新的诠释，对感恩的展现有不同的体会。他们让我看到人在大自然和生命的无常中，可以不断地调适与成长。董副校长、苏主任、刘主任，谢谢他们的分享、他们的情谊和他们对我的信任。感恩有你！

沈文伟

香港理工大学　副教授

引 子　震中映秀

1. 映秀之殇

> 斯情斯景，永成追忆！
>
> 至亲的人，从此阴阳相隔。
>
> 死亡的感觉是怎样的？
>
> 他要让她体面地离开，这是他能为她做到的——最后的温柔。
>
> 他们多么希望自己的亲人，还有这些可爱的孩子，
>
> 能像岷江岸边漫山遍野的杜鹃花，今年谢了，明年还会嫣然怒放啊！

＊　　＊　　＊

"旭日东升，河道弯曲，映照出秀美的风光。"

因之得名的四川省汶川县映秀镇，阳光闪耀，花满原野，深谷中奔出的溪流，合着五月的节拍，奔腾升涨，远远地点染着葱郁的山间丛林。

涉渔子溪，转香樟坡，徜徉在青山绿水之间的映秀镇中心小学（由于乡村地区初级教育撤点并校的推行，映秀镇中心小学于2008年更改为汶川县映秀小学，为行文方便，下文均简称映秀小学），诗意正在迎春花的枝头清澄绽放。被束缚了一冬的鸟儿，一次又一次地掠过迎风猎猎的国旗，在琅琅的读书声中，冲向天空，将春天的静谧散布空中。

假如逢上一场淅沥的细雨，一切便更清晰可辨了。渔子溪上刚刚还如水泡般跳跃的小小圆点，只是在一丝朝霞透进映秀时，便幻化成一缕缕蒸汽般的水雾袅袅上升。远处的群山，近处的花草，还有孩子们的笑脸，被这薄薄的雾气笼罩着，呈现出一派生机勃勃的春的气象。

在这样的气象里，晨光将整个映秀照亮。

在这样的明朗里，日子穿越高山、河谷、心尖，在高空里牵引出幸福的模样。

映秀镇和映秀小学只需停顿在这样的气息里，停顿在春天清新的光线和明亮的事实里，停顿在清晰可辨的平凡生活的深处，静静观望，生活便会如丝绸般平滑顺畅地向前铺陈，年岁也会波澜不惊地进入新一轮的饱满、幸福和新奇中。

"孩子们，上课了！"

突然，一声痛楚而悲怆的呼喊，像平地起的惊雷，裹挟着无尽的绝望，惊飞了掠着溪水低翔的蜻蜓，直刺刺地，撕裂了五月的湛蓝天空。瞬间又像被山里清亮的日头痛击到，反弹回来，踉跄着撞上泥石成痕的香樟坡，撞上水流浑黄的渔子溪，撞上满目疮痍的映秀镇，撞上悬在旗杆上的国旗，撞上摇摇欲坠的映秀小学仅存的危楼……突兀着，悲凉着，在绝望的人们心头回荡。

这本是人间的 5 月啊！大地刚刚挥洒出新的光辉，潺潺的溪流带来白色的浪花，葱绿的河谷因春天的雨又迎来新的生机。可是，2008 年 5 月 12 日 14 时 28 分，大地在四川省汶川县映秀镇地底 10 公里处的爆裂，三秒钟之内，昔日风景如画的小镇，瞬间便只剩断壁残垣，再也找不出完整的房屋。之后，同样的痛疼在更多的地方，地震波沿着龙门山脉肆虐，100 秒内，划开一道 130 公里长的创伤，自西南而东北，汶川县、北川县、青川县，瞬间成为绝唱。斯情斯景，永成追忆。

在映秀小学，一瞬间，眼睛能看见的，只剩昏黄的烟尘，以及几近全部倒塌的校舍，完好的设施只剩下旗杆。耳朵能听见的，先是静，死一般的寂静。之后，是哗啦啦，房屋倒塌，轰隆隆，山体滑落，大地裂开又合上的碰撞，还有让人顿时毛骨悚然的哭号……

"我的娃娃们，我可怜的娃娃啊！"

突然，又一声凄厉的哀号，在慌乱的脚步和处处触目惊心的残垣里，让生命的永恒和转逝即逝的脆弱，验证成令人不可违拗的痛彻心扉的宿命。

教学楼的废墟上，抬出了 72 具小学生的遗体，还有 150 名长眠其间。在废墟下陪伴孩子们的，是中心小学的 20 名老师。只有少数几位遇难老师的遗体被找到，在他们的怀抱里、臂膀下，都藏着一个到几个孩子，一些孩子因此获救。

2008 年 5 月 15 日，地震的第四天，当上海消防队的生命探测仪再也探测不到任何生命迹象后，学校实施了爆破。尘埃落定后，校园一片死寂。想要最后看一眼的人们，仿佛被这死寂钉在了地上。

飘扬的红旗下，双眼红肿的谭国强校长，嘴角牵过一丝褶痕。这个满头乌发一夜花白的小学校长，衣服领口和胸部沾染的斑斑血迹已经发黑变暗。他想要张口说点什么，却只是冲另外两个老师无力地伸了伸手。初遇地震的那声对娃娃们的痛苦呼唤，似乎使他耗尽了心力。虽然在合力救出那名叫尹琼的 26 岁女教师时，他们还心存太多期冀。

刘忠能老师和苏成刚老师无言地走上前来，三个男人的手，就那样紧紧地交叠在了一起。才几天的工夫，皲裂的伤口已让人难以相信这是桃李之师的双手。就是这几双手，救出了许多孩子，却都失去了自己的亲人。每天晚上，从不喝酒的他们，却要喝上一斤白酒才能小眯一会。但是，眼睛一闭，亲人与孩子们的呼救声，便声声萦绕。

看着三个男人悲凄的脸和眼，不远处的董雪峰老师，嘴角牵动着，鼻子一酸，两行热泪又滚了下来。

家园被撕裂时，他原本是抱有幻想的，他本能地以为妻子和孩子能逃过地震。可是，第一次清点人数的时候，他没有看到他们，他的心"咯噔"一沉。可他宽慰自己，或许他们只是困在哪一个角落里了，随着救援的展开，也许可以找到他们。在那样的情势下，他没有办法离开，他必须拼命地去救眼睛能看到的、耳朵能听到的每一个生命。他必须不停地挖，整个人近乎疯了似的拼命地挖，只有那样，那些还在废墟里残喘着的孩子，那些还留有余息的稚弱的生命，才有可能早些回到近乎崩溃和绝望的亲人身边。

可他的妻子和儿子呢？他们离他有多远？他们何时才能重回朗朗晴天？他们是否有过抱怨？抱怨丈夫和父亲的目光掠过压在他们身上的断壁残垣、砖瓦泥块，拼命地去挖，只为尽到为人师者的职责和本分，却忘了他是一个女人的丈夫、一个孩子的父亲，忘了他们是骨筋相连的亲人，忘记了他们在黑暗的废墟里，也在等待那双温暖的可以触摸到的双手。

可是，他是老师，他舍弃不下黑暗里哭泣着的孩子们，即使那些孩子的气息越来越微弱，怕是等不到被救出的奇迹。在那个时刻，他能做到的，只是本能地大义"避"亲！

他在废墟上不停地奔跑、抢救、挖掘。猛一回头，看到医生正在抢救一个

刚抬出来的孩子。他的腿一软，他知道，儿子回来了，回到他热爱的世界里了。那身黑白相间的运动服，在灰蒙而苍凉的天底下，似乎跳跃着活力和生机的黑白相间的运动衣，是为了儿子的演讲比赛，妻子特意给买的新衣。

面无血色的儿子就那样躺在那儿，他整个人差点跪了下去。他开始幻想，幻想儿子只是昏过去了。可是，儿子的胸是凹陷下去的。他不停地给他做人工呼吸。他抱着他，他感觉到儿子的头和脸还有温度，他不相信几个小时前还背着书包冲他回头灿烂一笑的儿子，已经再也不会睁开眼睛，再也不会问："爸爸，我在课堂上，是叫你老师还是爸爸呢？"

两个至亲的人，从此阴阳相隔。

他猜想儿子是窒息而死的，以至于后来很长时间他都在想：如果是他在里面被压着，也是窒息而死，死亡的感觉是怎样？可是，他想不到答案。他只是痛恨上苍为什么不能多给儿子 5 秒钟的时间。哪怕再多 5 秒钟，儿子也许就能跑出来，儿子跑得快在学校里是有点小名声的。而且，他是在楼梯间被挖出来的。楼梯距离广阔的天地，只是几步之遥。可是，在楼梯间被挖出来的孩子最多，足足 80 个，每个孩子的样子都让人触目惊心。

大灾难的巨轮一瞬间便辗碎了一张张曾经生动的面孔，巨轮过后的印痕与死亡的气息却永远地烙印在了幸存者的生命当中，如末日般的恐惧、麻木、绝望、愤怒、孤单，以及悲哀，伴随着一幕幕悲惨的影像停留在 5 月的黑影里，成为永生的疼痛。

是啊，这样的疼痛刘忠能同样能懂。地震 10 天后，他才在废墟里见到自己的儿子。整整 10 天啊，儿子就像熟睡了一般，只是静静地躺在那儿，是完完整整的尸体，没有任何损伤。当时瘫倒在废墟上的刘忠能，心里充满了自责：儿子是不是当时并没有被压着？他躲藏的地方是不是还有空间？只是，他们没有去救到。他是不是一直坚持到地震后的两三天才离去？刚刚 6 岁的孩子啊，是不是在废墟的下面，一直渴望自己的爸爸妈妈能来救他？是的，刘忠能看到的儿子的表情就是这么想的，就在渴望、希望自己的爸妈去救他。而这，将成为刘忠能终生对自己的谴责。

妻子被埋许多天的苏成刚，已经救出许多孩子的苏成刚，用他最后的力气哀求正在努力将妻子挖出的救援队伍："不要碰坏她啦，不要碰坏她啦。"妻子重回天地的那一瞬间，他哭得很无力，他想扑过去，他想去抱住她，可是，那样的情形里，他被人死死地拉住。情绪稍微平静，他将她放到一张被砸坏的床上，他在废墟里找到一床较新的床单，他要让她体面地离开，这是他能为她做到的——最后的温柔。

在黑暗中，他们点燃一堆堆希望的火，只为告诉黑暗和废墟里还活着的孩子们，老师和你们同在，老师就是这死寂的废墟上希望的火花。

灾难面前，任何语言都是苍白无力的。

但是，这些老师知道，本能地知道，假如现在上天能给他们一对飞翔的翅膀，他们一定会毫不犹豫地背起学生一起高飞——

> 不再害怕飞石，
> 不再担心滑坡，
> 不用走很远很远的山路，
> 也不用愁无家可归。
> 不用怕不用怕，
> 老师和你们在一起，
> 暴雨会过去，
> 黑暗会过去，
> 饥饿和疼痛也会过去，
> 飞翔的姿势很轻，
> 脚底不会起血泡。
> ……

死者安息，生者坚强！这是一句多么空洞却又最能宽慰人的口号啊！他们多么希望自己的亲人，还有这些可爱的孩子，能像岷江岸边漫山遍野的杜鹃花，今年谢了，明年还会嫣然怒放啊！

此时，这样的几个人就那样无言地站在红旗下，像要完成一种仪式，一种向映秀小学的老师和孩子们告别的仪式，向映秀的春天告别的仪式。他们脸上的悲哀已看不出太多的层次，但空洞而无望的双眼里，却微波般泛着皲裂的内心的疼痛。

2008 年 5 月 19 日 14 时 28 分，地震后的第七天，凄厉的汽笛声破空而来，全国人民为四川汶川大地震遇难者默哀三分钟。这是中国人用自己的方式对死者"头七"的祭奠。那一刻，依然还试图努力在死寂中寻找生命奇迹的人们再次低下了头。三分钟的默哀，如何换得回曾经极具灵气、曾经延展邈迤的逝

去的生命啊？在场的一位母亲泪如雨下，仿佛误入歧路，再也寻不回春天的温情和神奇。

就这样，2008年5月12日，映秀一下子揪住了整个世界的心，九州大地，外域异邦，所有目光都焦灼而痛切地投向这里。疼惜、忧虑、伤痛、祈祷、祝福……在这样的举世遥望、牵挂和怜惜中，映秀中心小学里逝去的老师和孩子们，以最仓皇的姿态、最惨烈的代价，结束了自己生命里的春天。那些原本平静延伸着的幸福的轨迹，瞬间被改变。

如果没有这场地震，谭国强、董雪峰、刘忠能、苏成刚，还有……这些普普通通的老师、别人的丈夫、孩子的父亲……他们的生活该是何等的幸福。虽然夫妻间偶有争吵，孩子也偶有调皮，老人们也会偶尔伤风感冒，但这都是生活中能抗拒的小打小闹，并不足以妨碍他们的幸福。

可是，万物的安息，却并不如田野的沉寂、枯叶消失在土地的远处那般简单。也并不是只要四季轮回春夏更迭那样自然便可亘古不变。只是一场突如其来的梦魇，"那一刻，感觉一下子就完了。生活再也没有任何幸福和希望可言。"

幸福是什么？

《新华字典》解释说：幸福就是生活、境遇称心如意。英文却没有"幸福"这样一个概念。要把"幸福"翻译成英文，须用一连串的英文词汇才会勉强把幸福的概念解释清楚。

事实上，由于人的经历、追求和社会地位的不同，对幸福的感受千差万别。幸福或许是一种愉悦、知足、淡定的心境；或许是吃穿不愁、衣食无忧、出有人敬、居有人侍的生活。但对灾后重生的映秀人而言，幸福就是已经失去的、每当想起就会深深留恋的过去；幸福就是曾受重创但依然对未来充满希望的无限憧憬；幸福还是现在普普通通平平凡凡没有一点波澜的、与亲人们待在一起的日子。

地处四川省汶川县城南部的映秀镇，虽说是因1964年建成历史上的第一座水电站后，才于1984年设镇以驻。之前于1958年成立映秀公社，1980年置名映秀乡。但这座年轻到只能用葱茏来形容的新镇，在中国的历史上，却有据可查。追溯到咸丰年间，有《志书》曰："明代属汶川县东界里，清属下水里。咸丰时建映秀团，下辖7甲。"此"映秀团"，即是今日映秀镇的前身。

历史上的"映秀团"据说美极了！

　　四周群山环拢，渔子溪河和岷江穿境内而过，映秀团就像是被一只巨手擎在心间的那颗珍珠，方寸之间，草丰林茂，飞鸟回还，山清水秀，相映生辉。

　　沿江一侧遍布耕地，夏风吹来，云朵奔涌着，把一缕缕七彩光线流泻到挺直了腰杆往上生长的玉米丛里、洋芋身后、红苕地里。

　　鸟儿低旋在半空歌唱，老人的脸上盛开着夏花，少妇白皙的脸上有金灿灿的油菜花影在摆动，撒着欢儿的羊群在清脆的鞭响中，与忙碌的人们一起奔向希望的田野。

　　虽说人烟从未稠密，镇中心的坪子，也不过农家几十户不足百人。但街巷之间店肆罗列，行人络绎，颇有商旅云集、富足昌盛之象。再有小桥越溪、石街曲巷、篱笆庭院，温婉江南水乡的悠悠韵致便在天地之间飘飘荡荡。

　　今日的映秀镇，依然有浩荡的二水竞流，岷山诸峰依然高低错落耸立四周，葱茏繁茂的草树花木在清爽的四季里，也依然表达着它们对天地丰富热烈的爱。

　　但是，在一砖一瓦、一土一石、一瓢一饮的岁月递进里，位于阿坝藏族羌族自治州与成都之间的映秀镇，这块小小的乡土，却有了"西羌门户""阿坝州南大门""川西北第一镇"等种种名号。

　　映秀北去成都只有 70 公里路程，东行 45 公里便是著名的卧龙自然保护区，欲去九寨沟、四姑娘山等名胜地旅游也必由此处经过。213 国道、303 省道（成阿新线）两条著名道路交汇于此，交通便利，成就了今日映秀镇的繁盛。

　　但这块建在渔子溪与岷江交汇而成的河滩上的镇子，最出名的，还是"水电之乡"的佳谓。据说，今日映秀镇之得来，很大的原因也在于水，可以说是乘水之利。这个地方的水有两大好处：一是落差大，岷江流经此地 1200 米的长度内，竟有 26 米的落差；二是水量丰富，除了滔滔奔流的宽阔岷江外，水波清滟的大河渔子溪，从卧龙自然保护区挟着鸟语花香滚滚而来，直直扑进岷江怀抱。这些水力发电的绝佳条件，使大大小小的水电站应运而生。"水电之乡"便成为映秀的另一张名片。

　　只是，映秀镇的地理面积一直不大，全镇 115.12 平方公里，人口也不过万余人，下辖 8 个行政村和 1 个居委会，分别曰中滩堡村、渔子溪村、枫香树村、张家坪村、老街村、黄家院、马家村、黄家村。

　　映秀小学，便位于镇子的中心位置，紧邻穿镇而过的滚滚岷江。

小学始建于 1939 年，是阿坝州的州级示范学校，连续 10 年获得由汶川县委、教育局联合评选的"年度综合奖"第一名。在全州的教学竞赛、学科评比、备课检查、课题研究等方面，映秀小学均榜上有名。它还在 1999 年获得了四川省小学系统的最高荣誉——"四川省校风示范学校"。学校师生才艺突出，在整个阿坝州更是远近闻名。2007 年阿坝州教育系统艺术大赛，映秀小学便斩获一等奖。不少附近县的家长也把孩子送来读书。学校鼎盛时期，曾有学生 1400 余名。

在经历了近百年的风雨后，映秀小学不仅承载了整个映秀镇祖祖辈辈对知识的膜拜和渴望，更接纳和鼓舞了董雪峰、刘忠能、苏成刚这些年轻老师的青春，包容了他们的跌撞，使他们健康成长。

可是，说实话，这些老师并没有打心眼里狂热地爱着这片土地，无论工作年岁的长与短。更为准确的说法是，他们只是自然而然地将安守"为师者"的使命和道德，与映秀小学紧密地融为一体。

但是，他们中间，也从未有人想过离开，无论是一年还是十年，或是二十年。这些长长短短的"为师年岁"，他们日复一日、年复一年地"传道、授业、解惑"，直到老去。于他们，映秀小学更像相濡以沫了一辈子的老妻，不是因为太爱对方而不能分开，而是习惯了这份长久以来的默默陪伴和共生共长。这是一份渗透进血液里、骨髓里的安定。书上将这种情感唤作"感情"，因为一次感冒后的照料，一次出行的担忧，一碗饭，一杯水，一个学生的笑脸里，都有着感情的痕迹。这样宁静相守的幸福，是他们一直以来的生活轨迹。

如果让他们离开映秀？

如果他们从此与学校别离？

如果让原本的生机勃勃戛然而止？

……

他们从未想过。

可是，他们不想，并不代表这种可能不会山崩地裂般汹涌而来！

是的，他们不想，也并不代表狰狞的魔鬼不会从地狱里疯狂而出，吞噬掉已有的一切平静与幸福！

地震！

这个黑色的词！

将美逸如世外桃源的映秀，自 2008 年 5 月 12 日 14 点 28 分那个悲怆的时刻起，撕裂并定格在了中国地震灾难史中。连同这些老师与学校、与自己的亲人水乳相融的感情，一同生生撕离。

那一刻，他们终于懂了——

> 映秀，
> 你的河流是我的血液，
> 你的土壤是我的肌肤，
> 你的山脉是我的骨骼，
> 你的湖泊是我的眼睛。
> 你的伤是我的伤，
> 你的痛是我的痛，
> 你的苦难是我的苦难。
> ……

可是，已经来不及了，即使——

> 他们站立旷野，
> 对着苍天大地，
> 像杜鹃泣血一般，
> 永恒地呼唤，
> 映秀，回来!
> 回到生，回到美，回到爱!
> ……

"映秀，你必须回来!"

虽然这声音坚定、有力，可是，那些曾经的伟岸姿影，那些曾经美轮美奂的天地，还有那些纯真可爱的笑脸，以及温暖生活里的亲人，却并没有听从他们的召唤。

他们永远地离去了!

一切的一切，毁于片刻的地动山摇。一切的一切，包括原本应延续的生命，原本应一直生机勃勃的村镇，一瞬间灰飞烟灭。

映秀遍体鳞伤!

映秀百姓遍体鳞伤!

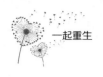

映秀小学遍体鳞伤！

董雪峰、刘忠能、苏成刚们的生活，遍体鳞伤！

幸福，似乎永远离开了映秀。

2. 重生之门

地震于映秀，已非第一次。

两场相距 351 年的大地震，震中经纬度的差距是微末细小的。

不同于历史，它猝然而至，黑暗邪恶。

一切成为泡影时，他们已顽强开始了重建幸福的旅程。

悲伤但不绝望，可贵的是从悲伤中学习，并保有因爱而脆弱的心。

"爱"是一切重新开始的力量所在，初心未改。

＊　　　＊　　　＊

地震于映秀，已非第一次。这个近乎人间仙境的小镇，有着难以根除的灾难隐患——它亭亭玉立地站在地质大断裂上。

曾有史书这样冷漠地记载：

"汶川地处九顶山华夏系构造带，有三条主要大断裂斜穿全县：青川—茂汶断裂带；北川—中滩堡（映秀）断裂带；江油—灌县断裂带。县境及邻区地质构造复杂，地震活动较为频繁。"

"汶川县境沿三大断裂和褶皱带穿插断裂，形成的众多地震群，都在断裂南东方向，其中沿映秀大断裂南东方向而布的地震群分别在漩口、水磨、白石、三江等地区……"

在这块土地的漫长历史中，地震的次数是没法统计的，仅 1952 年到 1984 年，2.5 级以上的地震就有 46 次，以下的有 132 次。震级较小的地震，频繁得不烦细数。

史书上能查到的最大一次地震，是发生在清顺治十四年三月初八（1657 年 4 月 21 日），在威州地区。威州曾经是映秀所属县城，在上行 58 公里处。康熙《四川总志》曾有文字精练描述当时情景：

"地震有声，昼夜不间，至初八日山崩地裂，江水皆沸，房屋城垣多倾，压死男妇无数。"

在那场地震的推断中，震中位置经纬度为：北纬31度25分，东经103度26分。里氏震级6级，烈度为8度。

汶川地震震中经纬度为：北纬30度98.6分，东经103度36.4分。里氏震级为8级，烈度为11度。

这两场相距351年的大地震，震中经纬度的差距是微末细小的。从地震冲击波的角度，可以说就是在同一块土地上。琢磨史籍上这一小段文字，可以知道，那场地震有着鲜明的序曲，"地震有声，昼夜不间，至初八日山崩地裂。"就是说，开始时只是大地深处发出轰隆隆的响声，白天黑夜连续不断。持续时间至少二十四小时。然后在初八这天猛然间爆发，山崩地裂。

351年前的百姓，在"地震有声，昼夜不间"的征兆中直觉到此不祥，并及早去乡远避。但今天的汶川大地震，却未有丁点的鲜明预兆，也未给人们任何喘息、思虑、奔逃、躲避的机会。不同于历史，它猝然而至，黑暗邪恶。

让我们再将目光往回望。

1970年10月11日，映秀湾电厂开始发电。

映秀镇近水楼台，也在那一年通了电，廉价的水电使得小镇将电力作为最重要的能源。"在哪里修一座水电厂，哪里就会出现一个城市。"对于映秀的发展，映秀湾电厂居功至伟。

当然，在水电站修建之初，所有人都知道，这里是地震断裂带。而为建站所做的大量的地质和水文勘测也表明，"两边的岩石确实不一样，一边是花岗岩，一边是叶岩"。水电站建成后，还专门在取水口处设了一支由广东人组成的地震队。后来，这支地震队撤到了郫县。

理论上可能出现的大地震，一直没有踪迹。

随着接连不断开展的水电工程和道路修筑工程，以及卧龙保护区和九寨沟风景区的开发，游客们开始途经映秀镇，映秀开始热闹起来。

每年春天，映秀居民院前屋后的樱桃花开放，之后是山上的野樱桃树开花；映秀的泉水特别甜，用映秀水做的豆花、豆腐和豆腐干，有着特别的豆腐清香；晚上，镇里坝子上，会点起篝火，大家一起跳羌藏传统锅庄；老乡们还很会熏腊肉——春节前，用砖砌个大半人高的炉子，吊上新鲜的猪肉，下面点起松针慢慢地熏；"如意小食店"的回锅肉、水煮肉片，也是镇上人们把酒言欢时常点的"名菜"……

小镇已经略有繁华的模样。小镇的所有人，都在静心享受时光给他们的丰

厚回报——人生的成长、岁月的更迭，以及人心相向里的感恩。

一切都是温顺的、温暖的、温情的、温馨的。

如果没有这场地震。

可是，只是一场地震。水、电、道路、通信等基础设施瞬间全部被毁，村镇房屋瞬间悉数倒塌，就连那些不可摇撼的高山大岭，也都瞬间轰然倾倒。更惨烈的，是百花大桥被拦腰斩断，这是进入映秀的咽喉。映秀因此与世隔断，里面的信息传不出，外面的救援力量进不去。映秀，一时间成为死地。

政府公布的资料显示：震前的 2007 年底，映秀全镇人口 1.6 万余人，常住人口 1.2 万余人。2008 年 5 月 12 日 14 点 28 分，短短 100 秒，曾经世外桃源般的小镇映秀顿时山河破碎、满目疮痍，镇中心被夷为平地，遇难同胞 6566 人。地震发生的当天，全镇仅有 2300 多人生还，并且有 1000 余人伤势严重。

在映秀小学，47 名老师中 20 人罹难，473 名学生痛失 222 名，学校所有固定资产，皆毁。

遍体鳞伤的映秀，悲壮地展开一场自救、互救与被救。趟过激流的救助，满面焦灼却又匆疾有序！

去救映秀啊！

去救我们的血肉同胞，姐妹兄弟，去救我们的亲人！

快！再快些！

苍天，给我一双翅膀吧，

让我能够穿越乌云，越过高山峡谷，飞到映秀去。

诗样的语言，伴随着的是幸存者在瓢泼大雨中，在瓦砾泥泞中，在饥饿寒冷中的苦苦挣扎，奄奄一息，几近绝望。伴随着的，是天空陆地，四面八方，一场前所未有，令天地动容，令世界感撼的地震大救援。

"映秀，你必须回来！回到生，回到美，回到爱！"

映秀，你是否听到了这悲怆的、坚定的呼唤！

当艰辛备至，可歌可泣的救援结束，当热血的品性，凭吊的深情久久回旋，重建之歌沉缓而迫切地奏响了序曲。

时间的滑行能带走所有的伤痕，但心底的痛呢？因永存心痛，生活便不要继续了吗？

不！董雪峰、刘忠能、苏成刚知道，映秀小学的老师们知道，对于映秀生息繁衍的根脉，对于一切都需要被承继，被升华，再次成长为精神的金子，绝不能因为这暴烈的蹂躏而停止繁衍。虽然无数的生命不在了，但有一种东西，一种平凡日子里从未明显存在的东西，一种嵌入灵魂深处的东西，正在这些老师的心里顽强、蓬勃地成长。

是的，是爱！是对学生、对家人、对映秀、对未来的爱！

是谭国强校长"映秀不能没有小学"的坚定；

是董雪峰老师"在苦难中崛起，在废墟上重生"的不屈；

是刘忠能老师"我的一切都留在了映秀"的决绝；

是苏成刚老师"幸福就是目能所及、手能触摸的生活"的彻悟；

是张米亚老师"摘下我的翅膀，送给你飞翔"的大爱！

……

董雪峰、刘忠能、苏成刚……这些因地震而被人记住的名字，在一切成为泡影时，他们已顽强开始了重建幸福的旅程。

因为他们知道，悲伤是人类生活的一部分——"悲伤但不绝望，可贵的是从悲伤中学习，并保有因爱而脆弱的心"。

因为他们知道，"爱"是一切重新开始的力量所在，初心未改。

因为这样的明了，幸福重新回来。

本书记录的，便是三位老师趟过地震的心路历程，以及他们对于生命的重塑、对于幸福的诠释、对于家国梦想的盼望与践行。

第一章　激发生命的火花
——董雪峰的故事

1. 家庭生活之美，胜过一切

> 他只是凭着本能，送夏迎秋，埋头前进。
>
> 结婚12年，她似乎总是能看清他的心思。
>
> 家是幸福生活的载体，即使夫妻之间偶有挑剔，那也是出自彼此的关爱。

＊　　　＊　　　＊

5月，映秀的夏天已然降临。映秀像一个手提花篮、美丽洁净的女神一般，润泽出这片土地一派温暖吉祥的人间景象。

2008年，董雪峰34岁，从教15年。

当日子日复一日、波澜不惊地与他擦肩而过，董雪峰和所有仰望远方的人一样，一边惊叹于海之壮阔、天之高远、路之漫长，一边又努力面向遥远的地平线，在三尺讲台深耕细作，测度着为人师表的生命行程。

当然，偶尔，在静静的夜晚，在对时光易逝的焦灼中，他也会有自己的迷茫：人不同，心不同，看到的景致也会不同。生命如何才能永远熠熠闪光？生命的价值果真在于生命个体对生命意义的理解深度吗？

在《圣经旧约·传道书》中，所罗门说："日光之下，并无新事。"塞涅卡也曾说："没有比人生更加艰难的艺术了，因为其他的艺术或者学问，到处都有教师。"董雪峰想以自己思想的轨迹丈量出生命的意义，为此，他一直在用自己的努力去激发生命的火花。

只是，他从未假设或是想象，假如某一天灾难突然袭来，他该如何面对？

是恐惧、无助、惊慌，还是坚定、挣扎、咬紧牙根……34 岁的他尚没有想明白，为什么生命会如岸边的岩石一般，只有经历海浪无数次的拍打侵蚀，才能变得平滑、光亮！生命的光辉为什么也总是要经历磨难和痛苦后，才能被折射得神奇、悲壮！

董雪峰知道自己只是一个平凡的人，宇宙之大、品类之盛，他尚不能洞察一切，所以，他只是凭着本能，为人子、为人夫、为人父、为人师，送夏迎秋，埋头前进。

34 岁的董雪峰不仅是映秀小学五年级一班的班主任，他还担负着学校的教学管理工作。从教 15 年，他对这一切已经驾轻就熟。可是，不知为什么，2008 年 5 月 12 日这一天的他，总觉得有些累，就仿佛一连干了三天三夜的重活，又或是同五个酒鬼刚刚打了一架。总之，说不出来的疲惫与虚弱。那种疲惫就像嵌在皮肉里，又像渗在骨髓里，整个人软绵绵、轻飘飘的。在月球上"失重"的感觉便是如此吧！董雪峰为自己的想象嘴角向上牵引出一个弧。

午休的铃声一打响，董雪峰便三步并作两步冲回家，并迅速地将自己舒服地陷进沙发里。

这是一幢五层的宿舍楼，坐落在映秀小学校园的一角，离教学楼只有几十步之遥，学校里的大部分教职工住在这里。

此时，这个个子不高、脸膛发黑的男人，像一个讨得了一枚一直想要的糖果的小孩子一般，一脸满足地自言自语道："学校为家，家在学校就是好啊！"

躺下没一会，董雪峰便听到妻子汤朝香兴奋地呼叫声："开饭了，开饭了！本饭店今天供应的午餐是两道硬菜，红烧土豆 and 红烧豆腐。"

迷迷糊糊刚要睡着的董雪峰"扑哧"一声笑出了声，他赶紧起身将房门打开，同时嘴里打趣地说道："我说汤老师，你身为语文教学组的组长，堂堂的班主任，这造句的水平有待提高啊！如果是我，我就会说，一道红烧，另一道也是红烧。风格一鲁迅，整个人的气质就上去了。"

汤朝香将饭菜放到客厅的茶几上，一脸歉意地说道："好了，我的大语文家，你要红烧什么？红烧肉晚上才出锅呢！今天太忙，实在没有时间去买菜，就在学校食堂打的饭，中午就先对付着吃吧。"

"我能将就，可咱那属肉食动物的儿子可不能将就啊！没有肉的午饭，嗯，他的小眉头会皱成什么样呢？"董雪峰想着儿子董煦豪一脸难以吞咽的表

情便乐了起来。

"别傻乐了。"汤朝香猜出了丈夫的心思，转身走进厨房，将冰箱里的肉放到盆里后接着说道："别拿儿子当借口，难道你不是肉食动物啊？看到没，晚上就给你们做红烧肉。馋虫勉强在肚子里再老实一下午吧。赶紧趁热吃，儿子估计也快回来了。"

汤朝香话音刚落，董雪峰已将一口米饭狠狠地扒进了嘴里，同时嘟囔："哼，瞧不起我们肉食主义者。我吃我吃，我先吃红烧土豆再吃红烧豆腐，就好比先吃红烧排骨再吃红烧肉。"

听到董雪峰的嘟囔，汤朝香坐在他的对面拿起筷子笑着说："好了好了，我也陪你先吃红烧排骨再吃红烧肉。"说着，她也学着董雪峰的样子，狠狠地将一口米饭扒进嘴里。

结婚12年，她似乎总是能看清他的心思，也总能陪着他一起高兴、愉悦，或是烦躁、悲伤。她突然又开口说："今天是什么特殊的日子吗？怎么会有人发祝福的短信呢？我今天就收到一条，挺逗的，说什么不要活得太累，不要忙得太疲惫；想吃了不要嫌贵，想穿了不要说浪费；心烦了找朋友聚会，瞌睡了倒头就睡。心态平和永远最美，天天快乐才对。"

"不是特殊的日子吧！"董雪峰回应："这些编短信的人太有才了，要是将这样的精力用到工作和学习上，不知得多出彩多少呢！"

"行了行了，别三句话不离本行——说教！"汤朝香将一块豆腐夹到董雪峰的碗里假装嗔怒地说。

说笑着，夫妻二人便结束了自己的午饭，不丰盛却温馨无比的午饭。

这样的生活片段和场景，是董雪峰每天都要经历的。都说家是为人遮风挡雨的地方，在董雪峰看来，家更是幸福生活的载体。即使夫妻之间偶有挑剔，那也是出自彼此的关爱。

看，午饭刚吃完，妻子汤朝香便不停歇地将床单全部取了下来，她要趁着中午这一会赶紧洗一洗。虽说最近课务繁忙，可是，这绝对不是她可以拖沓到打乱以往干净整洁生活秩序的理由。她似乎每天都在忙活，厨房、讲台、双方父母家……看着妻子迈着轻盈的脚步忙碌的样子，已坐到电脑前查阅资料的董雪峰，心头不禁涌上丝丝暖意。这样的生活，不就是自己一直梦寐以求的吗？家里的每一个人都互相关心、和谐相处，就像葱花与鸡蛋的完美结合，蛋香与葱香无尽延绵在生活的味觉之间。家庭生活之美，胜过一切。

这样想着的董雪峰，思绪不知不觉便飘荡回了很久以前，那样的记忆里面，有太多弥足珍贵的东西值得他时时翻检、回忆。

2. 父与子，敬畏多于亲昵

对父亲的第一个记忆是害怕。

很多东西是血脉相承的，在失去了儿子之后，他才恍然彻悟。

冥冥中希望自己能成为像父亲那样的人。

"映秀"和"老师"，这骨子里执着热爱着的情结，

从父亲的生命传承到了他的生命。

*　　　*　　　*

1974 年出生于四川都江堰龙池镇（灌县龙溪乡茅亭村五组）的董雪峰，祖籍映秀，4 岁时跟随父母举家搬迁至阿坝州红原县，1993 年从马尔康师范学校毕业，1996 年与妻子汤朝香结婚，1997 年有了儿子董煦豪。2008 年的"5·12"地震中，妻子和孩子一同遇难，母亲也在都江堰中医院不幸遇难。妻子时年 34 岁，儿子 11 岁，母亲 60 岁。

从小在红原县长大的董雪峰，血液中融入了藏族同胞的精神与气质，他像一匹驰骋在绿色草原上的骏马，喜欢听藏族歌，看藏族舞，交了许多藏族朋友，养成了藏族人般豪爽直率的性格。用父亲的话讲，"一根肠子通到底"。他就那样直来直去的，真诚待人，不计较得失，喜怒溢于言表。即使 20 年后离开藏区，褪去了高原红，但是内心深处的那种情结，却没有丝毫褪色。

董雪峰的父亲早年投身红原县的教育事业，在当地人的心目中是一位德高望重的好老师、好领导。他对家中的长子严厉有加，宠爱不足，倒是把更多宠爱给予了小雪峰 5 岁的幺妹。他希望董雪峰能子承父业，担负起父辈的期许。所以，每有调皮，董雪峰总要被父亲狠狠教训一顿。这多多少少影响到了他对父亲的价值判断：敬畏多于亲昵，渴望被认可多于顺应天性。而这，也同样影响到了他对儿子的教育价值观。很多东西是血脉相承的，在失去了儿子之后，他才恍然彻悟。

16 岁便进藏区办学的父亲，凭借个人的努力，不仅成功创办了小学、初中，还成功担当民族重点班班主任。25 年教师职业生涯结束的那一天，时年

41 岁的父亲被提拔到红原县县委办公室任主任。3 届 9 年后，被提拔为副县长，主管文教卫生，直至退休。

父亲是什么？有一首诗里这样写道："朦胧时候，父亲，是一座大山，坐在他肩头，总能看得很远、很远；懂事时，父亲，是一棵倔强的弯松，这才发现，我的分量是这样重、这样重；而现在，父亲啊，您是一首深沉的诗，儿子默默地读，泪轻轻地流……"

在红原县有着很好口碑的父亲，在董雪峰的心里，不知什么时候沉淀成一种骄傲。

"爸爸退休后，去他以前工作的地方——四寨，那种场景估计只有在电视里面才看得到吧？爸爸走时，拿着哈达、土特产，排着队送父亲的老乡，把路都封住了。"可是之前的董雪峰，对于父亲，却并没有体味到父爱如阳光般温暖、热烈，如高山般宽厚、雄浑。"我从小最害怕我爸爸，因为在我眼里，爸爸很严厉，他们都说我见到爸爸就好像是老鼠见到猫一样的，就怕到那种程度。"

小时候一直住在农村的董雪峰，4 岁跟着妈妈来到红原，全家人这才得以团聚。之前的爸爸，在董雪峰的心里，便是一个陌生人，"就是不常见的人。"小孩，尤其是农村的小孩，对陌生人天生就害怕。每当寒暑假父亲回家，正在院子里木墩上手拿锯条玩的董雪峰，被欣喜的外婆一下子抱到父亲面前，说着"快看，谁来了"时，满脸络腮胡子、手端陶瓷杯子、杯子外面还包着塑料皮、上面绣着北京图案的父亲，一下子便惊到了年幼的董雪峰，他叫不出"爸爸"，他挣脱外婆的怀抱跑到妈妈忙碌的厨房。"我一下就跑去抱着我妈的大腿，我妈好像在煮面条，我的样子很恐惧很害怕。"

对"父亲"这个概念还很模糊的董雪峰，对父亲的第一个记忆是害怕。

全家人团聚在红原县城，父亲给董雪峰的感觉，开始有了一些不一样的变化。

"每次幼儿园放学，都是爸爸来接我。有的时候下雨，我爸穿着雨衣把我一裹，我便只能感觉到爸爸的手在那动，我这边却什么也看不见，但感觉很安全。"

这样的安全感觉，却在董雪峰人生第一次逃学时，差一点被猝然打破。

一个叫龚宇的孩子，和董雪峰一起，被幼儿园的一个大孩子骂了。被骂的孩子当然不能白白受气，他们两个人便商量联合起来打对方。谁知，只是刚刚推了一下，那个大孩子便不干了，口口声声要"告老师"。

啊？告诉老师？这对于年幼的董雪峰而言，是多么严重的一件事情啊！"我们一下子就害怕了，因为老师说过犯了错要关黑屋子，相当于关禁闭啊！关的那个黑屋子据说还有老虎、蛇。"

害怕怎么办？跑吧！

这便是董雪峰的第一次逃学经历，逃学的原因还是因为打架怕被惩罚。

慌乱的两个小孩子，跑到一个叫打井队的院子，胆战心惊地待了一上午。小孩的脸六月的天，小孩的胃到点可就饿得前胸贴到了后肚皮。心存侥幸的他们，准备溜到街上想办法弄点吃的。可是，刚现身，便被父亲抓了个正着。原本以为会迎来一场暴风骤雨的董雪峰，却并没有听到父亲的责骂，父亲只是深深地看了他一眼后，将他交到幼儿园老师手中后便转身离去。

本来将这件事想象得相当严重的董雪峰，一下子有些迷惑，父亲到底是怎样的一个人？

上了小学，依然淘气调皮的董雪峰，又经历了他人生中的第二次逃学。只是这一次，父亲给他的感觉又有了一些变化。

一向对学习要求近乎严苛的父亲，只要董雪峰开始写字，他便会站到儿子的身后。笔画不对，敲一下；笔画不好，敲一下；笔画太慢，敲一下。因为父亲一直站在身后，十分害怕的董雪峰便很紧张。一紧张，便将写作业当成一件十分痛苦的事情。

怎么避免这种痛苦？年少的董雪峰自作聪明想到一个妙招——不完成作业。比如老师布置了十道题，他做完五道时，便告诉父亲做完了。于是，他便得到了解放。一来二去，他便成了老师经常点名批评的做不完作业的落后分子。可是，他的成绩却又是班上最好的，从小学到初中，他从来都是高居榜首。

那是小学四年级的一天，还不是周末，但老师布置的作业实在太多了，仅语文，便是将一课到二十多课的生字写一遍，组一遍词后，还要写两篇日记、两篇作文，两篇作文还要一篇写人，一篇记事。因为害怕爸爸一直站在身后，董雪峰便故伎重演。

这样的经历，多多少少影响了董雪峰为人师表后对待作业的态度。他极不赞成老师给学生留过多的作业。举个例子，一年级的小朋友今天学了拼音 a，a 写一排。第二天学了 o，然后 a 写一排，o 再写一排。第三天学了 e，就 a 写

一排、o写一排、e写一排。小孩子写字又慢，作业多了就更慢。而且每个字都要写好，写不好就要挨打，怕挨打肯定便害怕。心理负担过重，便容易引起孩子们的逆反情绪。

将字词抄完了的董雪峰，写了一篇日记，一篇作文也只是开了个头，便带着欢呼雀跃的表情告诉父亲并获得了自由。

但是，这种自由替代不了第二天上学时的忐忑。刚巧，路上碰到同样没有完成作业的同班同学。两个人便商量着找地方去补作业。本打算躲到学校废弃的一个木工棚里，趴在堆积如山的废弃板子上，将作业补完后再去读书。谁知，作业还没写完，班主任老师便带着全班同学开始到处找他们。

"我们知道这下事情闹大了，就不敢出来了。不敢出来怎么办呢？我们就用那个木板狠狠伪装，在木工棚找了个角落，用废弃木板横着搭，竖着搭，搭成十字架，架得很高。到很高以后，再将外面堆得乱七八糟，这样，外面便看不出来里面有人，我们便爬到上面躲起来。而且，因为躲的地方高，且板子与板子之间有缝隙，便能将外面看得清清楚楚。"

于是，董雪峰看到了老师、同学，还有自己的父亲，看到了他们的满面焦灼与担忧。

"我爸一来，我就更加不敢出来了。木棚里没有吃的，外面又开始下起了雨，一直到晚上，大人们敲着锣大声吆喝，'两个小孩丢了'，后来听说广播和电视也在找两个失踪的孩子。动静闹得太大了，我们更没有胆子跑出来了。就这样一直躲在里面，度过了又冷又饿的逃学后的第一个晚上。"

第二天一早，饥寒交迫的结果让他们决定铤而走险。和他一起逃学的同学，在要好的低年级的同学家里，拿到了两坨肥厚的卤猪肉。

"这么厚的膘。"事隔多年，用手比画的董雪峰，脸上现出一丝轻松的微笑。之后，小木棚里逃学的孩子，由两个变成三个。

初尝集体生活的三个孩子，脑中一个更大胆的想法浮了出来。"肉实在太肥了，虽然顾不上，却也长了一个心眼，得省着点吃。"因为不知还要坚持多久，他们开始谋划未来。"要不，干脆顺着公路往成都方向走！"

"你说那时候胆子有多大，都不回家了。"这样回忆的董雪峰，深深叹了一口气继续讲道："其实，现在很多小孩子失踪，就是这个原因。"

幸好在他们密谋的时候，因为小孩子多，声音便大，被经过工棚旁边公厕的一名退休老教师听见了。当他们发现站在木工棚前没走的老师，并意识到被发现的时候，还没有来得及迅速行动，便被围过来的老师们一举"围歼"，并将因为害怕躲在木板堆上不敢下来的他们，抱到了各自父母面前。

"我妈都快崩溃了。她一晚上就没睡。我爸那时再一次在我犯了错误时没有打我，只是轻言细语地让我喝点粥去睡一会。"

这件事就这样近乎轻描淡写地被翻了过去，包括学校老师。之后无一人关注或是重提此事。好像做了一场梦，梦醒后，董雪峰依然是成绩名列前茅的好学生，还被选派参加当年红原县团委组织的学生夏令营，又被评为当年县级优秀少先队员。或许，这些荣誉，只是老师和家长安慰犯了重错但品性不坏成绩优良的董雪峰的一种方式。

"这件事也教会了我以后对待儿子和学生的教育方式，如果我将你定位成一个好孩子，那么，我就要帮助你往好孩子的方向去发展。"

那之后，董雪峰好像一夜之间长大，读书期间，再也没有做过任何出格的事情。之前经常挨打的他，再也没有"享受"到父亲的拳头之厉。

"爸爸经常说，你做得不好就得挨打。用四川话来形容我，是确是'太歪了'点。但是，总觉得妈妈还是要比爸爸亲一些。直到随着年龄的慢慢增长，才悟出爸爸有些东西是对的。我理解了爸爸，但并不代表我要照爸爸的做法对待自己的孩子。"

尽管惧怕父亲，但内心开始尊重父亲的董雪峰，冥冥中希望自己能成为像父亲那样的人。

带着家庭和时代的烙印，择业时，董雪峰选择了"老师"这一职业。之前，父亲和董雪峰有过一段这样的对话。

"你的理想到底是什么？"爸爸想要听到真心的回答。

"一个是当老师，一个是当驾驶员。"这是董雪峰的真实想法。

"我们毕业时实行'优生优分'的原则。阿坝州有13个县，以鹧鸪山为界，山这边的就是威州师范学院的学生，山那边就是马尔康师范学校的学生。因为爸爸身为映秀人，但他在红原工作了一辈子，一生都没能为家乡出点力，心里多多少少会有些遗憾，他就希望我能回到映秀，回到家乡。"

分配办的同志问董雪峰的父亲："调到哪里？汶川？理县？还是茂县？"

父亲回答："汶川。"

"汶川哪里？"

"映秀。"

属于"双优生"的儿子，便遂父亲的心愿，将自己的教师生涯从此与自己的原籍"映秀"紧紧地联结在了一起。

父亲最后一次塞给董雪峰 200 元钱后，语重心长地对儿子说："儿子，爸爸把一生都奉献给了藏区，献给了教育事业。虽然我热爱我的工作，可是，我更时时挂念生我养我的家乡。所以，我的孩子要为家乡工作，要服务家乡的人民。你要好好干，为映秀做出努力。'老师'的职业也是你自己选的，不能因为清苦便……"

父亲的话没有说得太直白，但董雪峰懂得话里话外的嘱托之重、期许之切。或许就是从那一刻起，"映秀"和"老师"，这骨子里执着热爱着的情结，从父亲的生命传承到了他的生命。

3. 初为人师，年轻男儿的雄心壮志

"一师一校"就是一位老师便是一个学校。

他终于将这个学校改善得有模有样。

学校扩容到能容纳下 2 名老师，孩子们能一直读到 4 年级。

他的心里，只有孩子们的作品。

一投入做事的状态中，他整个人便会振奋起来。

映秀小学，我来了！

* * *

1993 年，董雪峰从马尔康民族师范学校毕业后，随即参加了汶川县映秀镇"一师一校"计划。工作的第一家小学，名字叫头道桥小学，在去往卧龙的沟里 7 公里处。在这里，他一待便是 4 年。

"一师一校"就是一位老师便是一个学校。除了负责所有孩子的教学，还要照顾他们的生活。有的孩子路太远带饭来上学，中午就给孩子热饭。他们吃完了，他再热自己的剩饭。"刚到这里时，只有 10 多个学生。最多的时候，从学前班到四年级一共有 40 多个学生。"董雪峰平静地回忆。

什么东西都简单到令人难以置信的头道桥小学，董雪峰下定决心要让它旧貌换新颜。

先将保管室改成教室，再将教室用一堵矮墙隔开，使它成为两个班。如此

便解决了上课场所的问题。

"课桌凳子都很破旧。哇，竟然还有一个破旧的柜子，柜子里面竟然还有一些实验仪器。"这是董雪峰意外的幸福收获。

可是，还有糟糕的"意外"等待着他。

"一张单人床，头顶面对的是大洞连小洞的天花板，晚上可以直接看见星星。周围就是农家，两家人围成一个院子。学校还没有院坝，学校和农户共用。"然而这并非诗情画意，"学校旁边有一个磨坊，村里所有人家的玉米面都要在那里磨。我上课时，他们在磨面。我放学时，他们的面磨完了。我知道他们不是故意的，只是时间刚巧一致而已。但是，磨面的声音太大了，直接影响到了学生的上课。"

怎么办？老百姓才不会管抗议不抗议。董雪峰决定罢课！并用这种方式"逼"村民来给学校道歉。

罢课？董雪峰是吃了熊心豹子胆了吗？敢公然与全村人对抗？村里请他来给学生当老师，不是让他罢课显示自己多能耐的！

当然，罢课只是为了解决问题，是迫不得已的方法。罢课落下的课程，董雪峰总要在周六给补回来。在他心里，这些农村的孩子基础太差了，他作为这些孩子的老师，不仅不能误人子弟，还要帮助他们快些成长。

见到学校唯一的董老师，只是为了给孩子们讨一个安静的上课环境。再加上自己的孩子在耳边也是不停地念叨："爸爸啦妈妈啦，你们还让不让我们学习啊？我想念学校，想念董老师，想念同学。"

罢课终于初见成效。吃光了一次性磨出的一个星期的粮食后，这些老乡不得不再来磨面。可是，一向严肃认真的董雪峰，对每一名学生的作业都会挨个把关，做不好便不许走。这样一来，放学的时间便总是拖而又拖。刚刚道过歉的老乡们，不好翻脸，毕竟人家老师是为了娃儿好。就这样，彼此理解和宽容后，上课的质量得到了保障。

可是，董雪峰不满足，他还要做更多有益于这个学校发展壮大的事情。

为了真正改善校区环境，董雪峰在业余时间便跑去汶川城建局磨板凳。功夫不负有心人，上级真的给了学校一万元钱，接通了校园的自来水，解决了学生们的饮水问题。城建局还将局里废旧的桌子无偿给了学校，解决了大部分学生的课桌问题。

这还不够，董雪峰又开始琢磨了，他决定磨村主任家的板凳。终于，村里

给学校买了一台黑白电视机，虽然和附近的村民共用一个接收器，但董雪峰已经心存感恩之心了。不仅如此，村里开始支持学校的扩建。啊哈，董雪峰终于有了不用盖"天被"的一间宿舍，还有了一间厨房。

那几年，在董雪峰的积极努力下，在各方的积极配合、大力支持下，他终于将这个学校改善得有模有样。时间行进到1996年，学校不仅扩容到能容纳下2名老师，孩子们能一直读到4年级。之后，只需要去中心小学读完5年级，便可以直接考取初中。这最大限度地解决了一直困扰家长的难题。想象一下，8岁的孩子读完3年级后，要每天穿山越岭长途跋涉到中心小学才能继续有书读，对孩子和家长而言，绝对是一种心理和生理的极大挑战。

更让人欢欣的事情是，到1997年，一名叫唐永忠的老师分到了头道桥小学。从此，董雪峰有了事业和生活中的好伙伴。

1997年的"六一"儿童节，董雪峰受命带领头道桥小学的孩子们去映秀小学参加庆祝会演。虽然他是一个地地道道的大老爷们，可他还是策划出三个响当当的节目：唱歌、小品、跳舞。他还赶自己这个"笨鸭子"上架，摸起已经手生的风琴，给学生们当了一回伴奏老师。舞蹈的服装也是他们自己买材料、自己制作。不仅如此，在这次庆祝活动之前，董雪峰无意中了解到庆祝活动还有一个展览的项目。为此，他开始有意识地培训学生绘画和进行手工制作。等到"六一"这一天，他便找了一辆农用车，将学生和作品一并拉到了演出现场。

机遇总是青睐有准备的人。不仅节目的演出效果出奇的好，展览的作品人气也是相当旺，竟然超过了中心小学。这让早就耳闻"头道桥小学的董雪峰老师课上得特别好"的中心小学的老师们，不仅真正认识了董雪峰，也对他生出赞赏之情。尤其是中心小学的老校长，对董雪峰更是刮目相看，他甚至希望能将这些作品放在中心小学展览一周。

"展览可以，但要替我们保管好哟。"董雪峰丝毫不惧校长的威严，也不怕驳了老校长的面子，他的心里，只有孩子们的作品。这是他"为师者"的纯真，更是他"为人者"的"一根筋"。

这两件事情所产生的轰动效应，不仅让董雪峰帮助头道桥小学扛到了当年"红旗学校"的大旗，让自己一下子成为整个映秀镇教育系统里的榜样人物。然而，这些在外人眼里的荣誉和头衔，董雪峰还真没把它当回事。

1997年秋天，开学不久，映秀小学突然派了一辆公车，将这个"全能多面手"董雪峰直接接到了中心小学。

董雪峰有些懵。但是，不管怎样，绝对不可能是父亲在背后做了工作。因为他了解父亲为人处事的秉性，身在红原的父亲在家乡的人脉关系还是有的，但他绝不会为自己的儿子托关系、走后门，为儿子的生活更舒适，或为儿子的前途"跑步前进"，这不是父亲的风格。

他将这样的喜讯告诉父亲，父亲欣慰地笑着说："儿子啊，爸爸为你高兴。"可是，话锋一转，父亲又语重心长地说："但是，高兴归高兴，你不能因为有了这一点成绩就沾沾自喜。这人生就是一个积累，你往自己的瓶子里装的东西越多，最终你自己收获的东西也就会越多。中心小学之所以破格调你，是因为他们对你的期望，不仅希望你继续保持过去做得好的方面，更希望你进一步扩展你现有的能力。所以，你要做一个更好的老师，要付出更多的努力，要寻找更多好的技巧，因为有太多的事情等着你去做，去攻克，去实现。"

这是两代教育工作者之间的深情对话，也是父子俩一次交心的谈话，更是两个男人关于事业与责任的鼓励和期许。父亲的这番话让董雪峰感到温暖与力量，这位在头道桥小学用心教书育人四载的青年，开始了下一段新的征程。

后来和老校长聊天才得知，就是那次活动的目睹，再加上之前的耳闻，让老校长生出爱才之心。颇费周折，终将人才揽入麾下。而父亲，从未施加过他的任何影响力。这一点，董雪峰为父亲骄傲，也为自己骄傲。

老校长的信任让董雪峰激动不已。为了回报知遇之报，他投入了更多的精力在新的工作中。不仅自发承揽起学校所有的宣传工作，周末也从不回家，将所有的时间不是给了学生，便是给了那些色彩绚丽、形象生动的美术字、宣传画。1998 年，他还带着一名新的美术老师，弄了一个很大型的"普九"展览，在映秀地区的学校引起强烈反响。

"当时做事不为钱，只是觉得热爱自己所做的工作，愿意为此全心全意、竭尽所能。那时候年底的奖金才 150 元呢。可是，我觉得比钱更重要的，比生计更重要的，是工作过程中自己潜力的发挥，自己才智的展现。因为一投入做事的状态中，我整个人便会振奋起来。而这样工作上的振奋状态，影响并决定了我的生活质量——内心深处的安宁。"

董雪峰的话里透着朴实，却处处闪烁着人生的智慧。对于这一切，他始终心存感恩，凡事都"情"字当头，付出更多，收获自然便能更多。只是当时的他并没有意识到，正是这样的坚持，让他不再有机缘与平庸的生命状态同行。

4. 他和她，用情守候到的幸福

他们算得上一见钟情。

那辆永久牌自行车，递进着接与送的缠绵与深情。

幸福就是两个人能够经得起平淡的流年。

他是男人，是妻子的天，是岳母的儿。

在默默的陪伴中，是放下一切，将心放在家里的幸福！

*   *   *

因为用情付出，这期间，董雪峰收获了自己的爱情。

妻子汤朝香的老家在银杏乡，过了映秀往北 22 公里，彻底关太平驿大坝便是。

在家排行老四的汤朝香，父母虽然都是老实巴交的农民，却深深知道知识改变命运的硬道理。汤朝香的大哥是当时教育局人事股的股长，二哥是攀枝花职业技术中学的校长，只有大姐一人在家务农。而身为师范生的汤朝香和董雪峰一样，毕业后又重新走入校园，她开始教书育人。

1994 年，和汤朝香一起在威州师范学院读书的堂姐，将汤朝香正式介绍给董雪峰认识。之前，因为听说了太多这位草原上长大的"英雄"的事迹，汤朝香早就暗暗对董雪峰生出一些莫名的情愫。

他们算得上一见钟情。"我们从认识的那天起，就觉得彼此很谈得来，共同语言很多。我们第一次见面就谈到晚上一两点钟。"

虽然彼此不确定是否能成就爱情的未来。在那个感情联络尚需书信的纯真年代，再加上他们山区通邮的不便，曾有一段时间，他们之间失去了联系。本就不抱太多希望的董雪峰，自以为这是命运的交错安排时，汤朝香却突然跑到了他工作的头道桥小学。

见到她的那一眼，董雪峰瞬间便觉得心头的阴霾全部被驱散。那种叫爱情的种子，就在那一刻，根深蒂固。

惊喜之余，董雪峰对汤朝香心生敬佩之情。他觉得一个女孩子能鼓足勇气主动来找一个男生本就不容易，而这样的路途遥远却没有让她止步。除了用更多的真情回报，他想不出更好的办法。

迟一年毕业的汤朝香，毕业分配到汶川县一座叫增坡的小学。学校建在一座很高的山上，比头道桥小学的条件还要艰苦。

第一次去学校看汤朝香的董雪峰，爬了几个小时的山路才见到了自己想念的女孩，可是，当这个清新、朴实、勤奋、执着的小学老师汤朝香脸蛋红扑扑地跑向自己时，他的眼泪一下子就掉了下来。那个时候，他内心深处那种叫作男子汉的保护欲腾腾地升起。他发誓，今后他要凭自己的努力，让眼前这个女孩活得滋润，活得体面，活得幸福。

什么是幸福？

在董雪峰的心里，幸福有自己的定义。在他看来，幸福就是两个人能够经得起平淡的流年，哪怕生活艰辛，每天都有心情抽出一个小时来晒晒太阳聊聊家常；幸福就是不管一个人怎么野蛮，总有一个人一如既往地激励并支持自己，而每当想起对方时，春天的感觉便会洋溢在空气里；幸福就是当一个人看不到另一个人时，可以这么安慰自己：能这样静静地想着你，已经很好了……

回家见过父母的他们，得到了父母的认可和祝福。这似乎更加催动了他们感情的加速。之后，汤朝香写来一封情感热烈而真挚的信，她希望能够走进他的生活，她希望有更长久的时光，一起守候幸福。

那几年，村里的孩子常常跟在后面笑话的场景是：学校的董老师，周五的傍晚，会推着一辆永久牌自行车，焦急地在映秀街上张望。每有车过，便望眼欲穿，希望自己盼望的人儿能突然从车窗里朝自己露出明媚的笑脸。之后，董老师会带着山上下来的女老师，骑行7公里，来到头道桥小学。周一的早上，董老师再骑行7公里，将这个仙女一样的女老师，送到映秀的车站。整整两年，80个星期，即使风雨和雪雾，也从未驱散过这真情的等待和不舍的送别。

所以，当时间行进到1996年，虽然双方的经济条件以及工作条件都还不足以支撑一桩婚姻，董雪峰还是执意将那枚象征幸福和甜蜜的结婚戒指，套在了汤朝香的手上。他迫不及待地要用男人最宽阔的胸膛，替这个瘦小的女人遮风挡雨。他迫不及待地要用绵绵关爱，给自己所爱的人无限温暖。

婚后的两人，一个在头道桥小学，一个在增坡小学，依然分居两地，依然不能长长相聚，依然用那辆永久牌的自行车，递进着接与送的缠绵与深情。

"她是一个十分坚强和有毅力的女孩，直到1997年快要临产的时候，她才请假下山，之前，一直在山上坚守岗位。"董雪峰谈起深爱着的妻子，语气里

有敬佩，更多的是心疼。可是他知道，儿女情长可来日方长，可这教杆，这为人师者的责任，却容不得半点马虎，半点懈怠。

汤朝香为董家诞下的是一名健康的男婴。几年后，当董雪峰的妹妹生下一个女儿时，董雪峰的父母不禁感慨："生活真是幸福啊，自己生了一儿一女，合起来刚好就是个'好'字。到了子女下一代，儿子生了儿子，女儿生了女儿，正好又合成一个'好'字。生活正在慢慢地变得好起来啊！"

谁说不是呢？虽然这对新婚的夫妻，还在过着艰难的日子。但是，为了提高自己的知识水平，省吃俭用的积蓄却都用于自学提升，考取更高的文凭。而结婚生子，因为双方父母经济条件的限制，也全靠自己的白手起家。那些年的窘迫日子，一直都在记忆里历历在目。

当终于还清所有债务，且手里有了一万元钱存款的时候，岳母却突然得了尿毒症。在都江堰确诊的时候，便下了"病危通知书"，必须马上进行血液透析。妻子汤朝香当时就哭了，董雪峰担负起女婿对老人的守护职责，签下了那份"病危通知书"，也签下了对孝道的承诺。

妻子一直在哭，妻家的哥哥和父亲都不在，透析后的岳母进入休克状态，心急如焚的董雪峰，一夜之间嘴角长满燎泡。可是，他是男人，是妻子的天，是岳母的儿，他不能露出害怕或是怯弱，以及能将恶劣和悲伤情绪传染的担忧。

他故作轻松地对妻子说："老太太心眼这样好，老天爷眼睛明亮得很，他才不会轻易把她收走呢。"说完，他赶紧把妻子赶到一边去休息，两人分工，他负责夜里照顾，妻子负责白天照顾。他知道手术后的第一晚十分重要，他知道这样的一晚，他不能心生离弃或是懈怠。

那一夜，他就一直坐在岳母的病床前，在给岳母吸氧、喂水的间隙，他不停地祈祷。终于，太阳快要露出地平线时，岳母睁开了眼睛。看到的是和儿子一样亲的女婿，老人的眼角流下了两行滚烫的泪。

那年春节，着急赶来的岳母的儿子，和董雪峰一起，陪老人在医院里过了一个年。

岳母的病一治便是四五年。老人身体的疾病对家人是一个沉重的打击，而经济上的沉重负担又让刚刚经济脱贫的小夫妻陷入窘境。

"那是2004年，虽然前前后后总共给过岳母看病2万元钱，但这对于工资尚不高的我们而言，实在是压力巨大。"

　　虽然一直过着也习惯了这样紧巴的生活，但妻子汤朝香的心里还是向往能有一天住进新房子，她和心爱的男人的新房子。但是，家里的经济状况怎么可能允许呢？"当时映秀建新房时，看着别人都去登记，我们问都没敢问，我们就住在我爸妈的房子里。虽说老人不说什么，但是我们却觉得心里愧对老人，我们是年轻人，怎么能老靠着父母呢？"

　　岳母的病情越来越严重了，原来的一周透析一次，发展到两周三次，频率越来越高，花费也越来越多。幸运的是，终于有一天，就像终于走过了那个临界点，在经过必经的及时治疗和得当护理后，岳母的病情终于未再有更恶劣的发展。董雪峰和汤朝香的心里，这才慢慢松了一口气。

　　一切突然就顺风顺水起来了。岳母的病情稳固，父母的身体安康，夫妻二人的工资在涨，而儿子也一天比一天健康茁壮。日子就这样平滑向前延伸着。

　　此时，董雪峰的心里涌起更多关于幸福的感受——

　　看，早上起来，妻子在为一家三口的早餐忙碌。和儿子一起推窗深呼吸，蓝天和金灿灿的朝阳便将自己扑了满怀。这是晨起的幸福！

　　进入教室，有那么多的孩子围绕在身边，一起唱歌、跳舞、朗读、学习，一起嬉戏玩耍，孩子们的琅琅读书声饱含希望，就像花圃里刚吐新蕊的花朵，逢上了阳光雨露还有老师们的辛勤培育，花儿一天天变芳香。这是成长中的幸福！

　　哇，到了晚上，与妻子牵手走在如水的月光里，儿子依偎在爸爸、妈妈的怀里。或是，上网浏览着天下事，而妻子静静地坐在自己的身边，在默默的陪伴中，手里是如魔术般承载了所有家人抵御冬季寒冷的温暖毛衣。这是放下一切，将心放在家里的幸福！

　　陪着父母，只是看一片落叶的景致，也会觉得是一只只蝴蝶在飞舞。或是在下雪的冬季，一起为行人扫出一条干净的小路，看着行人微笑地走过，阳光明媚穿城而过，这也是幸福……

5. 儿子，爸爸陪你一起成长

　　　　哦！爸爸！这是多么令人振奋的称呼啊！

　　他的心里有说不出来的感动，为亲情的传承和温暖的递进。

父与子，开始了一场教与学的斗智斗勇的"较量"。

"老师的孩子"这一身份，让儿子在消息的传递中优越感十足。

原来玩着玩着就能把语文学好呀！

爸爸，我在班上是管你叫"爸爸"还是叫"老师"？

＊　　＊　　＊

董雪峰调到映秀小学的当年，汤朝香调到了映秀镇张家坪小学。儿子董煦豪就是在这一年成为这个家庭的新成员的。

都说孩子的出生对母亲来说是悲壮而辉煌的，但对父亲而言，何尝不是一次悲壮而辉煌的生命体验？正是因为有了这样的体验，一个男人才真正完成他生命里质的飞跃！

想起来，一切都发生得那么简单，那么平常，又那么令人回味无穷。那个拂晓，汤朝香用紧张的口吻提醒丈夫，她肚子开始疼痛。那一刻的董雪峰猛然认识到，一个事实已经真正摆在面前：他即将做爸爸了！

哦！爸爸！这是多么令人振奋的称呼啊！想起之前的几个月，眼看着妻子腹部日渐隆起，也曾两相竞猜：是男是女？是胖是瘦？或者用手试探胎儿的拳打脚踢，设想他（或她）的调皮捣蛋。而这一刻，生命的种子即将瓜熟蒂落，妻子正以痛彻心扉的方式，迎接这个小东西的到来。

那声响亮啼哭让董雪峰的大脑一片空白。他小心翼翼地从护士手里接过这个小小的人儿。哦，孩子，原来做父亲的感受是这样的，是要给怀里的孩子安全和温暖，是要像座山一样给孩子依靠。从此以后，他不再仅仅是人夫、人子，他还是人父。他有了孩子，一个与他的人生有着千丝万缕的关系，甚至影响他整个生命的孩子。一代又一代的繁衍生息，原来就是在这样简单却又意味深长的过程里得以完成和继续的。

董雪峰夫妇沉浸在儿子到来的喜悦里，虽然日子琐碎而忙碌，可是，心里的欢欣与满足还是让他有了更饱满的前进动力。儿子5个月大时，也就是1997年的8月，暑假结束，学生开学，尚没有休完产假的妻子有些待不住了。

她跟丈夫商量："要不，把孩子送爸妈那儿？"

董雪峰有些不忍心，毕竟儿子太小，还没有断奶。可是站在妻子的立场想想，没有哪一个老师不想念自己的学生。

5个月的儿子被妻子狠下心断了奶，他即将离开父母，即将由爷爷奶奶照顾。虽然同样会有饱满的爱，可是，和父母在一起的爱，是大不一样的。小小的人儿还不懂这其中有什么不同，他只是像以往那样，饿了想找妈妈。但是，只要喝了冲好的或是奶粉，吃饱喝足，他很快又会在爷爷奶奶的爱抚下或是呼呼大睡或是自然微笑。

　　每到周末，董雪峰夫妇便腻在父母家里不愿走。他们还想多抱一会儿这个一天天结实起来的小家伙。啊！他长奶牙了，他会站了，他会走了，他能跑了，他会完整地用语言表达他的想法了……

　　儿子带给董雪峰夫妇的，已不仅仅是生命到来之初的惊奇和感动，更多了一些温暖和牵挂。可是，这样的牵挂他们必须深埋在心里，因为他们有更重要的事业要去忙。这样的事业和一般的打拼天下还不同，因为在更多孩子的成长里，是更多人看不见的自我价值的宣扬。为人师者，不就图个培育桃李并让他们满天下生根开花吐芬芳吗？

　　儿子5岁了，他开始会问更多的问题了。

　　"奶奶，为什么我不能和爸爸妈妈住在一起呀？"

　　"爷爷，爸爸小时候是什么样的？他调皮吗？"

　　"爸爸，我想有一架时空穿梭机，我把按钮一按，就到了星期天，爸爸妈妈就能来看我了！"

　　"妈妈，我给你唱一首歌好吧？我的好妈妈，下班回到家，劳动了一天，多么辛苦呀！妈妈、妈妈快坐下，妈妈、妈妈快坐下，请喝一杯茶！让我亲亲你吧，让我亲亲你吧！我的好妈妈！"

　　……

　　这一年是2002年，经过多次争取，汤朝香调到映秀小学，成为董雪峰的同事。

　　终于，可以把儿子董煦豪接到身边了。这一回，是轮到爷爷奶奶舍不得了。自小和爷爷奶奶一起生活的董煦豪，每次和老人说"拜拜"时也都是眼泪汪汪的。他的心里有说不出来的感动，为亲情的传承和温暖的递进。

　　聪明而乖巧的儿子，不仅赢得了所有亲人的喜欢，也以优异的成绩和良好的品性赢得了所有老师和同学的喜爱。说起儿子，董雪峰难以抵制自己内心的骄傲——

　　"儿子非常喜欢画画，小时候，他就喜欢拿着粉笔在阳台上画画。上了小学后，连续四年获得'六一'儿童节美术比赛的一等奖。"

只是很遗憾，这些作品都在地震中毁了。唯一保存在电脑里的一张，是董煦豪三岁时的一幅作品，虽然稚嫩，却让董雪峰每次看都止不住泪流满面。

从小就聪明的董煦豪，曾代表映秀小学去参加汶川县的爱国主义演讲，并取得第三名的优异成绩。这个演讲比赛是全县范围的，参赛者不仅有小学生、中学生，还有老师。经过班级推选、学校筛选，董煦豪最终成为代表映秀小学的参赛选手。

"我儿子真的很优秀！"事隔许多年忆起此事，董雪峰仍一脸自豪。

还要特别描述的是，董煦豪四年级的时候，董雪峰成为他的班主任。于是，父与子，便开始了一场教与学的斗智斗勇的"较量"。

晚饭后，董煦豪在房间里写作业，董雪峰便和妻子聊天。

"我明天准备检查一下班上孩子的背诵，刚学完的这一课，有几个句子特别优美。最近一直由着他们，很久没有板起面孔，我这一突击检查，估计又能管用好久。"

"是得检查一下。"

第二天早上，董雪峰便听到儿子早早在阳台上背诵课文的声音。上午的语文课，董雪峰便抽查了许多学生来背。结果，所有的学生都将课文背得滚瓜烂熟，包括被抽查到的儿子。董雪峰假装没有看到儿子和同学们交流的得意眼神。

"我要听写一下这个单元的生词。"

"我要检查一下孩子们的课外积累本。"

"我要看一看孩子们新课文预习得怎么样？"

……

董煦豪每次都会把他"不经意"听到的消息告诉同学。"老师的孩子"这一身份在这样的消息传递中让他优越感十足。但他并没有因此骄傲或是放任，反而更努力，更勤奋，凡事都不甘输于人。更有意思的是，这样真的带动了全班同学自觉学习，并有效促进了整体成绩的稳步提升。

以2007年全县统考成绩为例，映秀小学四年级一班轻轻松松获得全县第一名。语文成绩平均九十多分，比全县平均分高了十几分。数学成绩平均分更是比第二名高了二十几分。

2008年5月，在映秀小学开展的红歌会中，董雪峰负责诗歌朗诵部分，数学老师李懋负责合唱部分，映秀小学四年级一班又斩获了第一名。地震后，有一个家长从废墟中找到了当时的奖状，并将它交给了董雪峰。

"这个奖状我到现在还收藏着。这里面，不仅仅包含和见证了我对这个班倾注的感情，也时时提醒着我，有些事，有些孩子，忘不了，一辈子！"

为人师为人父交织在一起的感情，让当时从教15年的董雪峰找到了不一样的感觉，他也最终凭自己的平和、睿智彻底改变了孩子们对他最初的惧怕。

是的，平时的董雪峰不是很喜欢笑。但是一笑，整个春天便环抱着他。可是，在校园里人们却很少看到这样的时刻。所以，在映秀小学，他有一个响亮的名号——"歪老师"。用四川话评价就是："董老师很厉害的，很歪的，歪得不得了！"尤其是儿子的同班同学得知董老师要当他们的班主任时，有几个调皮捣蛋的孩子更是生出了惧怕之心。他们纷纷去找董煦豪打听："你爸爸真的很严厉吗？他在家里打你吗……"

可是，没有想到，班主任兼语文老师的董老师却并没有想象中那样"可怕"。偶尔会板起脸来批评人，但是，只要你付出努力并态度认真，或是取得一些成绩，董老师从不吝啬他那优美的表扬语句。

不仅如此，董老师的课讲得实在有趣。课堂上的董老师面部表情丰富生动，他有各种各样的教学道具，他有各种各样新奇好玩的故事，他给了孩子们足够多的思考和学习空间，他引领孩子们对语文产生了浓厚的兴趣……更为重要的是，董老师很少布置家庭作业。

"董老师，今天的语文家庭作业是什么？"

"没有作业，但是今天学了生字，明天我要听写。"

"董老师，您发的积累本是不是每天都要交？"

"这个本子是你的积累，不用每天都交给我，但是我会不定期检查哦。"

"董老师，我在积累本上抄了一句很优美的句子，我是不是只写一句为什么感兴趣就可以了？"

"一句也行，十句也可，不管你写多少，可是，你要告诉我你喜欢的理由。"

"董老师，学完了这篇课文，是不是要在积累本上做一个板块的展示啊？"

"你可以把你想展示的内容进行美化，配上插图、花边，一个星期以后我们要评比，看谁做得最好哦！"

董老师告诉他们，语文处处都在，生活中处处是语文，包括看电视中的新闻都是学习。他告诉孩子们："你们光是学习书本上的东西，董老师给你们讲

了，给你们读了，这就叫学好语文了？这不叫学语文。你们要从生活中去找语文。"

他让孩子们回家看新闻，第二天在班上给其他同学播报新闻。为了怕给孩子们造成心理负担，他从不要求全班所有同学每天晚上都必须守在电视机前，他今天让第一排去看，第二天让第二排去看……

有的孩子说："董老师，我们这里没有电视。"

董老师说："没有电视也可以啊，你把你身边的事情讲给我们听听。"

于是，一些住校生就会讲他们前一晚上几个人干了什么，遇到了什么有意思的事情……在董老师这里，不管什么内容，只要讲出来就行。但是，都需要像个小老师一样，站在讲台上讲。

董老师还尝试做过"课前一分钟演讲"。他买回许多世界名著放在班级的阅读栏里，孩子们也会将自己家里的书带来。这样的交换分享，不仅激发了学生们学习的兴趣，也拓宽了孩子们的知识面，更提升了每个孩子的语言表达能力。

这样的方法还有许多许多。董老师发现，这些灵活的教学方式用到小学生身上是非常适合的。虽然他从不布置真正的作业，可是，这许许多多学习的规矩，在孩子们那儿，好玩极了，有趣极了，原来玩着玩着就能把语文学好呀！

不仅如此，在经常性的检查或是评比获得优胜的学生，董老师还会给一些物质上的奖励，比如从班费里面拿出一元、一元五角，反正不多，买点孩子们喜欢的、正在流行的小玩意儿。但是，每一个得到奖励的孩子，脸上骄傲的表情都会持续许久。可是，他并不会因此真的骄傲，因为他可不想下次检查时成为落后者。这是孩子们被董老师觉察并激发出来的荣誉感和自觉性，当然还有创造力。

看，每个孩子的积累本都是一本精彩的课外书，里面包含各种各样的精彩内容，有生字、生词，有优美的句子，有美丽的图画，还有学习的心得……

有一天，汤朝香突然问董雪峰："为什么儿子晚上回家不叫苦了？不贪玩了？反而喜欢写作业了？"

董雪峰笑而不答，这是他的小秘密，他要在同为语文老师的妻子面前保持优越感、神秘感，以及竞争的优势。但他知道，他的教学方法很快便会在学校传开，因为学生们的进步以及取得的优异成绩有目共睹。传就传呗，反正对于这个班，董老师真的是轻轻松松就教好了。好酒总会香飘全巷的！董雪峰最不怕竞争，因为核心实力在那儿摆着呢！

这样的教学，儿子董煦豪受益最深。

在接手儿子这个班时，妻子有些担忧："董老师，你可不能因为董煦豪是自己的儿子，学习上就太过严厉，或是特别对待哟。"

"汤老师，你太小看我了。请放心，我一定会公平对待。"董雪峰拍拍妻子的肩膀，肯定地回答。

儿子探头进来，同样担忧地问："爸爸，我在班上是管你叫'爸爸'还是叫'老师'？"

"你觉得呢？"董老师没有明示，他希望儿子自己做最适合的定夺。于是，课堂上的董煦豪每有问题总是响亮地叫"老师……"但他不喊姓，就只是喊老师。回到家后，就"爸爸爸爸"亲热地叫着。

一年以后的一天晚上，儿子亲昵地搂着董雪峰的脖子说："爸爸，我觉得你真是一个很好很好的老师呢。我很为你骄傲呢！我想和你一直亲密地在一起，像朋友一样的亲密。"

亲密如朋友的父子俩，一有时间便会疯玩在一起。可是，这"青出于蓝而胜于蓝"让董老师很没有"面子"。比如他教会了儿子下五子棋，很快，他便不是儿子的对手了。因为聪明的儿子没事时便研究布阵兵法，而不像他那样，躺在"我会下五子棋"的历史簿上"不学无术"。再比如他教会儿子上网，做空间的装饰，或是在网上画画。很快，儿子便会笑话他弄的空间太老土了，儿子稍稍一倒腾，便焕然一新，丰富生动多了。他还带儿子去打篮球、晨起跑步……和学生在一起，董雪峰觉得自己只是一个大孩子。和儿子在一起，亦师亦友的感觉，他觉得很"fashion"。

当然，董老师偶尔也会有翻脸不认人的时候。比如说，儿子犯了错误，必须得认错，必须得接受惩罚。但是，他从不会上纲上线给儿子心理压力，因为让儿子懂得"犯错就必须改，同时要为错误付出代价"的道理更重要。而改正了错误的儿子，也会收获父亲的鼓励和夸奖："儿子，改正了错误的你是最棒的！"

这样的信任和共同成长，让董煦豪收获了比别的孩子更自信的童年。董雪峰知道，父亲的高度决定孩子未来的人生宽度。最好的教育，其实是一种生活方式，只有营造了一个更为亲密、更为知心、更为自由平等和相互尊重的生活

氛围，孩子才有可能健康成长。

从这个意义上讲，有了这样的爸爸和老师，董煦豪是快乐的、骄傲的，因为他在这样的培养里，吸收到了可以滋润成长的丰富养分，足以让他成长为一个有价值的人。

可是，上天的预定却如此残酷，只让他活了 11 年。

第二章　幸福像清泉，却比蜜甜

——刘忠能的故事

1. 父爱如山

父亲要拼尽全力供养他们。

他坚信儿女有文化就能活得不一样。

父亲以克制自己的方法来"节流"，但他更懂得"开源"。

没有辜负父亲的期望，孩子们读书都很用功，很刻苦。

*　　*　　*

从汶川县城出发，213 国道沿着岷江，沿着画卷般的大山蜿蜒着一路向南。沿路不时有满载货物的大卡车向茂县县城方向驶去。44 公里后到达茂县。

茂县位于四川省阿坝州东南部，地处青藏高原向川西平原过渡地带。据《旧唐书》和《茂州志》载：茂州"以郡界茂湿山为名"，唐代至民国初期均用此名。1958 年建立茂汶羌族自治县时取"茂县""汶川"二名各一字得名"茂汶"。因茂县大部分地区处于汶山地带，后阿坝州更名，始称茂县。

茂县全县人口近 11 万人，其中 90% 为羌族，占全国羌族总人口的30.5%。羌族为炎帝后裔，有着历史悠久、源远流长的民族文化。据茂县发掘的出土文物考证，羌人的先民在秦汉时就已居住、生息在这块土地上，并已由游牧转为定居生活。激越的莎朗、婆娑的羌红、醇美的咂酒、神秘的祭祀、苍凉的羌笛……从建筑到服饰，从宗教到歌舞，在羌乡的每一个角落，都飘荡着自然的生命激情，都有着原生态的痕迹。

洼底乡二叉河村也是一个典型的羌族村寨。小村三面环山，地处洼地，风

景秀美，民风淳朴。村子距离茂县县城45公里。

1976年12月4日，随着一声男婴响亮的啼哭，村内一户刘姓人家按照羌族人的传统习俗，在门的左边挂上了一个背篼，上面放了一把小刀。之后，家常菜，菜香满堂；青稞酒，酒醉亲朋。取名刘忠能的这个新生男孩，给这个羌族山寨带来了新的喜悦。

刘忠能兄弟姊妹五人，他排行老三，只有最小的老五是妹妹。汶川地震发生前，除了小妹，弟兄四人均已结婚生子，劳碌了一辈子的父母正享受着儿孙绕膝的天伦之乐。

刘忠能家在二叉河村算是门楣光耀的人家，因为除了二哥在当地的水电站工作，其余四兄妹均通过读书、考学，以"鲤鱼跳龙门"的方式离开了山寨。地震发生前，刘忠能的大哥在绵虒教学，小弟在水磨教学，而他在映秀教学。小妹也不错，在成都做护士。一个贫寒之家出了"四个秀才"，不仅在老家的山寨，在整个洼底乡，甚至茂县，也是值得称道的。

"那时候家里生活很困难，又有三四个读书的，一般的家庭很难承受得起。如果不是父亲拼尽全力供养我们……"忆起当年生活的艰辛以及父亲的执着，刘忠能的眼角总是会泛起晶莹的泪花。

父亲和羌族山寨里所有当家的男人一样，严肃、勤劳、认真、务实。但更值得刘忠能钦佩的，是父亲对孩子们读书的坚定支持。"他可以节俭几乎所有东西，就是要让孩子们读书。"那个年代，一家四个孩子在外读书，压力之大可想而知。

可是，务农的经济收入远远不能满足孩子们读书的需求。事实上，那个年代里的山寨农民，几乎是没有什么经济收入的。于是，聪明的父亲开始想尽办法赚钱。

土地刚刚包产到户时，父亲便开始种植经济林木，栽花椒、种苹果，还到处开荒种地。那时候的村里还没有几个人有这样的意识，都不知道这些东西原来是可以变成钱的。

等到农闲的时候，闲不住的父亲便到各个地方去打零工。

就在走街串巷做零工的过程中，敏锐的父亲发现，烧木炭是很赚钱的，因为烧木炭的活很苦很累，且比较麻烦，干的人不多。奇货可居时，价格自然可观。

于是，在烧木炭的季节里，父亲每天天不亮便进山，走2公里山路到达沟里，然后爬到山顶，寻找一种叫"青冈"的木头。这种木头很少，只在山顶生长，但它是做木炭最适合的。砍到足够多的青冈后，父亲小心翼翼地一棵一棵地将木头从山顶放到有水的山沟。在水流附近，挖一个窑，将木头放进窑里。之后，烧制一周，一窑木炭便烧好了。

一窑木炭大约一千斤，一个烧窑季，父亲要烧到一万斤木炭，在山里待上两个多月。几个孩子总是抽空闲时间帮父亲的忙。

父亲嘴上虽然从来不说什么，但孩子们中午歇息吃玉米做的馍馍时，父亲便坐在附近的石头上闭目养神，偶尔睁开眼睛望向打闹成一团的孩子，脸上是心满意足的神情。

可是，父亲很少吃东西，早上吃饱了，中午便不吃，或是随便吃一口意思一下。父亲是将节约下来的口粮留给孩子们吃，以克制自己的方法来"节流"，但他更懂得"开源"。所以，即使现在六十几岁的人了，还喜欢到县城的街上去转转，寻思着找点事情做。

烧制木炭的过程相比路途上的运输，其实是轻松极了的。一万斤木炭要靠父亲的肩膀，一点点、一趟趟背到村口。每个单程的距离在 12 公里左右，其中有 10 公里全是陡峭的山路。木炭六七分钱一斤，一万多斤木炭也不过卖到六七百块钱，可是，这已足够缓解孩子们上学的经济压力了。

满脑子经济想法的父亲，又找到了新的营生，他开始上山挖草药。一个塑料筐、一根竹棍、一把砍刀、一顶草帽、一袋干粮、一桶水，便是父亲在山里待上几天的全部家什。

茂县本身海拔 3000 多米，其县域内的群山更是陡峭耸峙、峰峦叠嶂。可是，名贵的药材偏偏喜欢长在陡峭的山崖上。小小的刘忠能想象不到父亲待在山里的孤独、恐惧以及寒冷，但他一直记得父亲背着满满一筐药材回家后的模样：整个人几天工夫便黑瘦下去，脸色是灰暗的，头发和胡子十分凌乱，手上、身上有数不清的划痕。但是，眼神是清亮的，他把背筐往地上一放，还没等母亲的粥熬好，整个人便躺倒在床上呼呼睡去，鼾声似乎能将屋顶掀翻。一觉醒来的父亲，整个人便又是精神的、利落的，还透着一丝丝的精明。

精明的父亲，很快又找到了更好的营生。

1988 年，乡里的公路修到村口，父亲便借钱在公路边开了一个小卖部。修房子、进货的钱全是借来的，一下子便借了 700 元。

700 元呢！能借到钱，凭的是父亲的信誉。可是，借钱便要还，天经地

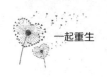

义。所以，父亲当年的魄力和经营的压力可想而知。

但是，目光长远的父亲，内心坚毅，正如他坚信儿女只有读书才会有出息一般，他也相信路边小卖部能带来商机，会改变整个家庭的命运。

果真，小卖部的生意一直不错，并一直坚持运营了整整20年。

2008年春节后，都已成家立业的儿女们心疼父亲的操劳，硬是自作主张卖掉了店面，将父亲接到县城居住，父亲这一辈子的经商之路才算圆满画上句号。

经营小卖部挣到的钱，父亲主要用来供他们读书。儿女们成家了，谁家困难急用钱，父亲又无私给予支援。

从某种意义上讲，没有父亲精心的操持，刘忠能兄妹的今天，远远没有现在这样好。当然，在父亲的潜意识里，让孩子们读书并不是功利到只为让儿女们将来出人头地，他只是本能地觉得，有文化就能活得不一样，因此拼尽全力，为儿女们的未来铺砖添瓦。

没有辜负父亲的期望，孩子们读书都很用功，很刻苦，也通过自己的努力最终走出大山。

2. 读书改变命运

"传帮带"的传统十几年来一直沿袭。

哪个父亲不希望自己的孩子好呢？

没有学费、早几年工作赚钱的诱惑力大之又大。

每一个被带出来读书的孩子，选择的，都是与教书育人有关的未来。

他也最终通过读书这种方式，走入了更广阔的天地。

* * *

走出大山的刘家的孩子，"传帮带"的传统十几年来一直沿袭。

第一个带孩子们走出大山的，是刘忠能的小舅。

因为外公的去世，读书成绩非常好的小舅高中未能读完便不得已辍学回家。家里穷得叮当响，拿什么去供孩子读书呢？可是，那样热爱读书，那样梦想成为一个文化人的小舅却不甘心。回到村子的他，经过一番努力，找到了与读书有关的"救赎"方式——他成为村小学的一名代课老师，一个月的工资只有几元钱，可是，他坚持了下来。

在教书育人的过程里，小舅找到了自我价值传承的乐趣。因为教学成绩突出，他被借调到洼底乡中心小学任教。可是，仍只是代课老师，仍只有几元钱一个月的工资。但他满心欢喜，因为他不仅自己有书读，还可以让许多渴求读书的孩子有书读，读好书。

刘忠能的父亲不懂所谓"万般皆下品，唯有读书高"，只是本能地知道，读书最大的好处，是可以让孩子拥有属于自己的本领，靠自己生存。不仅如此，读书还可以不再过祖祖辈辈过的"面朝黄土背朝天"的日子。哪个父亲不希望自己的孩子好呢？

于是，他开始贴补妻子这个最小的弟弟。他将这个已为人师的弟弟视作亲弟弟，希望他能有更好的前程。于是，没有了经济压力的小舅可以专心读书，并顺利考取了汶川师范学校。中专毕业后的小舅因为个子高、篮球打得好，被汶川体育局直接录用。他便成为刘忠能看到的第一个"秀才"。

有了这样的榜样，孩子们读书更加刻苦、用功了。没多久，刘忠能的大哥便考上了师范学校，资助他读书的人，便是小舅。

大哥毕业工作后，有了稳定的收入，刘忠能和四弟也跟着大哥一起来到县城读书。

刘忠能工作后，又将姑妈家的儿子、二哥家的大女儿带到了县城……几乎每一个被带出来读书的孩子，选择的，都是与教书育人有关的未来。

"因为不懂得怎么填志愿，纯粹就是读书、考试、回家，所有的一切都是舅舅和哥哥帮着做的决定，包括填什么志愿，分数水平能读什么学校。"刘忠能的话里透着朴实，可是，更多的却是对命运安排的欣然。

那时候的中专远比现在的大学难考，每个班学习最好的孩子，第一选择都会是考中专。为什么选择中专？因为当时大学不仅数量少，每年招收的学生也很少。当时，高中毕业生中能够入大学进一步深造的比例极低。在这样的大背景下，初中毕业以后考上一个理想的中专，就等于是找到了"铁饭碗"。读中专所需费用，可以说是微乎其微的，基本上都由国家包下来。且中专毕业生国家统一分配，大多是分配到"铁饭碗"性质的国营企业、事业单位，身份都是技术员或是行政干部，而从师范学校毕业毫无疑问大多都会成为老师。

不仅如此，对于贫寒人家而言，没有学费、早几年工作赚钱的诱惑力更是

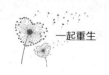

大之又大。更为重要的是，考取中专的孩子还会实现"农转非"。

刘忠能考取中专那年，整个映秀中学两个班，只有几十人能因为成绩突出而继续有学上。而在整个洼底乡，似乎也只有刘忠能一家，通过家庭成员间的互帮互助，全部慢慢走出大山，摆脱农民的身份，慢慢找到最适合自己的道路。

这样近乎"辉煌"的中专之家，所有孩的"农转非"，让村里人羡慕不已。

刘忠能还记得自己当年拿到"录取通知书"时的欣喜，像风一样从学校冲回到村子；还记得父亲颤抖着将通知书拿在手里摩挲着看之前，将手洗了又洗的郑重；还记得弟弟和妹妹羡慕地围在自己的身后，像小鸟一样问东问西的兴奋；当然也记得村支书用大喇叭在全村广而告之后，村里人送来鸡蛋、腊肉、野菜，以及自家酿的米酒，为庆祝也想沾沾刘家的喜气福气的热闹……

刘忠能在二叉河村的家，推门便能看到远处的巍峨大山，奔腾的大河。可是，因为舅舅和哥哥的影响，刘忠能更向往的是山那边的世界。

"山不过来，我就过去。"这是一位禅师曾经说过的话。小小的刘忠能尚不能彻悟，可是他知道，人生虽有许多选择，但是出生地域、家庭和父母却别无选择。对于从小生活在大山里的他而言，他只能依靠读书改变命运。

高尔基说："书籍一面启示着我的智慧和心灵，一面帮助我在一片烂泥塘里站起来，如果不是书籍的话，我就会沉没在这片烂泥塘里，被愚蠢和下流淹死。"

刘忠能知道，唯有读书，可以染绿内心的荒漠，改变世界的荒凉，让自己的人生更加生机勃勃，让自己的家园更加绿意盎然！而他也最终通过读书，和自己的舅舅和哥哥一样，走出了大山，走入了更广阔的天地。迎接他的，将是全新的未来。

3. 深爱着理想、深爱着她

带有浓厚时代气息的理想。

同样的环境，同样的坚守，同样的梦想，同样的热情。

在烟火里寻一世的彼此守候。

为了更美好的未来，他们必须克制自己的情感。

她疼丈夫是真心的疼。

离开了妻子，他突然发现，自己竟然没有生活自理能力。

*　　*　　*

少年时期的刘忠能曾经写过一篇这样的作文——《我的理想》：

很小的时候，舅舅就告诉我，"老师是一个神圣的职业"。于是，我的心便播下了这样的种子：假如我是一名老师，那该多好啊。老师头上的白发是最美的；老师手里握着笔批改作业是最美的；老师捧着课本在教室里津津有味地讲课是最美的。老师没有怨言，没有豪言，没有壮言，一生与粉笔为伍，他们言传身教，把良好的作风、优秀的品行教给我们，使我们终身受益……

我的理想不但要当老师，而且要当一名优秀可爱的小学老师。小学老师的重要，不在于他们教导大道理，而在于他们在洁白如纸的孩子们的心灵上，写下的是永不磨灭的痕迹，这痕迹往往影响孩子们的一生。我会拿起那根没有年轮的教鞭，耕拓岁月……

如果我的理想实现了，成为现实的话，我就会把上面的语句落实到行动当中去。我会用爱心去征服那一个个顽皮的身影。让他们也懂得，老师是爱他们的。当然，必要的时候，我也会给予他们一些小小的惩罚，让可爱的小朋友们认识到错误并牢记在心，下定决心改正！最重要的，我会用他们喜爱的方式，让小朋友们爱上学习，从而为成为祖国栋梁而不懈奋斗、不懈努力……

这是带有浓厚时代气息的理想。可是，它却如夜空中闪烁的星星，黑夜里指路的灯塔，又似春日里姹紫嫣红的花朵，天空中洁白的云朵，那样美好，那样令人向往。因为这样崇高的理想，刘忠能的学习态度是激昂的，向上的。有目标、有进取心的他，生活是充满阳光和希望的。

1997年从马尔康民族师范学校毕业后，21岁的刘忠能在白岩小学开始了他的小学教师生涯，实现了他的第一个人生理想。

白岩小学是一所基点小学。基点，顾名思义就是基础教育点，与完全小学有所不同，它只有部分年级，而不是一至六年级都开设了相应的班级。刚从学校出来的刘忠能，带着二十岁出头年轻人特有的朝气，投入了新的生活和工作中。

学校虽然很小，但很精致。清晨七点，太阳刚刚穿过树叶间的空隙，透过早雾，洒满校园。那是一片让人眼前一亮的颜色，刚刚升起的太阳呵，精神抖擞，红光四溢，把刘忠能的世界照得通亮。而那一刻，各个教室总会传来孩子们的琅琅晨读声，和着大山里的鸟鸣。在刘忠能听来，世界上最动听的音乐不过如此。

还不到上课的时候，刘忠能和同事就那样站在阳光下，有一句没一句地聊着教学的事，学生的事，全然没有因为住宿或教学条件艰苦而生出退意，或是失去状态。因为年轻，因为同样的环境，同样的坚守，同样的梦想，同样的热情。这些同一年分配来的年轻人，还有聊不完的新鲜话题，比如潮流，比如未来，当然也包括爱情。

课余时间，刘忠能他们会骑着摩托车，到学校附近的山沟里洗洗澡，或是去附近的黄家村小学，几个朋友聚在一起聊天玩耍……闲适的节奏，山清水秀的世界，无忧无虑的生活，在刘忠能的记忆里，快乐单纯。

尧时有老人，含哺鼓腹，击壤而歌，曰："日出而作，日入而息；凿井而饮，耕田而食，帝力何有于我哉？"这是上古时期的生活，质朴而单纯，自由而潇洒，在天地之间快意逍遥，尤其是最后一句，很有些山高皇帝远的意味，是让人非常羡慕的。刘忠能有一天突然感慨，自己初为人师的生活，也如此呢！

刘忠能觉得这样的生活简直美极了。更美的是，一个叫孔丽的女老师来到了他的身边。

那是1999年，刘忠能被吓到了，报到的这一天，一个女老师有这样庞大的亲友团陪同前来，两辆车，七八个亲朋，而她的父母还在白岩小学陪伴月余，唯恐宝贝女儿有丁点不适，丁点闪失，他猜想，这个女孩是什么家庭出身呢？

这样的娇宠让刘忠能对孔丽产生了想要探究的欲望。而事实上，孔丽并不是一个娇蛮霸道的女孩，只是家境优裕、家教良好的青春少女。孔丽和刘忠能一样，想要凭着一腔热情将自己的爱给予更多的孩子。

啊？他和她竟然还是校友。这样的因缘让他们在认识的第一天便有了亲近感。

熟识了以后才了解，孔丽在家里特别受父亲的宠爱。得到父亲宠爱的女儿，当然是特别娇贵的。只要女儿想要的东西，只要有正当的理由，父亲都会毫不犹豫地给予。

可是，哥哥也想要这样的待遇。嗯，父亲的眉头皱了起来。难道是因为"富养女儿穷养儿"的原因吗？不全是，因为孔丽打小就特别懂事，对父母特别好。她每次回家看父母，都会拎着大包小包。她宁愿自己吃得简单、穿得朴素，但是对父母，对家，却极其大方。

性格开朗的孔丽，像父母的小棉袄一样，特别会逗父母开心。这和老惹父母生气的哥哥形成了鲜明的对比。孔丽的哥哥啊老惹父亲发怒。

这样的女孩让刘忠能心里欢喜。他看到孔丽的第一眼便喜欢上了她——第一眼看到的安静的眼神，将他深深吸引。他对自己说，是她，就是她，她就是我魂牵梦绕的那个人！

孔丽也对浑身充满阳刚之气的刘忠能产生了不一样的感觉。他们都离家在外，毕业于同一所学校，并执着于老师的梦想。更关键的是，农村出来的刘忠能，人很实在，懂得感恩，是父亲会喜欢的女婿人选。

是谁先捅破那层窗户纸的呢？是彼此的好感。

情感突然间就那样敞亮于心。

第一次牵她的手，轻轻放下，却不知该往哪儿放；第一次柔情相拥，呼吸急促，心在不停地颤抖；第一次亲吻，第一次同吃一碗粥，第一次站在一起接受同事的祝福，第一次一起回家看望父母……太多的第一次，如晨曦带露的玫瑰，甜蜜浪漫，弥足珍贵。更像烙在刘忠能胸口永不褪色的印记，只是想一想，便能感受到岁月的静好，现世的安稳。

恋爱三年的美妙转瞬即逝，两个真心相爱的年轻人迫不及待地要成立自己的小家，要有自己独处的小小天地，要在烟火里寻一世的彼此守候。2002 年初，两人结婚，这一年末，儿子刘旭思宇出生，给这个小家庭带来了新的欢乐。

时隔多年，刘忠能依然能忆起 6 年家庭生活的点点滴滴，每个思绪的延伸都能有对妻子、对儿子的细节回忆。儿子得到了全家人的爱，儿子也是全家人之间重要的爱的纽带。因为儿子的到来，刘忠能的生活真正驶入幸福的轨道。

旭，是指旭日东升，太阳的意思，代表着光芒、温暖、力量。思宇，是思念家庭，希望孩子不管走到哪，都要记得家，记得家的温暖。这样美好的寓意，是刘忠能和妻子孔丽对儿子未来的期许。

也就是在儿子出生的这一年，因为工作表现突出，刘忠能被调到映秀小学。

中心小学距离白岩小学不远，可是，正是这不远的距离，却让刘忠能和妻子每一天都要短暂分开。早上迎着太阳离开家，下午放学急急奔回家。虽然只是几个小时没有见，他们彼此却是那样想念。

身为体育老师的刘忠能，有着不一样的浪漫，他将这样的想念化成了诗行。在诗里，他这样写道：

> 离开的背影里，
> 追随着你的柔情，
> 你的笑容爬满我的心窗，
> 在心里盛开一簇簇芬芳，
> 葱茏成春的渴望。
> 在光华流转的时光静流中，
> 你的笑颜，
> 以及温暖陪伴，
> 注定是我这一生永恒的爱恋。
> 于是，
> 我的思念，
> 比梦还要长，
> 比日月还要久远……

上天总是会眷顾有情的人。2004 年，孔丽终于也因一个机缘调到映秀小学。此前，刚刚十个月的儿子，也被心疼女儿太辛苦的岳父岳母抱到了自己家。

又可以真正朝夕相处了，刘忠能的心里有说不出来的高兴。可是，妻子孔丽却提出了一个要"离开"刘忠能的想法，刘忠能竟然同意了。

是啊！妻子想继续去深造，刘忠能为什么不同意？他不是那种守旧的男人，从不认为妻子不能比自己强，妻子要永远守在家。

能干的女儿也是父亲的骄傲。岳父说着他的感慨，说他从小没有机会读书，属于没知识没文化型的粗人，所以，希望女儿有读书的机会一定要争取，一定要坚持。读书不是为了出人头地，毕竟处于金字塔尖的人少之又少。读书是为了能做自己想做的事，能更好地养活自己，能给家庭带来更多的福分，也能帮助更多需要帮助的人。

　　退休在家的岳父其实并不如他说的那样。他和岳母退休后的收入，是相当不错的。而一直勤劳能干的岳父也没有闲着，总会到处打些零工挣钱补贴家用。岳父常说，他们这条大河里的水满着，便用不着刘忠能他们小河里的水来补充。相反，他们还能给小河提供水源，让小河尽情欢歌。

　　突然间说话文绉绉的岳父让刘忠能感动不已。

　　"小孩子我们帮着带，你们尽管甩开膀子干自己想干的事。"岳父的表态也最终让孔丽放下了对儿子的担忧、对丈夫的担忧，再次走进校园，在知识的海洋里遨游。

　　两年的时间，再次让刘忠能饱受相思的痛苦。在宜宾自费脱产攻读英语本科的妻子，何尝不是深深地想念丈夫和儿子呢？可是，为了更美好的未来，他们必须克制自己的情感，将更多的精力用到工作与学习上。

　　此间，刘忠能也经受了事业上的一个波动和挫折。

　　之前，他虽然调到映秀小学工作，但是人事档案却仍在白岩小学。那一年汶川教育系统统一进行工作分流，所有外调教师必须回原籍学校。但建设紫坪铺水库时白岩小学被淹没了，服从组织统一安排，刘忠能被分流到另外一所村小。

　　幸而事情有了转机，再次调整时，他被分流到银杏乡中心小学。

　　妻子在外读书，儿子在老人家里生活。突然间重新回到单身的状态，下了课的刘忠能，每每会遥望远方思念亲人。

　　可是，体贴妻子在外读书劳累的丈夫，却从未讲过这些。每次通电话，每次写信，他都是轻描淡写地说着自己的生活，无非是打球出了一身汗，周末去看儿子了，老师们又一起聚餐了，班上的孩子又取得什么荣誉了……而他讲得最多的，还是对妻子的思念。他甚至那样想念被妻子扯着"打"的感觉。

　　性格活泼的孔丽似乎与谁都能谈得拢，在学校是出了名的好人缘。但为人妻，却是另一番性情，个性极强，说一不二。举个例子讲，她让刘忠能将床单从洗衣机里拿出来晾到阳台上。可是，正沉浸在游戏中的刘忠能，嘴里"嗯"着却不动。喊一遍，刘忠能"嗯"一遍。再喊，又"嗯"着说"马上"，可是，人依然坐在那儿纹丝不动。在厨房里忙活的孔丽火了，冲出来扯着丈夫"打"。怎么打？舍不得打别的地方，就打背吧。打几下，刘忠能求饶，赶紧把妻子安排的活干利落了。每当此时，看到丈夫忙碌的身影，孔丽的嘴角总会得意地向上翘。这样的为妻之道，刘忠能似乎还挺受用。

可是，她疼丈夫是真心的疼。一般的家务自己都大包大揽，刘忠能也就是洗个碗，洗个菜。她乐意让不会做饭的丈夫，每天吃到她精心烹制的佳肴。

周末的时候，她就挽着丈夫的胳膊上街买东西。去商场逛逛，去市场走走，买件衣服，买些食材……前面是买东西的妻子，跟着的是提东西的丈夫。那样的场景，很烟火，很生活气，很温暖。

因为妻子的大包大揽，刘忠能几乎没有自己买过东西，包括衣服。孔丽到宜宾读书后，挂念丈夫，所有换季的衣服、鞋子都是从宜宾买好后寄回家。她知道丈夫买不来这些东西，买东西又不讲价。而她买的，永远质优价廉。她喜欢听丈夫夸赞她眼光好，买的东西品质上乘。这是她为人妻的本分，也是骄傲。

有一阵子，刘忠能几乎每天早上都要很早起床去学校，不仅平均每天排四五节课，还要训练学生参加比赛，有些接近白加黑地工作。心疼丈夫的妻子，便想方设法变着花样为丈夫增加营养，家里的事，也不再让丈夫伸手。

正是这样的疼爱，让失去妻子的刘忠能突然发现，离开了妻子，自己竟然没有生活自理能力。因为生活中有太多的温暖痕迹，他更加撕心裂肺地想念爱妻。

对待公公婆婆这边，妻子也是发自内心的孝顺。逢年过节买东西，头疼脑热时带着看病、买补品，有空便会回家看望……四邻八舍都夸刘家的三媳妇孝顺懂事。

当然，两个人一起生活，哪有不磕碰的，也会产生小矛盾。但是，这一切并不妨碍两个人的感情。而好好爱妻子，好好爱他们的家，也成为刘忠能的第二个理想。

4. 被寄予厚望的未来

孩子的未来，被寄予了无限的希望。

儿子在时，他没能好好疼他。儿子走了，他却只能用这样的方式回想。

哪有孩子和父母较真的？老人的倔强是刘忠能绕不过去的父爱。

原来幸福是这样的简单，简单到像清泉一样，却比蜜还甜。

*   *   *

思念妻子的刘忠能，将更多的爱投注到了儿子身上。

他对岳父讲："爸，你们年纪也大了，该休息了，我带着儿子吧。"岳父看着女婿一脸疲惫的神情，体贴地说："不用不用，你上课那么累，丽丽又不在家，谁给你们管？还是交给我们管吧！你们只要干好自己的工作，比什么都强！"

那时的刘忠能——说实话——还是像一个没有长大的孩子，当岳父替他和妻子分担了照顾孩子的重责后，他像飞出林子的小鸟，尽情地享受着在天空翱翔的快乐。虽然工作上有过一年的不如意，但是，当他重新调回映秀小学时，便如鱼儿重新游回大海，有说不出来的畅快。这也使他像开足了马力的汽车，"突突"地在事业的路上奋进、奔跑。

都说小孩子被老人带，会娇惯出一身的毛病。可是，刘旭思宇是幸运的，因为他的外公外婆爱他但并不溺爱他。只是在上幼儿园的问题上，在刘忠能看来，出现了情有可原的溺爱。

两次报名，两次交钱，两次退学，5 岁的小思宇也未能成为真正的幼儿园小朋友。原因很简单，小思宇从小身体有些弱，稍有不注意便会感冒。而每次一进幼儿园，也是必以感冒开场。看着外孙痛苦难受的模样，岳父心疼，他大手一挥做了决定："不去了不去了，就在家里面学。我教他！"

小思宇快 5 岁的时候，有一天去看儿子的刘忠能和孔丽突然发现，思宇竟然和他们不亲，在儿子的眼里，饿了找外婆，困了找外婆，看书识字找外公，游戏玩耍也找外公……爸爸、妈妈像是客人，定点来，定点走，例行公事地亲近他，又远离他。

刘忠能慌了起来，他突然意识到这样下去不行。虽说身为父母的责任轻了，可是，教育孩子的责任怎么能由别人分担呢？不仅如此，一个没有和父母建立感情的孩子，其心智发育会有很大问题的！

他将自己的担忧和愧疚讲给岳父听，通情达理的岳父又是大手一挥说："我同意，把孩子带到你们自己身边。但是，我和你妈妈要跟着一起去。从小一直带着，我舍不得孩子。再说了，你们工作那么忙，怎么照顾孩子？"

岳父的大气再次让刘忠能感动不已。一家三代人住到了一个屋檐下，心里装着的，都是对思宇的爱。

聪明可爱的小思宇终于回到了自己的家。孩子虽然一直跟老人生活，可是，一点都没有沾染上独生子女的刁蛮脾性。相反，他如此聪慧灵气，乖巧可爱。大人说要怎么做，他便会认真地去做。不让他做的事情，绝对不会去做。

更让刘忠能欣慰的是，虽然在一起仅生活了一年，小思宇很快便离不开妈妈了。

之后，6岁的小思宇成为映秀小学学前班的一名学生。上了学的小思宇，有了更广泛的兴趣，喜欢写字、画画。在刘忠能被地震毁掉的那套房子里，墙壁上贴满了天才小画家刘旭思宇的作品。每次有客人来并对此发出感慨时，刘忠能都会收获满满的骄傲。而儿子似乎毫不在乎这一点，他只是喜欢画画，喜欢将自己看到的漂亮东西用彩笔描绘出来。在他童真的世界里，笔能写出的字、画出的画，是世界上最让他着迷的东西。

他还喜欢去操场和小朋友们一起玩沙子。他会用沙子做出各种各样的造型，他的新奇的想法，会用手中的沙子表现出来。这些才能，毫无疑问让他成为一起玩着的孩子们的"领袖"。

"领袖"当然也会喜欢网络游戏。只是他太听话了，大人让玩十分钟，他便只会玩十分钟。时间一到，不用大人催促，他会自己离开电脑。这样的乖巧常常让刘忠能产生一种错觉，他觉得自己亏欠这个孩子，怎么能只让孩子玩十分钟呢？如果是他，刚刚进入状态，会舍得离开吗？这样硬生生地强制剥离，是否会让孩子产生不满情绪呢？

可是，这样的不满在小思宇这儿一丁点也没有。他乖巧到每一个人都那样喜欢他。看到学校里的老师，他便会"叔叔、阿姨"地叫着。放学回到家做完作业，他才会询问爸爸、妈妈或者外公、外婆，可不可以到楼下玩一会儿。得到允许，他才会出去。而且，大人让几点回来，他一定会几点回来。时间提前时，爸爸在阳台上一声呼唤，不管玩得多么尽兴，他都会放下一切飞奔回家。

除了经常生病让大人担心，小思宇每一方面的表现都十分优异。吃饭当然不用多说，不挑食、不剩饭、不吃零食的小思宇，从未让大人在吃的问题上操心。睡觉就更不用说了。大人给他规定的时间是晚上八点半上床睡觉，爸爸把水和毛巾准备好，他自己去洗漱。偶尔爸爸会帮他擦一下脚。然后他便在自己的小床上静静地睡了。偶尔也会睡不着。怎么办？他也不闹，就一个人躺在那里玩，玩着玩着，便迷迷糊糊地睡着了。

说思宇不淘气，还有许多例子。比如和大人一起上街，哪怕是自己很喜欢的东西，他也不会主动要求大人给买。有一次，超市里有一个玩具车，思宇十分喜欢。他就站在那儿看啊看，看得不想移开脚步，可是，他就不说让大人给他买下来。大人说走，他便一步三回头地跟着大人走。当然，这也与他从小生活条件优裕有关。亲戚来家里做客，都会给小思宇带礼物。小思宇的房间里，堆满了各种有趣的书、好玩的玩具。因为拥有了，所以便不再奢求了。刘忠能是这样理解和分析儿子的行为的。

当然，也有例外的时候。一次一家人一起去成都玩。到了游乐场，思宇喜欢的东西太多了，想体验的游乐项目也太多了。他说："爸爸，我如果坐过山车，你是允许的吧？""爸爸，如果我们一起划船，你也是允许的吧？""喜欢就坐吧。""喜欢就玩吧。"爸爸一脸爱怜地答复他。他欢呼一声便冲了过去。这才是一个孩子该有的活泼天性。

小思宇有一个存钱罐，平时大人给的零用钱，他要用它买东西时，会先征求大人的意见，被允许了才会去买。其他的钱，便全都存到存钱罐里。当然，他的罐子里，只有一元以下的硬币。他知道自己是小孩子，不可以有太多的钱。

只是，一场地震，毁掉了一切，包括儿子的存钱罐。

刘忠能对孩子的未来寄予了无限的希望。

在知书达礼的岳母的教育下，小思宇虽然没有上过幼儿园，但他的识字和算术水平在上学前已经达到了小学一年级水平。上了学前班后，这样的知识积累更是突飞猛进。很快，他的识字量便达到了几千字，会背几百首古诗。一首短小的古诗平均读两遍便能背下来。

不知有多少家长会将这样的孩子视为天才，刘忠能也不例外。当然，是孩子便会有贪玩的天性，小思宇也是这样，偶尔也会有淘气的时候。

爸爸在玩网络游戏，小思宇便站在一边看。爸爸说："思宇，做自己的事情去。不要在这儿站着看。"他便会噘着嘴离开。见到孩子这样，妈妈便会批评他。他很快便意识到自己做得不对，小孩子怎么能学会生气呢？好吧，写字、画画或是看书，远比看爸爸玩游戏有意思多了。不知他是否念叨过："爸爸啊爸爸，你也要好好学习、天天向上啊，游戏这个东西，偶尔玩玩可以，可不能上瘾哟！"刘忠能听不到，但他感受到了。因为他马上关上电脑，和孩子一起看书或画画。

小思宇还经常挨妈妈批评，妈妈绝对不允许他有优越感——出身教师家庭的优越感。

又有一点倾向被妈妈发现了。怎么办呢？罚站，站在卫生间那儿反思。什

么时候想好了，什么时候便主动走到妈妈面前讲自己错在了什么地方，以后要怎么改，等等。

慢慢地，小思宇便养成了一种好习惯，自己的爸爸、妈妈都是这个学校的老师，可是，自己和所有的同学是一样的，也需要好好听讲、按时完成作业、不欺负同学、不撒谎……其实妈妈的想法很简单，小孩子如果有了"凌驾"于普通同学之上的优越感，便不会尊重其他的同学，甚至老师。如果一个人不尊重别人，他还会收获被尊重吗？

对小思宇寄予厚望的，不仅是自己的父母，还有两边的老人，尤其是岳父岳母。

岳父本是一个特别粗犷的人，对思宇，却是全身心地投入。平时孩子的日用花销，比如吃的、穿的、学习用具，老人总是不停地往回买，要买还一定会买最好的，唯恐自己的外孙受丁点儿委屈。岳父退休前是一个司机。退休后，他喜欢开车带着思宇去兜风。一路上孩子银铃般的笑声，让这个劳碌了一辈子的老人，也一样迎着风舒展着自己的怡然快活。

岳母对思宇的爱又不一样。她细心，有文化，特别会教孩子。5岁的思宇知识水平已达到了小学一年级的水平，就是岳母的功劳。不仅如此，二年级的语文、数学他也早早地学了个差不多。思宇对写字、画画的兴趣也完全是岳母培养出来的。两个人还经常一起搞比赛，看谁画得好，外公对此也竖起了大拇指。看谁画的小鸭子能从纸上跑下来，看谁背的古诗又准又快，看谁写的字横平竖直，看谁拼写的英语单词毫无错误，看谁的数学题做得最准确……

在学习上，岳母给了思宇最大的帮助，生活上的照顾更是无微不至。孩子想吃什么，应该吃什么，往往是头一天岳母就认真列出了菜谱。孩子想吃软的，就单独做给他吃。

正是老人给予孩子这样多无私的爱，刘忠能如今每次想起早逝的儿子，心里的愧疚之情都会久久挥之不去。他总自责，儿子在时，他没能好好疼他。儿子走了，他却只能用这样的方式回想。

不仅生活中照顾儿子的时间少之又少，在经济方面给予儿子的，也是少之又少。

在上学前班之前，刘忠能几乎没有给儿子花过多少钱，包括买玩具、纸尿裤、奶粉这些必备用品。每次他买回去，岳父总会把钱硬塞回来。他必须拿着，否则岳父会一直往他手里塞。老人的倔强是刘忠能绕不过去的父爱。

后来三代人一起生活，每人每月 400 元的生活费统一交给岳母，而刘忠能只需交他和妻子两人的，孩子的生活费，岳父又体恤地算到了自己那边。岳父说："行了孩子，没有什么不好意思的，你们两个人的工资也不高。我和你妈妈好歹都是在高原上的单位退休的，工资还算可以。看我人老脑子还没老，还经常能挣点外快，旅游旺季多拉几趟游客，这个生活费就挣出来了。别推让了，哪有孩子和父母较真的？"

在这样密密编织的爱中，刘忠能的生活像平滑的绸缎一般，柔顺地向前延伸，柔顺地向着幸福的未来延伸。他突然发觉，原来幸福是这样的简单，简单到像清泉一样，却比蜜还甜，即使只有一个对视，也能让生活如花灿烂。

刘忠能对生活充满了感恩之情，他愿意拉紧心中的纤绳，永远将自己的幸福拉在身边。他愿意做幸福停靠的温柔港湾。

可是，可是为什么？有一天，老天却要硬生生夺走他的幸福！没有任何先兆，不给任何喘息的机会。硬生生地，让刘忠能的人生从此支离破碎。

第三章 深深迷恋的亲情与幸福

—— 苏成刚的故事

1. 大山的孩子哟

绝对不能让孩子重复他的命运。

记忆深刻并影响自己至今的，是父亲的能干。

对山外面的世界产生了强烈的渴望。

他是所有人想要百般宠爱的孩子。

*　　　*　　　*

这是一段蜿蜒崎岖的山路，下一场小雨便会泥泞不堪。只是，当朝阳的柔光轻轻洒满林间时，在清凉斑驳的光影里，迎着太阳会跑来一群衣着破旧的孩子。他们的脸上明明挂着疲惫的汗水，他们的肩上明明背了沉重的书包，可是，迎面而来的身影，却是那样的欢快。

被晨光甩在大山深处的，是一个孤单的孩子。与几个小时山路之外的学校，他只有几分钟的缘分。

他10岁了，的确该上学了。可是，8岁那年父亲去世，让迫于生活压力的母亲，带着他们兄弟几个改嫁到了现在的村子。继父姓杨，脾气暴躁，对一起"嫁"来的这几个孩子极其厌恶。母亲知道读书能让孩子活得不一样，便偷偷带儿子下山报名。结果，闻讯赶来的继父一把将书包抢了过去，大声骂道："你读什么书啊，吃书还行！"

从此，孩子与学校再也无缘，放牛是他人生的第一个"职业"。可是，也就是那一刻，当他眼巴巴地看着伙伴们背着书包奔向学堂时，暗暗立志，自己将来如果有了孩子，绝对不会让孩子重复他的命运，不管吃多少苦、受多少罪，他的孩子都要去读书。

这算不算 10 岁孩子的宏图大志？就这样，这个年幼单薄的山里的苦孩子，开始朝着自己的理想目标奔进。即使放牛，他也要放出不一样的名堂。凭借凡事不认输、不认死理、眼勤手快脑活络，他很快就成为村里人交口称赞的小大人。15 岁那年，他成为村里最年轻的小队长。

18 岁的阿哥，可以娶妻生子了。虽然满脸稚嫩，但他的眼神"出卖"了他，他的眼里装满了自己曾经经受的苦难，还有逆境中埋头前进的执着和坚毅。很快，一个漂亮的藏族女孩看中了他。他和她彼此产生了好感，产生了想在一起相互依靠、相互温暖的想法。

第一眼见到新女婿的两个老人，心里喜欢极了这个在苦难生活里长大的小伙子。他们觉得这样的人能给自己的女儿一生的担当。他们同意女儿与这个人厮守一生。

可是，幸福的果实还未来得及好好品尝，新婚的他们，便被继父从家里赶了出来，跟着他们一起出家门的，是一个热水壶，一个盆子。除此之外，一无所有。

怎么办？吃什么？穿什么？靠什么维持生计？两个年轻人相视而笑，生活不允许他们抱头痛哭，他们开始动手搭建窝棚，他们要在这个简陋的窝棚里创建自己的家，属于他们的温暖的家。

谁说生活真的会垂青每一个努力的人？白手起家的两个年轻人，解决了住的问题，靠到山上采药、摘花椒、打野兔，解决了温饱问题。只是，还是太穷了，刚刚来到这个世界上还未来得及品尝生活的酸甜苦辣，两个孩子先后夭折。这对两个年轻人的打击可想而知。

可是，生活不允许他们退缩、妥协或是萎靡。他们开始更努力地生活，更努力地寻找出路。又一个孩子出生了，是个漂亮的小姑娘。之后，又有四个男孩先后加入他们的大家庭。孩子们都能吃到热菜热饭了，冷了都有棉衣可穿了，甚至每个孩子都可以背着书包上学了。生活终于开始在他们的努力里展露笑颜。

这时，有一个很好的工作机会摆到了年轻人的面前。

去镇上，有一个"铁饭碗"等待他成为新主人，因为他的勤奋和头脑精明已闻名整个乡镇。可是，男人是家里的顶梁柱啊，他离开了家，一个女人带

着五个孩子怎么生活？风吹雨打时，谁替他们爬上屋顶将漏雨的地方遮盖？遇到山里的野狼在屋前示威时，谁替他们将这个坏东西赶跑？……他不能走。18岁时选择了和她一辈子风雨同舟，他要给她最安全的依靠。

就这样，他放弃了前程可观的未来，他选择跟随县上的工作组下乡支队。他选择在村里干活挣钱养活孩子们。他选择了做女人的男人、孩子的父亲，与他们朝夕相处。

这个年轻人，便是苏成刚的父亲，汶川县绵虒镇碉头村连任了许多年的老支书。

碉头村是一个大村，是藏族、羌族、汉族百姓的杂居地，藏族占30%，羌族占50%，其他20%是汉族。虽然爷爷是汉族人，但奶奶、爸爸、妈妈都是藏族人的苏成刚，从小被灌输的思想，便是身为藏族人的骄傲，以及身为藏族人必须具有的真诚、执着、勤劳的品质，还有对生活的热情和虔诚。

四川阿坝藏族羌族自治州作为我国主要的藏族聚居地之一，也延续着藏族人的所有优良传统。藏族自称"博巴"，意为农业人群，是最早起源于雅鲁藏布江流域的一个农业部落。两汉时属于西羌人的一支，7世纪松赞干布建立王朝，唐宋称其为"吐蕃"，元明称"西蕃"，明代称西藏为"乌斯藏"，清代称"唐古特""藏番"。元朝在西藏地区设置由中央管理的三新宣尉使司、都元帅府，管理包括西藏在内的全部藏族地区。直到康熙年间才称"西藏"，藏族称谓亦由此而来。

藏族有自己的语言和文字。现行的藏文是7世纪初根据古梵文和西域文字制定的拼音文字。10~16世纪，是藏族文化兴盛时期。结构宏伟、卷帙浩繁的世界最长史诗《格萨尔王传》，多少世纪以来，一直在西藏以及青海、甘肃、四川、云南的藏族地区广为流传。史诗以说唱的形式描写和反映了藏族古代部落的历史，合计有一百多部、七十多万诗行。还有举世闻名的"甘珠尔""丹珠尔"两大佛学丛书。

对于自己民族的历史和传统，还是小孩子的苏成刚尚不能完全透彻地了解，但是他已明了，身为一个藏族人的后代应该有的精神。

整个村子共有300多口人，分成两个队，小时候的苏成刚住在山上面的队，离213国道有几个小时的崎岖山路。而这条路，正是苏成刚每天上学的必经之路。

现在想来，苏成刚的童年似乎没有太多鲜活的可以永存在记忆里的往事。

因为家里穷，放学回家的他们，除了放牛、割猪草、摘花椒，帮大人做些力所能及的活，便只有一遍又一遍地读书写字打发时间。或许可以去找小伙伴们玩耍一会，可是，山寨很大，散布在大山各个角落的人家，东一家西一家的。本就走了几个小时山路饿得饥肠辘辘了，哪还有力气再去找小伙伴。所以，让苏成刚说几件童年里的新鲜事，他几乎没有办法表述。

但他记忆深刻并影响自己至今的，是父亲的能干，以及对他们的言传身教。

那时候的父亲已当选为村里的支部书记，能干是所有人对父亲的评价。

能干的父亲，对于"读书"有着特殊的情结。为了能给村里修所学校，他一趟趟跑州里要钱……功夫不负苦心人，钱要下来了，碉头村小学是整个汶川县第一所修建得比较完好的学校。

做成这件事情，让父亲一下子成为村里的大英雄，也让父亲的形象在苏成刚的心里，更加高大伟岸起来。

父亲对读书的渴望作为一种良好的家教，也深深地传承并影响到他的子女。

他对孩子们在教育上的严苛是出了名的，他的孩子必须立志向上，必须读出名堂。而为了让孩子们知道外面的世界是怎样的，为了激发孩子们的斗志，只要有机会，他便会把孩子们带在身边，随他一起走到山的那边。

到了工作的地点，父亲会安顿孩子们先写作业，他去开会。如果时间太紧，没有办法分开行动，他便把两个孩子横着背在背上一起去开会。许多年后，他还常会对孩子们念叨：哪一年啊，我把你们兄弟中的谁带到了哪个地方，把另一个又带到了哪个地方。你们兄弟见到了楼房，见到了汽车，见到了电话，见到了大世面……

这样的熏陶让几个孩子对外面的世界产生了强烈的渴望。原来山外面的世界是精彩的、阳光的。原来每一个人是需要怀揣着梦想去沐浴晨光的。而在求知的路途中，拂晓的鸡鸣盖不住琅琅的书声，正午的阳光烧不尽求知的热情。即使背着背篓上山薅草，即使生活的重任需要分担，可是，对知识的渴望不能有丝毫的削减。

使命是什么？小小的苏成刚有了懵懂的感觉。使命是用漫天的星辉染黄求学路上的脚印；使命是用夜里的青灯见证持续的成长；使命是走进锦绣繁华的世界，创造属于自己的辉煌；使命是要永远奔跑，永远微笑，永远期盼未来的

美好；使命是梦想，是大山儿女的心，是大山一样雄壮的担当！

就在那座老屋，苏成刚从"1、2、3""ɑ、o、e"中开启了自己的人生旅程。

地震一年以后，苏成刚曾陪父亲重回老屋。山路还是那条山路，依然陡峭崎岖。坪台还是那块坪台，但记忆里曾经的平坦宽敞却变得陡峭不堪。门楼还在，只是，却横在了苏成刚的眼前，记忆里，不该是这般矮小的啊？而曾经干净敞亮的老屋，已是一片残垣断壁。父亲悠悠地感慨："有些东西是不让你再记住它的。"

可是，有些东西怎么能忘记呢？比如自己和哥哥们这一路走一路努力着的求学路。

大姐成为村里唯一一个有机会走出去到镇上读中学的女孩子。可是，她竟然放弃了，她坚决不再继续读书，即使中学的老师亲自走了几小时的山路来劝说，她也是态度坚决。恨铁不成钢的父亲恨不得对女儿拳脚相向，她怎么能违背父亲一辈子的意志，怎么能擅自将自己的人生断送在这座大山里？他的女儿，比他优秀许多倍的女儿，读书成绩那样好的女儿，不该从此远离书本！

"爸爸，让我在家里帮您吧，您太累了。三个弟弟都在读书。小弟得了白血病，还需要换血治病。爸爸，您太累了，我想替您扛一扛。爸爸，您就同意了吧？"

声泪俱下的女儿跪在父亲的面前。即使努力仰头眼泪还是滚了下来的父亲，那一刻心如刀绞。他知道，只要他点头，优秀的女儿有可能一辈子便是地地道道的农民了。可是，他如果不点头，和他一样执拗的女儿，会按他的意志生活吗？

他将所有的孩子叫到跟前，让大家齐声谢大姐，要他们永远记住大姐的恩情，大姐是让出了自己的学习机会给弟弟们，大姐是牺牲了自己的前程为弟弟们搭桥建梯。

大哥考取师范学校的时候，苏成刚和二哥在读中学。唯一不幸的是小弟生病了，小弟的病不仅没有治愈反而越来越严重，家里几乎所有的钱都用来给他治病了，可是，情况总不能好转。这让一向坚强不服输的父亲有些绝望。

正在读中专的大哥，三年里的全部家当，除了一大捆书，便是一件中山装、一件运动衫、两件外衣。家里穷，他知道，所以，他带去学校的咸菜、馍馍，虽然量少到只够填平肚子，他却从未有过任何抱怨，反而更加认真地学习。

大哥毕业那年，苏成刚考上了中专。学习成绩也不错的二哥没有报考，因为正好有一个招工的机会，他想上班挣钱，他想和大姐一样，替父亲分担。

于是，1994 年，大哥毕业工作，苏成刚考上中专，二哥成为岷江电力公司的一名工人。父亲、大姐、大哥、二哥四个人赚钱养家，生活一下子就驶入了富裕的快车道。而最幸福的，莫过于被众星捧月般照顾着的苏成刚。只剩这个弟弟在读书了。苏成刚相对于已走入社会的姐姐哥哥而言，却是所有人想要百般宠爱的孩子。

怎么形容他的幸福感呢？日子过得从容富足，每天早上能喝上牛奶了，晚上可以买一包泡面加餐；喜欢的衣服，逢年过节也能买来穿在身上了；手里有了一些零花钱，可以跟同学去聚聚餐、打打台球、玩玩台式机；再也不用去担心没有钱交学费了……

更幸福的是，1997 年 7 月 5 日，苏成刚的人生又有了新的际遇，他认识了程晓庆，将陪伴他走过 11 年人生历程的知心爱人。

2. 记忆里也曾有伤痛

> 小弟一直相信自己会好起来。
> 小弟从未去过更远的地方。
> 他默默地想念小弟。
> 天堂是最好的地方。

* * *

幸福来敲门之前，总要经历一些风雨和痛苦。苏成刚的人生也不例外。

刚刚出生不到两年的小弟，有一天突然流鼻血不止。镇上的医生也查不出原因，只是直觉地意识到情况不好。果真，在县上被确诊——白血病！

白血病？这是一种什么病？苏成刚有些不解。是比感冒发烧严重许多的病吗？是需要一直卧床休养，才能好的病吗？是需要花很多很多钱，却还治不好的病吗？

读小学的苏成刚，每天回家都能感受到小弟的痛苦。

"前伟，你疼不疼？"最害怕苏成刚的小弟发烧感染的父亲，轻轻地问自己最小的儿子。

"爸爸，我能忍住，您放心吧，我会好起来的。"全身已经浮肿起来，没有丁点儿食欲的小弟，脸上没有血色，走几步路就会扶着门框气喘。因为经常用牙咬住嘴唇想要忍住疼痛，整个下嘴唇一片青紫。可是，即使如此，他从未在家人面前哭过。他一直相信自己会好起来，因为有这么多爱他的亲人，上苍不会那么残忍地将他带走的。

因为小弟的造血功能已经被损害，所以，只能靠定期的人工换血维持生命。而每个月的那几天，痛苦难挨的小弟，在床上翻来覆去地打着滚，用布含在嘴里以压制痛苦，都被苏成刚看在眼里，疼在心里。他多想帮助小弟，哪怕是帮他分担一丁点的痛苦。可是，除了眼睁睁地看着，或是轻轻地将小弟揽在怀里，他再也无能为力。

苏成刚读到初二那年的某个周六，上了半天课的苏成刚急急往家赶。他知道已经10岁的小弟最盼他回家陪他玩，给他讲书本上有意思的故事。小弟最爱听地理和历史，他想象不到世界到底有多大，历史到底有多久远，除了去县上的医院，他从未去过更远的地方。

下午一点多钟，急急走在路上的苏成刚经过亲戚家，一个表弟看到了他，悲痛地说："你快跑几步吧，你家里出事了！"

"出事？"苏成刚脑子一蒙，一种不祥的预感一下子袭中了他。他的膝盖一软，人差一点就倒了下去。他猜到了，小弟终于撑不下去了。

急急跑回家，堂屋里已生起了火。许多亲戚正聚在火塘边说话。苏成刚什么话也没有说，直接从堂屋走到厨房。舅舅正在厨房里和妈妈说话，见到他，便问他吃过饭没有，苏成刚说没有。说着，他便自己盛饭。妈妈走过来帮他。碗拿在手里，眼泪便噼里啪啦地掉了下来。

那一刻，静极了，不知道该怎么表达自己情绪的苏成刚，只是一口口地将米饭扒进嘴里，含着眼泪一起扒进嘴里。舅舅和妈妈就站在门框旁，眼泪止不住地往下掉。

"事情已经这样了，你也知道，前伟的那个病，没有办法，咽气了，没有办法再活下去了。"母亲擦干眼泪，安慰着这个成为自己最小的儿子的苏成刚。

"前伟最后走的时候，很平静，也没有痛苦。只是走的时候说，最想见见小哥哥，最想见见大姐。可是，都没有见到就走了。"舅舅说。他的话还没有说完，刚刚止住眼泪的母亲，突然号啕着冲进了里屋。

十三岁的苏成刚也不是没有失去过至亲的人，可是，外婆去世的时候，他并没有这样伤心过。这是他深深爱着的小弟，最后想见他一眼的小弟啊。他用不说话的方式惩罚自己，默默地想念小弟。直至两年后考上中专，他才从这种痛不欲生般的情绪里恢复过来。可是，他依然不能坦然地和家人一起谈起小弟，谈起小弟的种种可爱、种种乖巧。和他一样伤心的父母，小弟的去世也是悲伤的禁区，只要一有丁点火苗，便会崩溃。

直到许多年后，当苏成刚遭遇了更至亲的爱人绝尘而去时，他才能和最好的朋友聊自己始终封闭着的、对小弟隐秘的想念，以及对离去的爱人的想念。

或许，天堂是最好的地方。

3. 恋爱吧恋爱吧

> 诗一样的语言在两个年轻人的世界里流淌。
> 年轻的他们还没有想好未来，只是想在那一刻，好好爱着。
> 他要成为父亲那样的人，有担当的人。
> 异地恋也是考验爱情的一种方式。
> 年轻人干事创业的热情很快取代了儿女情长的缠绵。

*   *   *

成为苏成刚妻子的程晓庆，家境殷实。新中国成立初期，她的爷爷曾在黑水县剿匪，战绩卓越。因为这样的工作原因，原本老家在四川遂宁的爷爷，将家安在了黑水县城。

这也是一个大家庭，晓庆的爸爸是长子，下面有两个弟弟一个妹妹。晓庆是姐妹两人。等到她和苏成刚参加工作的时候，姐姐生了一个漂亮的女儿，她升级当了姨妈。

晓庆的爸爸是20世纪70年代的知青，在黑水县林业局开货车，后来又调到黑水县委给县委书记开车，一直到退休。妈妈则在黑水县幼儿园当了一辈子老师。而晓庆最终也女承母业，成为映秀幼儿园的一名女老师。

1997年7月5日这一天，是苏成刚终生难忘的日子。"9775""009775"从此成为伴随他一生的幸运数字。

那天学校放假，晚上一起聚过餐的同学约着再玩一会。那时候，苏成刚有

几个玩得特别好的男同学死党，可是，他没有陪他们，因为晓庆对他说："成刚，我们一起转一转吧。"

于是，两个心里早就暗生情愫的年轻人相约去了离学校很近的一座山，一座绿树环绕、野花盛开的小山。

那是怎样一个浪漫的夜晚呢？远处的树和山朦朦胧胧的，城里的灯光明明暗暗的。夜风袭来，晓庆的衣袂不停地摆向心已如小鹿乱撞的年轻人。他们闻到了浓浓的花香，小虫的歌唱也远比白天响亮。还有萤火虫呢，它就绕着他们闪着光亮飞舞，一只萤火虫飞到手上，照亮了彼此的脸，还总想偷偷看向对方的眼。

天很黑，风也有些凉，晓庆突然抓住苏成刚的手，直视着他的眼睛，鼓起勇气颤抖着说："我喜欢你，让我做你的女朋友。"

啊，月亮升起来了，银色的月光洒向即将步入爱河的两个年轻人。树叶"沙沙"作响，像是为美妙的爱情奏响祝福的乐曲。

激动得语无伦次的苏成刚急急地表白着自己的感情："我也喜欢你。我愿意用我的心，好好地陪着你，爱着你。"

晓庆重重地点着头，轻轻地靠在苏成刚的肩膀上。原来，男人的肩膀这样宽广，这样温暖。原来想要爱一个人的感觉这样美妙。她轻轻地说："能够遇见你，对我来说是最大的幸福。我们一起白头到老，好不好？"

"好。我也愿意陪你到老！我要带你去你想要去的任何地方，我们一起看世界的美好，一起享生活的芬芳。无论现在还是将来，我都会是你最温暖的港湾，为你遮风避雨，为你撑起一片艳阳。"

诗一样的语言在两个年轻人的世界里流淌。那一刻，月亮为什么要悄悄藏到树的后面呢？

放假归来的同学，很快便知道了苏成刚和程晓庆恋爱的消息。两个相爱的人落落大方地接受众人的祝福。年轻的他们还没有想好未来，只是想在那一刻，好好爱着，好好在一起。

那时候，苏成刚的父亲又做了一件非常了不起的事情，他筹资修建了村上的乡村公路，成为整个阿坝州第一个为村上解决公路问题的支部书记。紧接着，他又通过各种方式，使大山里的家家户户通了电，建好了村上的电视接收站。

又像小时候那样与父亲一起出差了，苏成刚兴奋不已。

这一次是随着父亲一起去四川省财政厅要钱修公路。所有细节在许多年过去后仍历历在目。他没有想到父亲作为一名普普通通的村支书，竟然能在省城这样的大机关里，受到如此高的礼遇。所有一切的尊重，都是出于对一个"能干的""为百姓谋福利的""善良的""有想法的"基层干部的尊重。这让苏成刚对父亲有了不一样的感受。

可是，跟在父亲的后面，他突然看到了父亲的白发、皱纹，以及已经蹒跚的步履。那一刻，苏成刚泪眼蒙眬。他曾一直固执地认为父亲是年轻的、挺拔的、无惧的，可是，孩子长大的那刻，不就是父亲变老的刹那吗？

午间吃饭时，父亲不停地往苏成刚的碗里夹菜，嘱咐他多吃点。父亲却不怎么吃，只是一杯接一杯地喝茶，满脸慈爱地看着儿子。

苏成刚的情绪又有些控制不住了，鼻子一酸，眼泪便想掉出来。可是不可以，他的脆弱会让父亲变得不知所措，毕竟他的个头已远远高出父亲。

他不停地给父亲讲学校里的各种事情，搞怪或是认真的老师，有趣或是"奇葩"的同学，考试时遇到的难题或是课本上读到的意义深刻的文章以及自己的思索……他唯独没有提及的，是父亲的儿子，已经20岁的儿子，已经有了心爱的女孩，想要一生厮守的女友。他不敢提，因为他不知父亲的接受程度如何，不知道会收到祝福还是指责，也不知道父亲会不会因此要求见晓庆，而晓庆和他会怎样忐忑？

进校门许久，父亲还站在门口。就是那一天，苏成刚再一次懂得了父亲的恩情，如山的恩情。他想，他要成为父亲那样的人，对儿女担当，对事业担当，对人生担当。

可是，没有想到，他要瞒着父亲的事情，父亲很快便知道了，还爽快地给他"可以恋爱、认真恋爱"的肯定和支持。

苏成刚就读的中专学校，全称是四川省威州民族师范学校，学校党委书记姓邓，以前是黑水县的县委书记，而晓庆的爸爸是邓书记的老司机。更巧的是，邓书记不仅与苏成刚的父亲认识，还很熟，是可以谈心说话的好友。

一天，邓书记和苏成刚的父亲都去马尔康开会。晓庆的爸爸刚好开车把黑水县的书记、县长送到了会场。就这样，三个人在会场门口见到并寒暄起来。

邓书记看看晓庆的爸爸，又看看苏成刚的父亲，"哈哈"大笑着说："真是无巧不成书。今天得介绍你们两个人好好认识认识。你们两个人还真是挺有缘分的。我们三个人也是有缘分的很啊！"

邓书记这番话把两个父亲说得一头雾水。见此，邓书记没有再卖关子，而是坦言道："你们两家的孩子，在我们学校，是公开的一对呢。两个孩子都好，在一起很般配，很合适。我看也没有耽误学习，反而是彼此的表现更好了！"

听了邓书记的"揭秘"，两个父亲赶紧把手握到一起，说着"缘分、幸会"的话。

暑假回家帮父亲修路，父亲有意无意地问苏成刚在学校里的朋友圈子问题。见儿子一直不肯"交代"女友的事情，父亲便哈哈大笑说："儿子果真长大了，谈了女朋友都不告诉老爸了！"

父亲的话音刚落，苏成刚的脸便红到了脖子根。他有些畏惧地问："爸爸，您不反对吗？"

"干吗要反对？只要你们恋爱的态度端正，两个人好好相处，还能一起进步，我为什么要反对？"父亲的话让苏成刚一颗悬着的心落到了实处。他赶紧将这个好消息告诉了晓庆。没想到，晓庆的爸爸知晓了此事。

两个相爱的人得到了双方家长的认可和祝福。

很快，在县城长大的晓庆有了第一次到"婆家"的经历。没想到这个外表看起来娇柔的女孩，一点也不怕苦。和苏成刚一起走了几个小时的山路回家，帮着苏成刚的母亲收拾屋子、打扫院落，和苏成刚一起去地里干活，和他们一起吃大锅饭，嘴里甜甜地叫着"姐姐、哥哥"……晓庆的落落大方和美丽娴静得到了苏成刚全家人的一致认可。这让苏成刚心里美滋滋的。大哥还在他胸口擂了一拳打趣地说："小子有福气啊！好好待人家姑娘。跟咱是受了委屈的，咱可不能对不起人家！"

幸福的时光总是转瞬即逝。一转眼，便到了1998年的夏天。毕业分配时，根据"哪里来回哪里去"的分配原则，程晓庆被直接分配到映秀幼儿园工作。而苏成刚则被分配到汶川县绵池镇一所在山上的小学。虽然那是他老家的地方，但地势非常高，条件非常艰苦。这些他都可以克服，唯独不能接受的是，要和晓庆分开。

都说男儿有泪不轻弹，可是，拿到分配通知单的时候，苏成刚还是忍不住掉下了眼泪。后来经过协商，苏成刚最终被分配到漩口镇集中村小学，有情人想要终成眷属，总是要经受种种磨难的。异地恋也是考验爱情的一种方式。他会坚持，他相信他爱的女孩也会坚持。

当然，也有一些让他欣慰的事情，比如，大姐嫁到了集中村。这样也算是有所补偿。在想念晓庆的间隙，他可以到大姐家里寻些温暖。

年轻人干事创业的热情很快取代了儿女情长的缠绵。

集中村小学实行包班制，也就是说，一个老师要上整个年级的所有课程。刚参加工作，没有什么教学经验，但苏成刚有的是热情和认真。在集中村5年的时间里，他不仅赢得了校长和同校老师的认可，也通过各种比赛、活动在县教育局赢得了美名。任谁提起集中村的苏成刚老师，没有人会说是某某村支书的儿子，而是对他的教学能力竖起大拇指。程晓庆更是夸自己的男友，说她的眼光一向好，苏成刚没让她失望。

2000年，双方家长为这对热恋着的年轻人举办了热闹而喜庆的千禧年婚礼。

4. 被永远定格的幸福

他要投身映秀的怀抱，投身家的怀抱了。

他充分尊重妻子的喜好和意见。

只要她喜欢的，他都会想办法满足，他会一点点搭建幸福的城堡。

每一天都感觉超值地活着，因为太开心，太幸福。

*　　*　　*

刚结婚的一对新人，工资还很低，两个人手上的存款总共只有2000元。可是，谁都不愿意伸手向家里要钱来装自己的门面。只是，没有和新婚的妻子照一组婚纱照，成为苏成刚永生的遗憾。

但是晓庆说："节约一点吧，以后还得买房子。花钱的地方还多着呢。再说了，真想照婚纱照，等我们结婚一周年时再照也可以啊。节约一点，先把生活质量提高。生活质量的提高要有前后次序、轻重缓急的嘛。"话音刚落，晓庆又像想起了什么似的，假装生气地说："就算不照婚纱照，我不也天天美呀美呀地在你面前吗？看我看不够还要看婚纱照吗？"

妻子的幽默和务实让苏成刚甘心俯首为臣。

收获了太多祝福和幸福的苏成刚，将更多的精力投到了工作之中。

2004年，因为教学能力突出，苏成刚被调到漩口镇工农小学任教务主任。

整个汶川县共有四所基点校。工农小学便是其中之一。基点校，在常人眼里是低于城镇中心校而又高于乡村小学的中间档学校。

初任教务主任的苏成刚，工作很顺利。这让他对未来产生了越来越多的憧憬：一切凭自己的能力发展，让那个叫晓庆的女人永远用仰慕的目光追随自己，让家人因自己而骄傲，让更多的学生在自己的培养下成为栋梁之材……想着想着，苏成刚觉得美得不得了，更投入地置身于教务工作中。

在工农小学工作到满一年的时候，因为紫坪铺要修水库，工农小学属于被迫撤离的范围，苏成刚面临着重新选择。

教育局的一个亲戚劝他说："成刚，你还蛮有能力的，可以申请调到映秀镇。这样，你和晓庆便能团圆了，也能更好地干事业。"

"可是我在漩口镇的事业刚刚开始，我不想因此放弃重新开始。工作这几年我突然想明白了，在哪里教书都是为了育人。所以，只要能让我继续与孩子们在一起，即使条件很艰苦，离家很远，我也心甘情愿。"这是苏成刚的真实想法，他虽然没有和晓庆沟通，但他相信，深深爱着他的女人，肯定会支持他的决定。

此时，漩口镇水田坪要修建集镇，以此替代被水库淹没的老城镇。修建集镇便要配套建设小学。苏成刚决定留在这儿继续发展。可谁想，因为地质原因，集镇修建不成了。

听闻此消息，程晓庆一脸得意地说："哈哈，还想离我离家远远的？没有选择余地了吧？还是乖乖地投身映秀、投身家的怀抱吧！"

就这样，苏成刚申请调到映秀工作。2006年，他成为映秀小学六年级的数学老师兼班主任。

回到映秀工作的苏成刚，和妻子一起住在幼儿园的宿舍里。那是一套一居室的房子，只有40平方米，房子也很破旧。可是，被妻子一布置，却是无比的温馨。

两个人都喜欢漂亮的家具，都喜欢把家收拾得干净整洁。在他们看来，家具是生活品质的直接载体。虽然手上的钱不多，但很多东西是可以一点点添置的，只要物品的风格统一，整个房子看起来便会浑然一体。

而在物品的购置和家的布置上面，苏成刚充分尊重妻子的喜好和意见。

"成刚，你看这个东西好不好，我们买下来好不好？"晓庆问。

"只要你喜欢，我去给你买。"苏成刚这样回应。

"成刚，我想要一个很舒服、很软的沙发。最好是布艺的，躺在上面很舒服。"晓庆扑闪着大眼睛，期待地看着苏成刚。

"嗯，我也喜欢那种沙发。我们一起去买。"苏成刚搂过妻子，在晓庆的额头印上深深的一吻。

"成刚，这个墙可是真旧啊。不过没有关系，我来布置它。你看，这儿放我们的合影怎么样？嗯，这儿放一幅装饰画。这个角落放一盏台灯……"晓庆又有了新的想法。

"好，就放我们的生活照。虽说不是婚纱照，可是我们两个人的表情都很生动，尤其把你照得特别好看。挂在墙上，每天都能看到。只要每天都能看到我那美若天仙的娇妻，我这心情啊，瞬间便会美妙起来。"苏成刚用来表述的文字有些讨好，语气里却满是真诚。

"成刚，你看网上这个书桌好不好看？书柜和电脑桌是一体的呢。既能把你的书都放在上面，还不耽误上网，又节省空间。怎么样，你喜欢吗？"晓庆又发现了适合这个家的一件新物品。

"是啊，价钱不贵，还节约了书柜的位置。我们就要这种风格的吧。"苏成刚赞叹地说。

很快，有去都江堰的机会，两个人便去商场买回了这个样式的书桌。更令他们惊喜的是，放在卧室一角的书桌，是乳白色的，配上黑色的电脑，整个房间一下子亮堂、洋气了许多。

晓庆喜欢玩电脑，最喜欢的一款电脑游戏是《梦幻西游》，很卡通，玩得也好。当然，电脑对晓庆而言，更多的还是一种工具。比如想要为家添置一些物品时，她总会先上网查找。在她看来，这样才能永随时代潮流，才能淘到物美价廉的宝贝。事实的确如此。可是，家里的电脑是一台486台式机，她更喜欢笔记本的质感和便携性。但是，一人一台电脑，在当时，对于身处大山深处的两个基层教育工作者，这个想法真是有些奢侈了。她有些犹豫，舍不得下"买"的决心。

地震前半年，作为新年礼物，苏成刚将一款崭新的笔记本送给晓庆。他无数次想象过妻子的反应。果真，如他所愿，晓庆兴奋地扑进了他的怀里。他不是说过要给她最好的生活吗？是的，他会努力，会用心，只要晓庆喜欢的，他都会想办法满足，他会一点点搭建幸福的城堡，为自己的女人。包括攒了快一年的钱，狠心买下一套音响，买回很多乡村音乐的正版 CD。因为晓庆喜欢听。

生活中的晓庆，将苏成刚照顾得极其好，凡事都替他打理得整洁有序，包括穿衣打扮。晓庆的眼光也好，她经常说的话就是："我要把你弄得很帅。"而每当看到自己的丈夫穿着自己精心挑选的衣服，被逼着在自己面前像个模特一样转圈展示时，她总会欢喜地说："哇，真是好看啊，我老公真帅啊！"而她这样的反应，给了苏成刚更大的自信。

爱干净的晓庆，每天都要将家里拖得一尘不染。不仅如此，她还热衷于厨艺。她总是变着花样为丈夫做各种各样美味的佳肴。有时候，苏成刚会轻轻走进厨房，从背后将妻子揽在怀里。每当这时，晓庆总会假装嗔怒让他赶紧出去，让他不要捣乱，红烧肉要是烧煳了，可就变成炕肉了。可是，下一个菜下锅时，油溅了起来，她赶紧用锅盖像盾牌一样挡着，嘴里又急急地喊："成刚啊，快来帮忙啊！"

这样的家庭时刻，温馨而又不乏浪漫。

他们总是边吃饭边聊天，讲各自学校里有趣的事，商量近期家里的一些事，电视也会那样开着，晓庆喜欢这样生动的声音响在两个人的生活里。

喜欢在饭前喝一点啤酒的苏成刚，每顿饭的战线总会拉得很长。在慢慢品咂的视线里，他看到自己的妻子在宿舍楼前和幼儿园里的小姐妹一起聊天。楼前有操场，有草坪。妻子有时穿一身长长的连衣裙，有时穿 T 恤和牛仔裤。天气冷时，她的脖子上会系一条色彩鲜艳的围巾……视线里的妻子，像一幅优美的风景画，总是能深深吸引丈夫的目光。

收拾了桌子，洗净了碗，躺在舒服的布艺沙发上看完《新闻联播》，墙上的钟指向七点三十分时，晓庆便会准时回到家。于是，沙发上便多了一个不老实坐着的人儿，一会要求躺在丈夫的怀里，一会要求丈夫拉着她的手，一会又削了一个苹果非要丈夫吃……结婚第 8 年，他们才打算生一个小孩。他们觉得自己太年轻，想要趁年轻多多享受一下生活。

还有一件事情特别要提。最初在漩口上班的苏成刚，每天都要骑摩托车往返。可是，第一辆摩托车骑了不到三年就被盗了。这件事情让他十分郁闷。没过几天，苏成刚看报纸，发现妻子买的彩票中了大奖，奖金 4000 多块呢。他兴冲冲地跑去找妻子。正在和同事玩的妻子完全没有猜到丈夫的兴奋，她只是有些纳闷丈夫今天怎么了？怎么一个劲地问："你还要什么时候才打完啊？还有多长时间才完啊？"连着跑过去三四次。一直等到她回家，丈夫一把将她抱了起来，在屋里边转圈边大声说："中奖了，中了 4000 多块啊。"

听闻此消息的晓庆，兴奋地笑出了声。"噢噢，中奖了中奖了，我要用这个钱给你买一辆新的摩托车。这算是我送你的礼物哟。"

"好好好，算老婆奖励老公的礼物。可是，能否先亲一口呢。"不待晓庆躲闪，一个结实的吻便把妻子融化在了怀里。

后来，晓庆再用锅盖当盾牌挡锅里要溅出来的油时，苏成刚便把摩托车的头盔戴上，把妻子赶出厨房说："我酷不酷？有了新头盔，老婆再也不用担心被油溅到了。"看到苏成刚搞怪的模样，晓庆笑得捂着肚子在地上蹲着半天直不起腰来。

当然，晓庆也有让苏成刚笑得直不起腰来的时刻。晓庆走路很有特点，两只手搭在胸脯上，像个小老鼠一样，一翘一翘地往前走着。有多少次，苏成刚都在后面笑到没有办法继续走路。晓庆不依，过来便一拳头擂在丈夫的胸前，故作生气说："喂，很不像话嗳，认识时，我就是这样走路的啊。我走了二十几年了，今天才觉得有问题，才觉得很可笑吗？"

晓庆是那种看起来很天真，性格很开朗，人也长得很漂亮的人。尤其是他们刚刚认识时，戴了一副眼镜的晓庆，长发飘飘地挽着苏成刚的胳膊走在校园里，总会吸引无数羡慕的目光。这一点，让苏成刚的自尊心得到膨胀。他打趣地说："看，我要比你优秀啊。因为这样优秀的你，会选择和我好呢。"好吧，苏成刚有话在先，妻子很优秀，怎么能因走路的姿势老打趣人家呢。对吧？

在学校里，晓庆也是一个非常受小朋友们喜欢的漂亮老师。因为小朋友们中午是不回家的。于是，那些小孩就一天到晚地围着她，拉着她的衣服，拉着她的手，要晓庆老师唱歌、讲故事，或是和他们一起玩耍。

因为每天中午要去幼儿园吃午饭，所以，所有的小朋友都认识晓庆老师的丈夫是谁。可是，他们不喜欢老师被那个帅帅的叔叔"抢"走。他们想尽办法把叔叔从老师身边"赶"走。有时候晓庆就故意不理苏成刚，逗小朋友们开心。或是指着苏成刚说："你们不可以这样对叔叔哟，他也是幼儿园的老师，唯一的男老师哟。"每当这时，苏成刚便故意板着脸说："嗯，都坐好了，把小手背后面。老师要检查你们的《三字经》背得怎么样了？"

这样的生活，充满阳光和活力。"每一天都感觉超值地活着，因为太开心，太幸福！"苏成刚这样感慨他的婚姻生活。

地震前，苏成刚和晓庆住的那个房子要拆掉。拆掉后，教育局会集资修建小学和幼儿园教师的新宿舍，每户交 3 万元钱。因为幼儿园房子拆除，苏成刚忙着和晓庆一起搬家。

新家在映秀小学，暂住几个月，是一楼的一套两室一厅的房子，虽然条件不是很好，但是相比以前的房子，要宽敞许多。

搬家前，晓庆说："虽然我们只住半年，或是一年，但我们一定要把它布置得很舒服。"于是，两人就利用周末找来粉刷墙壁的工人。两层腻子两层涂料，墙壁刷得很白、很亮。又找工人将阳台改成落地大窗，既通风又敞亮。还做好了阳台的安全防护措施，因为晓庆说："有时候你走了，不在家，我一个人害怕。"

忙忙碌碌了整整一个星期，终于将新家收拾干净，明亮可人，可以搬进来住了。地震发生在星期一，刚刚过去的星期六，苏成刚找了搬家工人，将自己的家搬到了学校。

因为很多箱子还没有拆开，很多东西还没有归位，所以，两个人只是将就着在新房子里住了两个晚上。原本打算利用一周的晚上时间，将家里的所有东西收拾整齐，再添置一些装饰的东西。可谁知，他们和这个新房子的缘分，只有两个晚上而已。

每个周一，映秀小学都有升旗仪式。早早排队集合在操场上的苏成刚，一扭头看到妻子和一个同事一起向幼儿园那边走。他们互相做了一个手势，互相对视笑了一下。

中午，妻子在幼儿园，丈夫在小学。因为想要回家整理物品，第一次，丈夫没有去幼儿园和妻子一起吃午饭。在小学的食堂打了饭，交钱时，食堂的阿姨还问他："咦，今天怎么没有去幼儿园吃饭？"苏成刚还高兴地说："吃了饭好回去收拾家，晚上给老婆一个惊喜。"

可是，谁能想到，早上的最后一面，成为他永生的回忆与疼痛。

因为，只那一眼，每每想起，都会让心底刮起飓风。如果知道一切不可重现，那天中午，他和他心爱的女人，该如何度过？

可是，历史不会重现。而有些爱，也注定了，将永远只存心底。

一场地震，打碎了他们的念想，打碎了他们的欢乐，打碎了他们的幸福，也将晓庆定格在了永远的年轻岁月里。

5. 有些爱，永远都在

想念的话，父母从来不说。

他享受着这样的亲情时光。

是的，她找对了男人。

早上的最后一面，成为他永生的回忆与疼痛。

* * *

苏成刚调到映秀小学的第二个学期，校长谭国强觉得他是一个能干、有想法的年轻老师，于是，提议并经校办公会议通过，苏成刚成为学校的新任办公室主任。

从此要和校长在一个办公室办公了，但校长是一个不太喜欢说话的人，一天除了布置工作上的事，两个人几乎不聊闲篇。这样反而让苏成刚更是不敢有丝毫懈怠，只是更尽心地将所有分内的工作做好、做出彩。校长提拔的他，他不仅不能辜负校长的信任，也不能辜负自己的工作职责。更何况，晓庆一直以他为骄傲，即使仅仅活在女人仰慕的目光里，苏成刚也不会觉得丢人，或是没有出息。

工作之余，苏成刚和董雪峰、刘忠能几个人，一起成立了中心小学篮球队。每个月十块钱的会费，用来买一些必需的比赛用品。而几乎每隔几天，他们都会组织一场比赛。有时候是自己人对打，有时候是和外校打比赛。只是，这个篮球队震后人员损伤严重。可是，当篮球队重新恢复时，差点被地震毁掉的精气神也就恢复了。

很快，又到周末，这一周去哪个父母家呢？两个人相视一笑，已经有了一致的意见。

就在苏成刚结婚的那一年，因为体谅父亲一辈子的劳累，以及母亲日渐年迈身体也不算很好，实在不适宜每天再继续走那样蜿蜒的山路。经过反复的动员，父母终于把山上的老屋卖掉，花2.8万元在绵虒老街上买了一套新房。回家看父母的路途，便近了许多。

其实苏成刚和父母之间聊天的话题是很少的。不像晓庆和她的爸妈，什么话都可以聊。包括她在学校里受了什么样的委屈，最讨厌食堂哪道饭菜，不喜欢哪个老师上的课，学校里又修了一块草坪，甚至是有男孩子写情书给她之类的话，她都可以讲给爸妈听。苏成刚和父母聊天，就枯燥单调多了，仅限于学习成绩怎么样？家里忙不忙？母亲身体最近怎么样？结了婚，话题似乎更少了，父亲的叮嘱总是那几句，"好好干工作。别因结了婚就分了心。当人家的丈夫，要有男人的担当。要孝顺人家的父母……"

但是苏成刚知道，父母其实非常关心自己。尤其是工作以后，因为忙碌，还要抽时间看岳父岳母，照顾自己的小家，他回家看父母的次数明显地减少。父母便总托哥哥捎话给他，让他有空回家。可是，想念的话，父母从来不说。

搬到绵虒老街时，父亲已经办理了退休。可他闲不住，自己去做生意。到工地上收购废旧钢材，然后再转卖出去。于是，父子再见面，父亲便开始聊他的生意经，无非是他如何去做生意、如何成功的那些事情。但是，很少谈到具体的生活。母亲不一样，会问他两个人相处得好不好，岳父岳母身体好不好，等等。

因为姐弟几个都成了家，工作地方也离得远，他们之间见面的次数很少。无非是平时打个电话问候一下。可是，苏成刚一直记得姐姐和哥哥对自己的好。他读师范学校的幸福时光，很大一部分源于姐姐和哥哥对自己生活的资助，让自己突然有闲情享受精神上的愉悦。

于是，从结婚的第一年起，苏成刚便开始盼过春节，像小孩子盼过节那样盼着。因为只有这个节日，所有的亲人才能聚到一起。而且，正月初七那天是父亲的生日。在这一天，兄弟几个是可以喝醉的。虽然母亲每次都会笑着叮嘱：“今年不要又一次喝醉啊！”可是，每个人都在谈自己的工作、事业、生活，谈自己今后的打算。在畅所欲言的气氛里，不喝醉是很难的。不时添个茶、倒个酒的母亲，就高兴地坐在一边听。父亲也不责怪他们，一脸慈爱地看着已经成家立业的孩子们。

晓庆家的新年也非常热闹，大大小小二十几口人一起守岁迎新年。女人们忙活年，忙活饭，男人们就坐在一起喝酒、聊天、吹牛。当然，聊天的中心，肯定是岳父。

可是，岳父的领袖地位不是以“职位”论的，晓庆的二爸曾经是红原县奶粉厂厂长，后来调到红原县县委。她的幺爸，在阿坝州一个政法机构上班。因为岳父为人坦荡、博学，再加上老父亲的器重，这样的中心位置自然不可撼动。

他们会聊时事，聊信仰，聊社会。苏成刚和晓庆的姐夫只有听的份。偶尔搭一下话，还是能感觉得到和长辈们的层次差别。

和苏成刚聊天最多的是晓庆的幺爸。他虽说是长辈，但更像是朋友。什么都聊。苏成刚在他那里学到的东西很多，比如怎么处理社会上的一些事情，怎样正确地对待未来……

终于开饭了，只有男人们有资格上桌吃饭。岳父将自己珍藏的好酒拿出来，两个女婿受到的待遇也是很高的，岳父会亲自为他们斟酒，希望他们一切如意。当然难免要叮嘱，小家庭要和睦，工作要尽心尽力干出名堂。女人们和孩子则聚在茶几边。不大的屋子里，洋溢着欢乐祥和的气氛。

这是苏成刚喜欢并深深迷恋的另一种亲情。

2005 年以后，大家的生活都好了起来，女儿女婿便给老人们灌输新的思想："现在过年要时尚了，要出去吃了。"在岳父岳母的老观念里，过年怎么能出去吃饭呢！可是，从这一年起，他们和孩子们一起尝试了新感觉。咦，一家人在饭店里吃一顿平时做不了或是做不好的年夜饭，体面也热闹，还吃得挺舒心呢！

因为正月初七苏成刚必须回家陪父亲，所以，岳父家的所有聚餐，都会安排在初四以前。岳父对这种亲情维系的重视程度，让苏成刚作为一个晚辈感动不已。苏成刚真心地喜欢着这个家里的每一个成员。而晓庆爷爷的健康状况，更是让苏成刚挂念不已。爷爷心脏不好，被确诊为心脏病，和奶奶住在都江堰。

在晓庆的家里面，管爷爷、奶奶叫"公""婆"，就是一个字，但是听起来很亲切，还有些撒娇的意味。公、婆非常疼爱自己的孙女和孙女婿。每次都会做好满满一大桌子菜等着他们。因为这样的疼爱，晓庆这些晚辈，自然也十分孝敬并深深爱着公、婆二人。

那一次，公在家里突然昏倒了，是心脏的问题。婆打 120 将公直接送到医院。苏成刚干脆请了假去医院照顾公。因为他喜欢这个老人，不想他出事，担心他的身体，想多尽一些孝道。

幸好公转危为安。这让苏成刚安慰不已。而苏成刚对老人的态度，也深得岳父岳母的赞许，更让晓庆骄傲。是的，她找对了男人。

地震之前，在两个大家庭里，除了小弟的早夭，公心脏病的隐患，再也没有谁受伤或是遇害。可是，偏偏晓庆遭遇不幸。

第四章 地震啊！
——"黑色三分钟"将家园撕裂了

1. 汤家小院的周日

> 母亲节的团聚与礼物。
>
> 一天天懂事起来的孩子。
>
> 汤家小院的幸福。

*   *   *

2008 年 5 月 11 日，周日，母亲节。

因为平时工作的忙碌，很少有时间和父母团聚的董雪峰，这一天，带着妻儿回到了位于汶川县彻底关的岳父岳母家。

一进院子，儿子董煦豪便高声喊了起来："外公、外婆，我们回来了。"还没等老人从屋里迎出来，董煦豪便已蹿到了院子里的樱桃树下，仰着头大声喊："外公外公，今年的樱桃怎么结得这么少啊？"

"小馋猫，是想外公还是想樱桃啊？"说话间，已快步从屋里走出来的外公假装不满地问自己的外孙："这外公外公叫的，感觉来了个小葫芦娃似的。怎么，又遇到蛇精了？"

岳父的话引得院子里笑声一片。

此时，董煦豪已满脸通红地踮着脚尖想要将离他最近的几颗樱桃纳入囊中。见状，外公赶紧走过来，用手扶住外孙的后背说："要不要让我驮着你啊？像小时候那样？"

"外公，您还驮得动我吗？我都快 12 岁了呢。该我驮您了。"因为回答外公的问话，努力想要摘樱桃的董煦豪，声音带着气喘吁吁的感觉。

很快，他便将一眼相中的那几颗晶莹剔透的红樱桃摘了下来。随手用衣服的下摆擦了擦便往外公的嘴里塞："外公，你吃你吃。"外公也不客气，一口咬进去一颗，眯着眼睛品尝着孙子的"战利品"，同时说："外孙孝敬的樱桃，怎么比你奶奶洗干净的，要甜这么多呢！"

"爸，您就惯着煦豪吧。"说着，汤朝香又将话头对准了儿子说："也不洗洗就给外公吃？"

汤朝香的话音一落，爷孙两个便对视眨眼一笑，同时说出一句："没情趣！"说完，两个人便互相揽着向水龙头走去。

落座后，董雪峰将买给老人的礼物一一拿出来，岳母故作嗔怒地说："乱花钱，家里什么都有，什么都不缺。"岳父则一脸慈爱的表情，目光只追随着自己的宝贝外孙。

作为女婿的董雪峰接口说："妈，没有乱花钱，这些东西都好，您和爸自己吃，补好身子，好享儿孙们的福。对了，朝香不好意思说，其实啊，这是她送给您母亲节的礼物呢！"

听了丈夫的话，汤朝香的脸竟然一红，抢白丈夫说："就你明白。其实啊，是煦豪提醒我的。妈您知道吗，煦豪送了一幅画给我，他自己画的，说祝我母亲节快乐。还说让我有空去做个发型，说做女人要懂得打扮收拾自己。您说这孩子，跟小大人似的，一天天就懂事起来了啊。"

随着汤朝香的话音，所有人的目光都转到了董煦豪的身上。此时的他，正坐在院子里的小板凳上，专心致志看外公给他新买的作文书。灿烂的阳光照射着董煦豪头顶那一颗颗鲜红欲滴、晶莹剔透的樱桃，它们仿佛正在为董煦豪全神贯注看书的样子发出赞叹。一阵微风拂过，便有几颗樱桃在枝叶间晃啊晃，好像要将自己晃进树底下这个孩子的口袋，随他一起去映秀，去看看映秀的美丽，也让这个孩子分享果实的香甜给自己的小伙伴们。

汤家小院的周日，一天都洋溢着笑声、洋溢着幸福、洋溢着甜美。妻子汤朝香也兴冲冲地穿着拖鞋爬到了树上摘樱桃，她说她小时候就是这样吃樱桃的。妈妈的调皮引来了儿子董煦豪的好一阵"嘲弄"。

当月亮爬上东山，5月11日平平静静地从日历上滑过去时，公历纪元指向了2008年5月12日。

2. 一切来得太突然了，感觉一切都完了

他突然惊醒，心"扑通扑通"地狂跳。

他回头看了父亲一眼，脸上浮出一个如朝阳般温暖的笑。

地震了！快跑啊！地震了！快跑啊！

一切来得太突然了。大地在一瞬间剧烈抖动起来。

完了完了！这下全完了！会不会陷下去？怎么还不停呢？

整个校园，再无半寸完整之地。到处都是哭喊救命的声音。

儿子在里面，但已经救不出来了。儿子在哪里呢？他听不到儿子的回应。

那一刻，整个世界很静，静到没有人呼救，因为，人一下子便没了。

* * *

5月12日，星期一，中午，映秀。

许多到过映秀的人都这样说，映秀是缀在云朵上的一颗绿宝石。映秀的美，妙不可言。而在四面青山、两河环抱中的映秀人，和董雪峰一样的映秀人，一年四季享受着山水的滋润，长期过着静谧、恬适的日子。

站在香樟坡的半山平台上，能看到董雪峰和妻子汤朝香工作的映秀小学。沿渔子溪河流方向而建的教学楼、综合楼、宿舍楼、食堂，气派而又紧凑。楼群的中间拥着一面猎猎歌唱的五星红旗。那个地震唯一没被震倒的旗杆，成为映秀小学永远的标志。

此时的太阳升到了一天中的最高点，炽热的阳光肆意地洒满宁静的校园。校园像被镀上了一层又一层的金黄，犹如无数颗星星掉进水里，在水里闪耀着、挣扎着。一阵风吹来，地上的"星星"便晃动起来。正在急急往家赶的老师和学生们，仿佛也变成了一颗颗晃动的星星，随着风的节奏，起伏不定。

结束了一上午的学习，董煦豪推门进家，一眼便看到了茶几上给自己留出的午饭。董雪峰从电脑前抬起头，指着茶几的方向说："儿子，妈妈今天没有时间买菜，在食堂打的饭。吃不下去就算了，吃点水果。"

儿子"嗯"了一声，换上拖鞋洗过手，随手将电视机打开后，没有再和父亲说话，一边看着新闻一边吃起了午饭。

坐在电脑前的董雪峰，因为着急做一个表格，查一些资料，也没有和儿子继续闲聊。这个月的 9 日，按照学校参选的州级教研课题的实施步骤，映秀小学完成了献课大赛。妻子汤朝香获得了二等奖。董雪峰要利用午休时间，排好讲课名次，下午上班时校长要审阅签字。可是，不知为什么，午饭前的那种疲惫感又让董雪峰感觉浑身软绵绵、轻飘飘的。脑子似乎没有办法转了，看了看时间，他决定小睡一下。

似乎刚挨着枕头，整个人便进入了混沌的状态。好像做起了梦，感觉有东西在追自己，情况很危急，可是，就是迈不动步子。心里正着急，突然有个声音在拼命喊自己，一个像要撕裂开的声音。董雪峰突然惊醒，心"扑通扑通"地狂跳。他从床上一下子跳起来，嘴里下意识地喊道："什么事？什么事？"正在门口穿鞋的儿子，将卧室的门推开，见一脸惊慌的老爸赤脚站在地上，哈哈大笑着说："爸，没事，我妈喊我吃樱桃呢。"

原来，昨天从老家摘来的樱桃不能放太久，妻子便将它们洗好让儿子吃。同时给新搬到这栋楼的苏成刚老师送了一些去。可是儿子不听话，准备要跑。妻子的两嗓子把董雪峰吓醒了。

"那你就吃两颗吧。"穿上拖鞋往客厅走，董雪峰稍微平复。他有些疑惑，都这么大年纪的人了，怎么还能自己把自己吓着？

已经穿好鞋子的董煦豪转身走到茶几前，拿起两颗樱桃扔进嘴里说："第二节是体育课，上完我再回来吃。"说完，他回头看了董雪峰一眼，脸上浮出一个如朝阳般温暖的笑，转身"咚咚"地跑下楼。

妻子汤朝香已经在阳台上开始准备晚上的红烧肉。看了妻子的背影一眼，董雪峰没有说话，穿上鞋子也出了门。时间已经是下午的 1 点 40 分，他来到办公室，希望把剩下的工作早早做完。

在办公室正专心致志工作的董雪峰，一抬头，发现妻子就站在自己的面前。他吓了一跳的样子引来了汤朝香的不满："你今天怎么了？怎么老一惊一乍的？我来还资料。"说完，妻子搁下资料便向门口走去。董雪峰将资料顺手放到桌上敞开的档案盒里，没有和妻子再说一句话，又将注意力集中到电脑屏幕上。

妻子刚走，负责"普九"工作的刘波老师夹着很厚的资料走了进来。他一进门便对董雪峰说："今天中午怎么这么疲倦啊？"

听了刘波的话，董雪峰回应："是啊，我也感到很疲倦。我从来不睡午觉的，今天中午都睡着了，还睡了一个多小时。"

"我也是。躺着看电视就睡着了。还有很多工作没有做，很难弄。我得抓紧干活喽。"刘波翻着资料，坐到办公桌前。

"别着急，慢慢做吧。"身为教导主任的董雪峰这样安慰他。

下午2点20分，董雪峰终于把手头的表格弄好。他快步走向校长办公室，还有一些细节的问题需要请示校长谭国强。

第一次进去时，谭校长正在打电话。他站了几秒钟，觉得一时半会挂不了，夹着文件走了出来。刚走到走廊，又看到了妻子汤朝香。她正在董雪峰隔壁办公室向余琴老师借红笔批改作业。因为妻子的办公室在四楼，而她的班在二楼，董雪峰的办公室也在二楼，离她的班比较近，所以她就准备借用董雪峰的办公桌批改作业。

董雪峰看到妻子借了笔闪身进了自己的办公室，便没有喊妻子，只是站在校长办公室门前的走廊上，望着天空发了一会呆。见谭校长已挂了电话，他又返身回去。

站在校长办公桌前，倾身看谭校长一行行地认真浏览着自己做好的献课名次表，董雪峰开口问："校长，咱们除了发奖金，还发不发荣誉证书？"

说到奖金，董雪峰突然意识到自己的一个疏忽。此时，已审阅完名次表准备签字的谭校长回应他说："嗯，问一下董劲飞老师。"说着，他便准备在文件上签下"同意"二字。

"哎呀校长，您先别签，我忘记写总金额了，我再算一算。"说着，董雪峰便将谭校长递回来的表格拿在了手里，并顺手拿起了校长桌上的计算机摁了起来。

此时，谭校长打电话把董劲飞叫了过来。

董劲飞像阵风一样地走了进来。他站在董雪峰的身边问校长："校长，您有什么事安排？"谭校长指指董雪峰手里的表格说："商量一下，这次献课得奖的人，除了发奖金，还发不发荣誉证书？搞不搞颁奖仪式？或是，还有什么其他的形式表彰一下。"

三个人正就此事的细节认真商讨时，教学楼好像被什么东西向上捅了一下，之后，便左右摇晃起来。

"怎么了？"谭校长从座位上站起来问。

三个人对视一眼，董雪峰脑子飞速一转，张口说："地震了！"

"地震？"谭校长和董劲飞重复着董雪峰的话，有些不可置信地对望了一眼。

在马尔康师范学校读书的时候，马尔康地震很频繁，董雪峰曾经经历过三次。第一次是在晚上，他从睡梦中惊醒，先是听到轰隆隆的声音，接着床便左右摇晃起来。睡在他上铺的同学，裤子都没穿就跑了出去。那是董雪峰第一次遭遇地震，还没有那种要"跑""很严重"的本能反应，寝室的同学都跑出去了，他还在床上睡着。第二次是在白天，一个星期六，他们正在操场上踢足球。也是先听到地底下传来了巨大的声响，然后就觉得头很晕，看到地面上的所有东西都在摇晃，包括寝室楼。紧接着，便看到很多人从各个楼里冲了出来。第三次是正在看电影。因为有了前两次经历，那一次的他十分害怕。那种地底下传来的恐怖的声音，不同于放炮，而是厉声的怒吼，像是要把所有的东西拽进熔浆迸裂的地底一般。

正是因为有过这样的经历，所以，董雪峰张口便喊出"地震了！"

视线对视后，董劲飞马上从校长办公室冲了出去。董雪峰和谭校长随后也同样冲向走廊，往楼梯方向跑去。还没有跑到楼梯口，他们在紧邻楼梯的计算机教室停了下来，两个人齐声对着教学楼大声喊："地震了！快跑啊！地震了！快跑啊！"

这时，第二波地震还没有开始。隔壁办公室的余琴老师走出来问他们："怎么了？"

谭校长着急地对她大声喊："地震了，还不快跑！"话音落下，余琴的身子一扭，已迅速往楼梯口跑去。谭校长和董雪峰紧随其后。

此时，第二波地震已不容躲避地汹涌而来。整个楼道就像秋千、链桥一样，摇晃摆动，人已经根本没有办法站稳了。"这个地方不能待了！必须马上到操场上！"董雪峰本能地意识到，并加快身体的动作。

可是，一切来得太突然了。大地在一瞬间剧烈抖动起来，楼房猛烈摇晃，玻璃相继迸裂……地动山摇中，整所学校即将散架。董雪峰扶着楼梯扶手，一个挺身下跃，跑出楼梯。刚出楼梯，一阵强烈的波动，整个人便被震倒在地。拼命爬起来，却根本站不稳，左右摇晃着直往后退。

此时，已有很多孩子跑到了操场上，连同正在操场上上体育课的孩子，几乎所有的孩子都在哭。正趴在地上的董雪峰本能地意识到，"地震还没有结束"。他对着操场的方向大声喊："快趴下！快趴下！"

董雪峰话音刚落，已跌跌撞撞冲向操场的谭校长，也对着这些孩子大声喊："不要慌，全趴下！"

此时，大地开始更疯狂地颠簸起来，大大小小的地缝在董雪峰的身边张开了狰狞的大嘴。每条裂缝不宽，十厘米左右，一些已摇晃下来的砖块"砰砰"地直往里掉。可是瞬间，刚刚张开的大嘴"砰"地又突然合拢，那些掉落进去的砖头再无重见天日的可能。挣扎着站起来的董雪峰又被掀翻在地。耳边的轰隆声越来越大，趴也趴不稳了。整个人就像趴在被狂风暴雨蹂躏的小船上，掀起又甩下，没有丝毫喘息或反抗的可能。"完了完了！这下全完了！会不会陷下去？怎么还不停呢？"近乎绝望的董雪峰，觉得那一刻无比漫长，就像被无情地甩到了地狱的门前，"咣啷"一声，重回人间的闸门永远被合上。

除了大地的轰鸣，董雪峰的耳朵里还传来"哗啦啦"东西倒塌的声音。突然，整个世界静了下来。"停了！停了！"董雪峰心里一阵狂喜。可是，耳边怎么会这样寂静，一点声音都没有！

一骨碌爬起来的董雪峰，什么也看不见，眼前一片昏黄的烟尘，什么也看不见。他将衣服扯起来捂住鼻子和嘴巴。几秒钟之后，尘埃慢慢下沉到视线以下，他才看清操场上的老师和孩子。每个人的头上、身上都落满了一层厚厚的白灰，人的样子根本就看不清楚了。他转身回看，教学楼、综合楼和宿舍楼，学校的三座楼都垮了，灰尘还在慢慢地往上飘。

心里一蒙，董雪峰闪出一丝侥幸："是不是只有映秀小学的房子塌了？"可是他往四周一看，视线所及的所有房子都塌了，什么都没有了。

突然，耳边传来谭校长一声凄厉的呼喊："救人哪！"

一时间不知道该干什么，整个人一下子就傻了的董雪峰，像个机器人一样跑到了谭校长的身边。傻了一样跟在校长的后面。校长跑到哪，他就跑到哪。校长干什么，他就跟着干什么。看看校长又看看废墟，像是瞬间失去悲伤的能力一般，不知道自己脑子还能不能转，也不知道哭。

已经坐到教学楼废墟上的校长，捶着自己的胸，眼泪疯狂地往外喷涌着："我的娃娃们，我可怜的娃娃们啊！"

几秒钟之后，谭校长抹了抹眼泪，跑到操场上去清点孩子的人数。一直跟着校长的董雪峰也跟了过去。

此时，听到校长哭号的苏成刚，像被从地狱突然唤回一般，一骨碌从被震翻的地上爬了起来，胳膊一甩，快步向操场跑了过去。

中午，刚刚搬到新家的苏成刚和几个老师一起，还在操场上打了一会篮球。"今天天气怎么这么反常，一会冷一会热的。"边打着球，他们几个边随口说着对反常天气的感慨。

因为下午第一节没有课，苏成刚在上课铃声打响前，便到了学校综合楼的六楼。他在档案室取了一份急需用的文件，站在那儿大致翻阅了一会，决定回到办公室再细细研读。

刚出档案室，他突然想起要给电信的工作人员打个电话，刚搬了新家，晓庆喜欢玩电脑，得赶紧把网线装上。想到这儿，一手拿着文件，一手掏出手机，苏成刚又向宿舍楼走去。

新家就在宿舍楼的一楼，前脚刚进来，随手将门关上，打给电信的电话也接通了。办理宽带安装所需的证件就放在床头，幼儿园的一位老师刚刚装过宽带，说从申请到办理的速度很快，快到会让苏成刚觉得惊喜。

可是，苏成刚还没有感觉到惊喜，小灵通的信号突然断了，电话一下子没了声音。脚下的楼房似乎在动，地下还似乎有巨响传来。可是，几秒钟之后，一切都归于平静。难道有工程在放炮？苏成刚本能地想。不对，感觉不像放炮。还没等他再细细寻思，刚刚摇动的感觉又回来了。这一次，远远比刚才强烈许多，天花板上的东西"哗啦"一下便掉了下来。啊？这是怎么回事？有些发蒙的苏成刚，本能地去拉房门。可是，房门已经一瞬间严重变形，怎么也拉不动。周围什么情形苏成刚已经意识不到了，他本能地只想干一件事，凝神聚力，将门端开。"砰"的一声，伴着地下的巨响，苏成刚踏着倒下的木门，迅速向门外冲去。跑了不到两步，一股气浪便将他推倒在操场边的花台上。回头一看，他刚刚跨出来的宿舍楼已经坍塌。透过腾空而起的尘埃，他将头一扭，隐约看见发生在教学楼的最后一个场景：走廊上都是学生，老师们走在最后，不停地把孩子们往楼梯方向推。转眼间，教学楼、综合楼、食堂全部坍塌，整个校园一片狼藉。大地被撕开一道又一道狰狞的裂缝，肆意地吼叫着、抖动着，操场上正上体育课和跑出来的师生不断摔倒……

突然，一道狰狞的黑口在苏成刚摔倒的地方撕开。他惊得身子赶紧一滚，小灵通竟还紧紧握在手里，地缝已经在他刚刚摔倒的地方，成为口吐蛇信的魔鬼，想要将一切吞噬。那一刻苏成刚终于意识到，是地震！绝望瞬间涌上心头，他不禁自言自语："完了完了完了，地裂了！跑不出去了，肯定又要掉进去了。"还没有等他回过神，"砰"的一声，刚刚裂开的大地又迅速合拢。

已经没有办法在剧烈的摇动中再滚远半步的苏成刚，埋头趴在地上，心里拼命祈求这强烈的震动赶紧过去，过去！

　　大约只是十秒钟，整个世界便突然安静下来。被满心的绝望推动着茫然地四处张望的苏成刚，先是看到操场上的老师和学生，谭校长已经跑到了操场的跑道边上。灰尘太大了，再也看不清都有谁在。整个世界像被原子弹爆炸后的冲击波摧毁了一般，墙倒屋倾。包括他刚刚跑出来的宿舍楼，他刚刚拿过文件的综合楼，整个校园，再无半寸完整之地。

　　但是，教学楼还没有完全塌垮，学生们还在拼命地往外跑，往楼下的过道跑。可是，整栋楼的大部分过道已经垮掉，逃生的通道已经被切断。只剩教学楼中间的那一个过道，还摇摇欲坠地想要成为挽救生命的通途。模模糊糊的，看到的几个老师，跟在学生的后面，学生在前面，他们在后面。像赶羊逃离公路上夺命的汽车一样，不停地催着孩子们"快跑快跑"。

　　耳里已全是哭声。谭校长哭着喊："救人哪！"片刻之后又传来他的哀号："我的娃娃们，我可怜的娃娃们啊！"

　　几步跑到操场的苏成刚，跑到了刘忠能老师的身旁。两个男人对视一眼，眼泪哗地就流了出来。

　　这一天的刘忠能，早上起床后问儿子中午想吃什么，儿子说要吃水饺。因为妻子孔丽上午都有课，而他只有第三节有课。所以，早饭过后，他便上街买回了韭菜、水饺皮。本来买菜这些活都是妻子和岳母做。但是，岳父岳母因为在汶川新买了个房子，所以，一周前，两个老人去了汶川县城盯房子的装修。刘忠能乐意为妻子和儿子效劳。但，谁能想到，这是他这辈子为妻儿做的最后一件事。

　　可是，刘忠能根本不会包水饺。他只能在妻子回家之前，做好一切准备工作，比如洗净并切好韭菜，剁好肉馅，烧开煮水饺的水。

　　一进家门，闻到韭菜的清香，孔丽便夸丈夫能干。说话间，便系上围裙，忙活起来。

　　饺子煮好，儿子也蹦蹦跳跳地进了门。"哇，果真是水饺。闻着就香。"

　　刘忠能记得很清楚，儿子一口气吃了八个水饺，边吃边说："真好吃啊！真香啊！老妈，你是天底下包水饺最好吃的老妈。"

　　刘忠能不依地说："韭菜是老爸买的，馅是老爸剁的，就连煮饺子的水都是老爸烧的。就不夸夸我吗？"

　　听了邀功的老爸头头是道的话，儿子刘旭思宇一脸坏笑："好好，我承认老爸是天底下打下手最好的老爸。"

儿子的话引来一家三口人畅快的笑声。

午饭过后，儿子想去操场玩一会。刘忠能对儿子说："去吧。但是，你1点40分必须回家。"儿子"哦"了一声便欢呼着冲下了楼。

果真，到了规定的时间，儿子一声"报到，归队"便出现在刘忠能的面前。给儿子冲了一杯高乐高饮料，倒进他随身背的水杯里，看着儿子像刚才那样欢快地冲下楼，刘忠能的脸上泛起慈爱的光彩。

因为忙了一上午，妻子孔丽有些累，她对刘忠能说："我得睡一会儿，你走时把门带好。"

"睡吧。我上会儿网就上课去。"刘忠能坐到电脑前，对孔丽说。

刘忠能离开家时，妻子已经躺在沙发上沉沉睡去。看着妻子睡得那样香甜，刘忠能没有叫醒她，轻轻掩上门。刚出门，想起儿子中午夸奖自己的话，忍不住笑出声来的刘忠能，哼着小曲急步朝综合楼走去。

上课之前，因为一些工作上的事，刘忠能听到办公室同事在给妻子打电话。但是，接过电话的妻子应该翻个身又继续睡了。

按照以往的习惯，刘忠能每天中午去上课前，都会叫醒妻子，告诉她他上课去了。因为那天中午的午饭是水饺，吃得有些迟。他想让妻子多睡一会。谁知，这却成了永生的遗憾。地震后他无数次地想，如果当时叫醒了妻子，或是接过电话妻子起了床，会不会……如果不是因为下午有课，同样有午睡习惯的刘忠能，此刻又会是怎样呢？可是，历史没有如果，也没有可能逆转。

地震袭来时，刘忠能正在给孩子们上体育课。如果不是地震，12日下午3点30分将是他给六年级二班上体育课的时间。

刘忠能喜欢这个班级的学生。他记得，以前每次给这个班上课时，头一天总有两三个孩子先跑到办公室来问第二天要上什么课，需要准备什么器材。

其实，这里的孩子并没有太多体育器材。除了一两个篮球、跳绳和用木板做的乒乓球拍外，连足球也没有，而且校园场地不大，也不能踢球。

但孩子们都很听话，也很温顺，所以给他们上课是很开心的事。比如只要老师做一个跳鞍马的示范，孩子们就会积极配合，比着练习。

然而，地震打乱并毁坏了眼前的一切。

大地猛烈的抖动，将刘忠能和孩子们重重地摔在了操场上。等到一切安静下来时，整个世界已经伸手不见五指，刘忠能的嘴巴、鼻子、呼吸道里全是灰尘，咳也咳不出来。刘忠能的第一反应是冲到教室里面去，他的孩子，他的学

生都在教室里。在往教学楼冲的路上，他碰到了逃出来的学生。

他问："人都逃出来了吗?"

学生们哭着回答："只有我们几个出来了。"

刘忠能赶紧折返脚步，将孩子们领到操场上大家聚集的地方。接着，他又返身往教学楼跑去。他得跑快点，六层的楼房，儿子在一楼，一只角没有倒，其他的都塌了。那只歪着的角下面，就是儿子的教室。

灰尘太大了，让人喘不过气来。苏成刚看到刘忠能向学前班的位置冲了两次。

第二次冲过去，一楼还可以打开一扇窗户。余震不断，可刘忠能顾不得那么多了。他从废墟的窗户口爬了进去，他不停地在喊，在吼。可是，那个时候到处都是哭喊救命的声音，那是一种深入骨髓的凄惨的声音。嗓子一下子便喊破了的刘忠能，血瞬间凉透。"这么大的地震啊。连我们大人都吓成这样，何况是 6 岁大的小孩子。小孩子他们……"刘忠能不敢想象。眼里到处都是学生，到处都是灰尘和塌倒的建筑。余震又来了，强烈得让人站立不住。

苏成刚也往教学楼门厅的位置冲去。可是，刚迈了两步，呼吸困难的那一瞬间，教学楼便整个垮了下来。这一次的余震太强烈了，教学楼仅存的这一角，支棱着想要支撑起生命的一角，在那一刻，轰然倒塌。苏成刚也再次被震翻在地。

刘忠能绝望地喊叫着，他知道，儿子在里面，但已经救不出来了。刘忠能这样告诉自己。但他不甘心，他站在废墟上一遍遍喊。可是，儿子在哪里呢?他听不到儿子的回应。

这时候，不停有石块砸到操场的跑道上。再次爬起来的苏成刚赶紧用衣服把嘴捂上。他对紧挨着自己的孩子连声说："快蹲下! 快蹲下! 不要叫。"其实他自己那时候已经惊恐到没有办法思考，也不知道该怎么办，叫他们不要叫，只是本能地想让他们不要用叫声的凄惨来表明人已濒临绝望，没有生的希望。可是，因为孩子们所在的位置在操场上的旗杆下，苏成刚又突然想到旗杆万一倒下来怎么办? 心一慌，他忙抬头去看旗杆。还好，旗杆没事。他把衣服从嘴上拿开对已经蹲下的孩子们说："你们赶快用衣服把嘴捂上，赶快捂上!"他突然担心弥漫在空气中的气体有毒。

安顿好身边的孩子，苏成刚像木头一样杵在废墟般的校园中央。那一刻，他不知道自己要做什么，不知道该让孩子们再做什么。老实讲，那一刻他想到了妻子晓庆。这边都这样了，那边怎么样呢? 他突然意识到自己手里还一直紧握着小灵通，可是一翻盖，没有信号。教学楼完全倒塌，整个校园弥漫的灰尘已让人目不能视。刚刚还在急急往走道冲的老师和孩子，在那一瞬间，就被这灰尘、废墟吞没，不可反抗、不可逆转，像被可怕的巨兽在眨眼的这一工夫吞没了一般。刚刚还急急奔跑的身影，倏然间，便不见了，没了。

苏成刚无数次想起当年的这一瞬间，教学楼最后塌垮的这一瞬间。虽然整个大地在剧烈地摇动，隆隆的声音不停地从地底下传来，可是，那一刻，整个世界很静，静到没有人呼救，因为，人一下子便没了。

震动、倒塌、地裂、死一样的寂静、混乱……这是经历了汶川大地震的人们的共同印象，与之伴随的是人们的诧异、疾跑、惊惧，以及完了完了的心神空白、不知所措。世界末日也不过如此吧？

耳边又传来谭校长的哭号。脚下一使劲，苏成刚几步冲到了校长的面前。

站在废墟上的刘忠能，望着操场上聚集在一起的、数量少得可怜的学生，再无望地望着废墟，鼻子一酸，眼泪汹涌而出。可是，他抹了抹眼泪，也向校长和董雪峰他们站立的位置跑了过去。

3. 多希望抬出来的是儿子，又多么希望不是他

救援就在这一刻开始。

余震一来，他就被震了下来。

完了！完了！教室里的孩子是凶多吉少了！

小学完了！小学完了！赶快派人去救人，去救人！

那一刻的他很无助，也很惶恐，他需要知道她一切还好的消息。

一切都顾不上了，将女老师和孩子们送出去最重要。

渐渐地，呼救声越来越稀少，每救出一个孩子也越来越困难。

一口凉气让他踉跄了一下。

儿子没有力气醒来，爸爸要帮他醒来。

楼梯间被挖出来的孩子最多，足足80个。

两个至亲的人，从此阴阳相隔。死亡的感觉是怎样？

*　　　*　　　*

很快就来了烟草公司的十几个小伙子，谭校长站在废墟上开始简单地布置

救援方案。当时有人用相机拍下了这个画面，救援的第一手资料，第一个画面。此时的刘忠能，已经悲痛到没有办法言说。有几个男老师已经镇定下来。

接受任务后，所有的人迅速分散到废墟的各个角落，去寻找可能生还的人。

董雪峰一眼看到自己班上一个叫彭根友（化名）的学生，他急忙问："我们班上其他同学有没有出来的？"

"我不知道。"

"你们什么课，老师叫你们跑了没有？"

"是美术课，我站在讲台上等待老师批改作业，老师叫我们跑，我就跑了。"

彭根友当时正站在讲台上，离门口很近，所以很快跑了出来。

彭根友的回答让董雪峰心里一阵慌乱，这可怎么办？班上其他的学生在哪？想到这，他赶紧随手写了一张清点人数的纸条，交给了谁他已不知道了。他再次跑到了废墟上。

救援就在这一刻开始，条理就在那一刻回到已经被吞噬、被撕裂的校园。

女老师在操场上清点剩下的学生，男老师开始去废墟上刨，寻找幸存的学生。

苏成刚和几个老师把操场上的孩子领到大门口沙坑旁的绿化草坪边，然后又急匆匆跑到教学楼的废墟上。

走进废墟，董雪峰第一个看到的学生叫李文倩（化名）。先是听到她的声音，寻着声音，发现她横躺着，身体朝着都江堰的方向，身上被很多石块压着，满脸都是血。

董雪峰试着去搬那些大石块，但是他一个人搬不动，他对李文倩说："你别急，我去叫人，我们肯定会想办法把你救出来的。"

李文倩很懂事地说："老师，你去吧。"

就在董雪峰径直走向教学楼的后面时，余震又来了。当时的董雪峰很恐慌，马上回头想要往下跑，心里想，如果教学楼残存的柱子、板子再倒下来怎么办？

很快，余震过去了。已经走到教学楼门厅的董雪峰，看到了门厅上困了很多孩子。已经赶到校园的家长和老师们一起，正在救这些孩子，也救出了不少孩子。

怕余震再震到门厅,董雪峰赶紧找来一些大木棒把门厅撑住。后来又发现更多的孩子被压在门厅下边,董雪峰他们赶紧跑到后边去救援。就在这时,又有余震来了,学校的张春东副校长正站在一个铁皮房子的房顶上,余震一来,他就像个皮球一般从房顶上被震了下来。

当时董雪峰他们都觉得很惊恐。如果再上去,再有余震,会造成新的伤亡。

谭校长一看这样不行,命令他们全部撤下来。可是,眼睁睁看着孩子们被压着,他们不甘心。后来心一横,反复上下几次也就不怕了,即使余震来了,也没有人再跑。

当时董雪峰的班在教学楼的最顶层。心里挂念班上的孩子,他就跑到最顶层去找。一看就傻眼了,教学楼共有4层,4层楼房的顶梁全部已经重叠在一起。董雪峰心里一凉,喃喃地说:"完了!完了!教室里的孩子是凶多吉少了!"他开始喊班上学生的名字,每喊一声便趴下去听,可是什么也没有听到。他就试着用手去挖砖缝,可是,手都挖破了也挖不开一条缝。他只好再次回到前边厅,和同事、家长一起到处救孩子。

在楼梯间救出的第一个孩子叫陶艺,没受伤。出来后看到董雪峰后说的第一句话是:"老师,好晕啊,映秀还有这么大的地震!"

后来董雪峰在四川财经大学遇到陶艺的妈妈。他妈妈告诉他,陶艺当时跑到楼梯的转角时,便蹲下来把头抱住了,所以没受伤。因为地震之前,陶艺恰好读了一本关于地震的书。

听了这话的董雪峰心里十分难受,十分自责。因为他在教五年级的课文时,有一篇课文叫《地震中的父与子》。可是,当他带着学生学这篇文章时,过分强调了地震中这对父子不离不弃的真情,而没有给孩子灌输地震方面的自救知识。虽然以前也给孩子讲过遇到火灾之类的灾难时要采取什么样的保护措施,可是,他从来没有让孩子演练一下。所以,这次地震没有一个孩子是顶着书包出来的,都是空着手。由此可以看出,孩子们没有一点自我保护意识。董雪峰十分后悔没有给孩子讲这些知识,包括自己的儿子,都十多岁了,一个人上街他还不放心,还要大人陪着。他觉得这是做家长的过分溺爱,值得所有人反思。在教育孩子方面,老师和家长都有责任多培养孩子的自救能力。陶艺能够通过阅读课外书学到知识,并且将这种知识运用到实际的自救中去,为什么多数孩子不知道在地震的时候保护自己呢?

在废墟中忙着拖拽人的苏成刚，先是看到了班上的几个学生，看到了就问："哪些还在里边？哪些还在你周围？"

很快，一名叫黄思雨的女学生被拖拽了出来。躺在草坪上的她，一只脚没了。

从来没有看过这么血腥的场面的苏成刚，鼻子一酸，眼泪又掉了下来。刚刚救出来的学生，基本上都是在废墟的表面，还没有一个如黄思雨这般的血腥。

黄思雨断了的那只腿好像并没有流血，蒙着厚厚的白灰，就像是已经流干了所有的血一般。有人用红领巾将她的断腿给包扎了起来。镇上的一个私人医生一直在帮着处理。

黄思雨的妹妹坐在姐姐的身边不停地号啕大哭。一起帮着医生处理黄思雨伤口的苏成刚一扭头又看到了几个熟悉的孩子，他赶紧问："还有哪些人在周围？我们班出来了几个人？"而此时，黄思雨妹妹的哭号声越来越大，黄思雨脸一沉，对妹妹吼道："你哭什么啊哭？我那么多同学都还在里面呢，在下面压着呢！"这样的勇敢让苏成刚心生敬佩。

包扎好黄思雨，苏成刚又准备往废墟里冲，被谭校长一把拽住："你赶紧去镇里，去镇里报告一下我们小学的情况。"

第一个冲出映秀小学的苏成刚，刚刚冲到大门口，一下子因骤然的茫然止住了脚步。此时的映秀已经没有路了，到处都是废墟，再也没有熟悉的路了。往哪里走呢？到处都是陌生和茫然。

迟疑了几秒钟，苏成刚看了看学校门口两根还倔强挺立着的柱子以及已经完全垮掉的大门和门卫室，心里一紧，眼泪又想掉下来。这一切，曾经是多么的熟悉啊，曾经是每天骑自行车上下班都必经的路啊，怎么就一瞬间失去本来的模样，让人难以辨认了呢？

稳了稳心神，苏成刚决定从废墟上爬过去。一路上碰到了很多学生家长，见到苏成刚便如见到了希望一样，扯着他问："小学怎么样了？小学怎么样了？"苏成刚只能说："你们赶快去，赶快过去！"他没有办法跟他们解释，他也不知道该跟他们说什么。

那一瞬间的苏成刚，不知道自己是在什么样的状态里。包括爬过废墟，经过一个没倒塌的塔吊时，他都没有想到要担心吊塔会不会突然垮塌。他已经管不了那么多了，他要去镇里，要求派人来救还可能活着的孩子。

爬到映秀湾电厂宾馆时，早已变成废墟的宾馆附近有人在呼救。可是，苏成刚不能停下来，他不能停下来，他个人的力量能救的生命有限，他需要去请求支援，救更多的孩子。

刚爬过电厂宾馆的转弯处，苏成刚碰到了映秀镇镇长。他仿佛看到了救星一般，张口对着镇长大声喊："小学完了！小学完了！赶快派人去救人，去救人！"

镇长和许多人一起围在那个转弯处，一切都是乱糟糟的。苏成刚听不到他们在说什么，但听到他的声音，镇长马上转身对他说："好好好，马上组织，就过来。"

听了镇长的话，苏成刚掉头便往映秀镇政府幼儿园的方向跑。那一刻的他很无助，也很惶恐，他需要知道晓庆一切还好的消息。

路上碰到了幼儿园的一位老师，苏成刚拽着人家就问："晓庆呢？晓庆呢？"女老师回复他说："没找到，不知道在哪里呀？"

听了此话的苏成刚脑子一蒙，一种不好的预感侵袭了全身。"我该怎么办？亲人在那儿，可是，我还有更重要的任务，我该怎么办？"

"一定要帮我找啊，我现在还不能在这儿，我不能在这儿，我必须回学校去。"语无伦次的苏成刚拽着女老师的衣襟说。

那一刻的他心急如焚，不知道晓庆怎么样了？是不是被压着？或是跑了出来？还是别人把她救出来了？他都不知道，他心里很急，可是，他必须得回学校去，没有办法，他必须回去。

再次回到学校的苏成刚，看到老师们都在尽可能争分夺秒地抢救学生。他在废墟中找到谭校长，向他汇报了外出寻求救援的情况，也简单讲了一下镇子上地震后的状况。

谭校长听后，安排苏成刚统计各个班上幸存下来的学生名单，并将这些幸存的学生送到映秀湾电厂的篮球场，也就是苏成刚遇到镇长的那个位置。

苏成刚用笔记下了几个他看到过的学生的名字，正好有几个男生在旁边，他问："你们出来的时候，谁和你们在一起？赶快把名字写下来。"就这样，他又写下了几个人名。

等到把眼睛能看到的所有孩子统计好，他和几个女老师一起，将这些孩子往外转移。

本意不想离开救援现场的苏成刚，又怕女老师不知道怎么到达安全的地

方，毕竟整个学校只有他冲出去过。就这样，他带着这些孩子，从废墟上艰难地往外移动。

此时，余震不断，看着摇摇欲坠的塔吊，苏成刚很担心它会突然塌下来。而且那钢架很高，只要突然塌倒，后果不堪设想。可是，现实不允许苏成刚止住前进的脚步，他必须把他们安全地带过去。他对几个女老师说："你们几个老师，带他们冲，我来看着。我如果一喊，你们就往上看，往那边躲。"说着，苏成刚的手便往塔吊处比画着。女老师纷纷点头，又这样嘱咐了一番跟着的孩子。

余震真是一刻也不停歇啊，钢架"嘎喳嘎喳"地响个不停，路上还蹲着一条瞪着眼睛的狼狗，仿佛谁一惹它它就要冲上去一般。一切都顾不上了，将女老师和孩子们送出去最重要。

重新回到学校的苏成刚，看到陆陆续续又有学生出现在眼前。他已经完全没有办法继续做好谭校长安排的工作了，因为他看到废墟上正在尽力营救生命的老师们，他需要加入他们的队伍。

他将笔和本子交给旁边的一个女老师后说道："你来记，我必须上去，去废墟上。"

女老师赶紧接过本子，接下苏成刚交的任务。

刚跑到废墟上的苏成刚，看到谭校长指挥说："你们几个，上这边。你们几个，上那边。"可是，因为是刚开始营救，什么工具也没有，大家也不知道该怎么下手，场面有些混乱。尤其是来了许多家长，都在各顾各地救自己的孩子，整个废墟上乱成了一团。

这样肯定不行。谭校长很快意识到了问题，他看到了又回到救援队伍中的苏成刚，做了一个记录的问询手势，苏成刚用手指指不远处的几个女老师，校长点点头说："苏成刚你们几个在左边，董雪峰你们几个在右边……一组搜救教学楼前的废墟，一组到教学楼后搜救，一组寻找钢钎、锤子、钢锯。你们各个小组都要将家长组织进来……"

就这样，谭校长将救援队伍重新分成三组，从排纵队递砖块开始，整个救援队伍很快变得有秩序、默契起来。更重要的是，一开始忙着抢救自己孩子的家长们，也在老师的指引下，纷纷加入递砖块的队伍中。砖块从上边、左边往下传，人越来越多，很快便排成了几列。

其实当时剩下的男老师，不过八九个人，分成三个小组，每个小组的人很少，可是，能发挥的威力却不小。

由于教学楼门厅柱子没有彻底断裂，形成一个斜面，支撑了部分坍塌的钢筋大梁和预制板，里面掩埋了很多孩子。

压在上面的预制板弄不动怎么办？就从废墟上找电线皮线套在上面，下面很多人一齐使劲拉。拉断过很多次皮线。但是大家不气馁，找到更多的皮线，拧成更粗的绳套套好，再将上面比较重的一点点地往下拖，一层层地往下拖。太重的没有办法，因为有些有经验的家长说，如果拖动太大的话，下面就会移动，万一孩子被压到怎么办？所以，他们都非常小心地一点点地搬运。

就在这时，正在此处救援的所有老师，几乎都听到了废墟里面传来的歌声，8岁的周玉烨、9岁的林浩，他们在用歌声鼓励被困的同学。

正是根据这歌声，搜救人员发现了埋在下面的孩子。六七个小时后，三个同学被救了出来，但和他们埋在一起的另一名同学却已经离开了。

冒着接连不断的余震，老师和家长们含着泪一边用木棒支撑门厅，一边爬下去，把砖块和混凝土一块一块地传出来。但是，大梁和预制板根本抬不动。3名老师找到了千斤顶，好不容易撑起了一个可以进入废墟内部的孔道，又救出了几名幸存者……可是，渐渐的，呼救声越来越稀少，每救出一个孩子也越来越困难。

因为没有工具，哪怕只是手钳之类的，谭校长对刘忠能说："你们去找工具。"

刘忠能和董劲飞一起跑到了学校外面的街上。一直忙着救援的刘忠能，还天真地以为地震只是让学校的房子倒塌了，其他地方应该没事。可是，当他跑到学校门口往外一看，一口凉气让他踉跄了一下。

整个映秀已是一片废墟了，路都不知道该怎么走，到处都是被压的人。有人在救援，有人在号啕大哭。管不了那么多了，刘忠能估摸着映秀镇上原本五金店的位置，从废墟上面凭着经验快步跑了过去。

还好，五金店所在的这栋楼房，一楼没有完全塌下去，东西还在。见此，刘忠能心头一暖，一个箭步冲上前去。余震仍然不断，不足一分钟就有一次，整个楼房摇摇欲坠，刘忠能感觉到那些板子、钢筋、石块就在自己的头顶上晃来晃去似的。他找了一块石头将五金店的玻璃砸烂，手伸进去找到几个手钳、两个手电筒。

和董劲飞会合后，两个人又快步跑回学校。这中间耽误了二三十分钟的样

子。刘忠能知道就是这几十分钟，可能又会让许多曾经亲密如一家的学生离自己而去，很多人会因此丧失生的希望。可是，他没有更好的办法，他只能尽力去救、去挖。

被救出来的学生，有的是直接背出来的，有的是用木板抬出来的。因为救援过程中还要搬出去很多的石块、砖块，当时没有足够多的簸箕，董雪峰他们便想到了抽屉，一抽屉一抽屉，大家排成队往外传递着……还有大的石块，就用绳子往外拉。绳子拉断了，就找来钢丝绳，缠在一起拉。扎手的钢丝绳将许多人的手划得鲜血淋漓，但是，只想救出更多生命的人们，还是在拼命拉。

与这样感人至深的救援场面极不和谐的是，废墟上聚集了一些看"热闹"的家长，有的女家长干脆在旁边不停地哭，也有家长绝望中带着辱骂，向救援的老师们发泄着心中的怨恨。当然，也有坚强的女家长，劝说那些哭和看热闹的人帮忙。

不知哪个家长给董雪峰递了半瓶水，他喝了一口就把水放到了一边。因为他知道，这个时候不能多喝，资源肯定是不够的，要做长远的打算。

在救其他人的时候，董雪峰一直在想，儿子在哪里？他在哪里呢？

但是没有办法，他是学生的老师，不仅仅是董煦豪的爸爸。他的脑子一片空白，只知道要不停地挖，不停地挖，疯了一样地挖。他暗暗祈祷，或许挖着挖着，便能挖到自己的儿子。儿子还活着，还可以清清楚楚地叫"爸爸"！

刘忠能向他迎面走过来，他看到董雪峰的那一刻快要哭了，他对董雪峰说："完了，完了。"

是的，刘忠能和董雪峰的情况一样，妻子、孩子都在里面没有出来，也不知道他们在什么地方。有那么几十秒，两个心都已破碎不堪的男人就坐在操场的花坛上，机械地看着来来往往的人，机械而又呆滞地看着。直到听到有一个做建筑的吴姓家长在现场指挥的声音，他们才又恢复一点神志，赶紧起身去救人。

当时的董雪峰依然抱有幻想。虽然在第一次清点人数的时候，他没有看到妻子和孩子，他的心里"咯噔"一沉。可他还是不愿往那方面想，他还幻想着他们是被困在哪个角落里了，随着救援的开展，也许可以找到他们。

可是，下午5点，正在救援的董雪峰突然下意识地一扭身，他看到了刚刚被抬出来的儿子——已经面无血色，再也不会对他露出朝阳般温暖笑容的儿子。

董雪峰的腿一下子就软了。他既希望儿子能被抬出来,可是,又不希望那个抬出来的是自己的儿子。可是,怎么会有错?那身黑白相间的运动服,在灰蒙而苍凉的天底下,展现着活力和生机的黑白相间的运动衣,是为了儿子的演讲比赛,妻子特意买的新衣。

董雪峰向儿子的方向跑去,他想自己去抬儿子。可是,三四个人抬着儿子,他们走得很快,董雪峰根本插不上手。等到将儿子放到操场的草坪上时,董雪峰和儿子的距离才在地震后,第一次,如此之近。

面无血色的董煦豪闭着眼睛,像是睡着了一般。董雪峰心怀侥幸,他多希望儿子只是昏过去了。他要帮儿子醒过来,儿子没有力气醒来,爸爸要帮他醒来。于是,他不停地给董煦豪做人工呼吸。见到此状,有个医生也快步跑过来帮忙。可是,一切都没有办法挽回了。医生拉开董雪峰说道:"就这样吧,没救了,活不了了!"

董雪峰不信,但绝望瞬间便淹没了他。儿子的胸是凹陷进去的,他将儿子抱在怀里,他拼命地用嘴巴去亲儿子的头和脸,他觉得儿子的头和脸还有温度。或许,儿子听到了爸爸的召唤,他会回来,会睁开眼睛调皮地对着他一笑,说自己只是在跟老爸开玩笑。怎么?吓着老爸了吗?

可是,一切都只是董雪峰的幻想,儿子已经永远去了,甚至已不可能再听董雪峰说一声"儿子,你别走。儿子,我想你"。

面无血色的儿子就那样躺在那儿,再也不会睁开眼睛,再也不会问:"爸爸,我在课堂上,是叫你'老师'还是'爸爸'呢?"两个至亲的人,从此阴阳相隔。

董雪峰后来一直猜想儿子是窒息死的,以至于后来很长时间他都在想,如果是他在里面被压着,也是窒息而死,死亡的感觉是怎样的?可是,他想不到答案。他只是痛恨上苍为什么不能多给儿子 5 秒钟的时间,哪怕再多 5 秒钟,儿子也许就能跑出来。儿子跑步快在学校里小有名气,而且,他是在楼梯间被挖出来的。楼梯距离广阔的天地,只是几步之遥。可是,在楼梯间被挖出来的孩子最多,足足 80 个。每个孩子的样子都让人触目惊心。有的从脸部到颈部都是紫色的,是憋气憋成那样的;有的眼睛鼓出来了、舌头露出来了⋯⋯大灾难的巨轮辗碎了一张张曾经生动的面孔,巨轮过后的印痕与死亡的气息烙印在幸存者的生命当中,如末日般的恐惧、麻木、绝望、愤怒、孤单、悲哀⋯⋯一幕幕黑色的影像就停留在 5 月的黑影里,成为永生的疼痛。

4. 坚强一点，再坚强一点

这是他能给这些死去的孩子最体面的安慰。

儿子没有了，那么多学生死了，他活着还有什么希望？

去救人，去救更多的孩子。他相信儿子在，也会这样鼓励老爸。

真的很累很累。可是，累不是让他放弃的理由。

他们不知道到底还有多少学生被压着，但是，那个数字一定是庞大的、可怕的。

两条活生生的生命就在那样的裸露中，再也没有生还的奇迹。

见到包，他明白，妻子是凶多吉少了。

整个幼儿园如一座死园，一个人也没有，一点声音也没有。

儿子如果地下有知，他应该会喜欢爸爸留给他的最后两件礼物。

＊　　　＊　　　＊

那是5月12日的下午，5点刚过，被挖出来的学生就那样并排放在操场上。

烈日下，一只白蝴蝶飞入校园中，忽高忽低，没有孩子蹑手蹑脚地跟在后边捕捉，整个校园到处都是断了的水泥板和砖头。

苏成刚找到一只记号笔，每当有学生的尸体抬出来，他和其他的老师便去辨认，用记号笔记下他的姓名、班级，还要记下他们的特征：短发，圆脸，上身红色短袖，下身卡其布裤子……不知道该用什么东西去遮盖尸体，随手翻出的旧的石棉瓦、木板，就那样盖在小小的孩子们的身上。能辨认的就辨认之后记下，不能辨认的也做出记号记下。他不知道这样残忍的记录还有多少，可是，他命令自己要去做，这是他能给这些死去的孩子做的最后的安慰。

从见到儿子的那一刻，董雪峰整个人便崩溃了，他不想再去救援了，他觉得一切都完了，儿子没有了，那么多学生死了，他活着还有什么希望？

不知道谁过来拍了他一下，让他不要太难过，还有许多孩子在里面，还得继续救。

董雪峰很不情愿地将儿子慢慢放到草坪上，轻轻地将儿子放平，唯恐惊扰了已经"熟睡"了的儿子。他站起来环顾四周，茫然地环顾四周，"我应该干什么？"他觉得自己的头是蒙的，像被电击中一般，似乎眼睛一闭，整个人便可以和儿子一起躺在这广阔的天地间，这已经被凌辱到看不出原本模样的天地。

这时候，操场右边有家长在喊："那边还有几个学生活着！"突然惊醒过来的董雪峰，赶紧几步跑了过去。去救人，去救更多的孩子。董雪峰相信儿子在，也会这样鼓励老爸。

刚跑到综合楼，就看到一个女孩被背了出来，可能是六年级的，个子很高。背她的是她的爸爸，已经背不动了。董雪峰过去把女孩接到自己的背上。身上多处骨折的女孩，董雪峰每走一步她都在哭。应该很疼，可是，董雪峰除了将她背到安全的地方，再也无能为力。

因为要翻过废墟才能到达草坪那边，再加上女孩很高，背着她的董雪峰觉得十分吃力。尤其是在用力的时候，才发现自己的腿很疼。搁下女孩后，他卷起裤腿才看到，刚才地震时整个腿都已摔破划伤，左脚的膝盖都已经瘀肿了，血将裤子粘在腿上，一碰，便钻心地疼痛。

疲惫和疼痛就在那一刻，漫天卷地般袭击了失去了儿子却还在拼命救人的董雪峰。

不知几点，也不知过了多长时间，苏成刚也开始感觉到累。

在接下来的救援中，他和董雪峰一起，每救出一个学生，便一起将学生抬到映秀湾电厂的篮球场上。来来回回不知道跑了多少趟，腰已经累得直不起来了，喉咙也干了，他觉得自己快要倒下了，他觉得自己就要与废墟里的老师、孩子们一起，长眠于映秀了。

又是一趟救命的搬运，快到篮球场时，要过一个坎，苏成刚两腿一软，差点就跪在了那里。刚好旁边站着的一个人看到了，苏成刚赶紧招呼说："帮帮忙，快，你帮我先下去。我下去换个肩膀你再递给我。"片刻的轻松中，苏成刚往身后的门板上一看，这一趟的门板上抬的是两个学生。原来如此累，真的很累很累。可是，累不是让他放弃的理由。

再后来，就慢慢有些灵魂出窍的感觉了。感受不到累，也忘记了身上的痛，只是一趟一趟机械地运石头、抬学生……

此时，映秀湾电厂的篮球场上已经聚集了更多的人，他们有的在帮着照料伤员，有的在找自己的孩子，一切都乱七八糟的，混乱到让人没有办法交流。

将受伤的学生抬到医生面前，苏成刚和董雪峰赶紧往学校返。一路上都有人在呼救，可是，他们没有办法去救，没有办法停下来，甚至没有办法对他们说几句安慰的话。他们不能，因为学校里还有太多的孩子没有救出来，他们不

知道到底还有多少学生被压着，但是，那个数字一定是庞大的、可怕的，因为他们眼睛看到的学生，数量少之又少，不会超过百人。可是，中心小学是有着400多名学生的大学校啊。

再回到学校的时候，苏成刚和董雪峰开始和救援队伍一起搬木板。有人说要找千斤顶，越多越好的千斤顶。

苏成刚和学校的唐永忠老师两人结伴，一起向学校外面跑去。附近停了一辆小轿车，就在映秀湾宾馆的废墟旁停着。当时已顾不得太多了，找到工具要紧。苏成刚和唐永忠像商量好了一般，冲过去便开始砸车窗。

砸了几下砸不开。苏成刚说："你继续砸，我到上面去找。"

跑到转弯处的苏成刚看到一辆客车，司机还在车上。他赶紧跑过去对司机说："我是学校的，你车上的千斤顶用一下，用完了还给你。"司机赶紧下车取出千斤顶递给苏成刚说："随便啦，用完不还也行。"

苏成刚不知道那个司机的名字，忘记了说"感谢"，但已顾不得了，他还需要更多的千斤顶。附近还有一辆车停着，苏成刚又快步跑上前去说："把你的千斤顶拿来用一下。"司机说："我的千斤顶是小的千斤顶。"苏成刚回答说："不管你的多大多小，都拿出来用。"

苏成刚当时说话的语气，已经意识不到是什么样的语气了，他接着说："赶快，我是小学的老师。"也不知道那个司机当时是怎么回应的，反正听到这话将千斤顶拿出来递给了苏成刚。

就这样，苏成刚一下子带回4个千斤顶。刚走到操场，他又看到了董雪峰。他对董雪峰说："我快累得不行了，我腰杆很痛。"董雪峰回应他说："我也很痛。"

两个人扶着腰在操场上蹲了一下。他们看到有些家长还继续在废墟中挖。苏成刚就说："我看一下有没有可以喝的。"时间该已是下午五六点钟了，一直一滴水没进的苏成刚，那一刻，嗓子里像有一团火在熊熊燃烧一般。

就在此时，天开始下雨。雨不大，但浇在身上十分难受。

见附近有一个被砸烂的冰柜，里面的冰激凌露出一个角。因为断电，冰激凌已经融化并粘了包装袋上。苏成刚和董雪峰走过去，一人拿了一个出来。董雪峰感慨地说："舔一舔解渴。唉，他们都不知道这里还有舔的东西呢，还有解决问题的东西呢。"

两个人刚歇息了一小会，就听到有人大声喊："有老师给抬出来了。"两个人赶紧跑过去。

第一个被挖出来的老师叫尹琼，26岁的准妈妈，已经怀孕8个月。即将升级做母亲的尹琼，因为带着毕业班，放心不下学生，所以一直也没有休假。如果没有这场地震，很快她便会成为宝宝的妈妈。再一年，小家伙就会张口喊妈妈了。可是，尹琼老师的整个下半身都埋在了废墟里面，只剩下了头露在外面。地震来的那一刻，突然的塌压和窒息夺走了她和宝宝的生命。

尹琼和苏成刚算起来有些亲戚关系，她的妈妈是苏成刚的一个远房表姐，苏成刚该叫她一声"侄女"。她被抬出来的时候，整个人的大肚子光着，裸露着，两条活生生的生命就在那样的裸露中，再也没有生的奇迹。

看到尹琼的惨状，苏成刚心里有说不出来的滋味。因为看到的死亡已经太多了，他觉得自己已经麻木了，已经欲哭无泪了。

紧接着，周老师也被抬出来了。周老师的裤子都湿了，小便失禁，让人不敢辨认。他的爱人余琴老师，坐在废墟上不停地哭。余琴和苏成刚是同乡，两个人的家都住在绵虒街上，离得很近，中间只隔了几户人家。苏成刚过去拍拍她，她抱着苏成刚哭得更凶了。没有眼泪，没有眼泪，苏成刚已经流不出一滴眼泪。他对她说："坚强一点，再坚强一点。"除了这样说，他不知道该说些什么。

晚上6点，下起了暴雨。一转眼的工夫，天便黑了下来。

随着暴雨的"噼叭"声，董雪峰他们听到了巨石从山顶上不断滚落时"轰隆隆"的山体滑坡崩塌之声，不绝于耳。而紧邻学校的渔子溪河水出奇地细小、浑浊。河水被山体阻断了！似乎还有更惨烈的景象会发生。

因为下雨，救援的人越来越少。救出自己小孩的家长已经急急地走了。剩下的，除了学校的老师，便是还在废墟里继续挖自己的孩子的部分家长。而所有受伤的孩子，都扎堆聚集在映秀湾电厂的篮球场上。

站在废墟上，苏成刚向对面的山看去，整座山垮得厉害，他从来没有看过那样大的石头从山上垮下来，他感觉那石头就要砸到学校似的。而地震后不久他看到的山下面的一辆东风汽车，已经完全没有踪影了。车没了，估计是被对面山上的石头给压了。苏成刚这样想。

没有水，也没有电，大雨令气温骤然下降，很多人冷得牙齿打战。

董劲飞递给苏成刚一个手电筒问道："晓庆呢？"

"还没有找到。"苏成刚一脸茫然地回答。

"你现在去看一下吧。"董劲飞给苏成刚出主意。

因为暴雨，学校这儿又没有灯光，救援已经停止了。这时候苏成刚才意识到，他得去找她，得去找自己的妻子程晓庆。

苏成刚接过手电筒，飞快地往幼儿园的方向跑去。刚跑了没两步，在学校篮球场边上遇到了幼儿园园长。她见到苏成刚赶紧递给他一个包，说："只发现了这个！"苏成刚一眼认出来，这是晓庆的包，浅蓝色的，晓庆早上上班时背着的包，晓庆平时最喜欢的一个包。

见到包，苏成刚明白，妻子是凶多吉少了。他将包抱在怀里，打着手电筒便往幼儿园方向狂奔。

快到幼儿园门口时，苏成刚见到了在街上卖水果的一个果农，整个人已经被砸变形了，可是，秤还拿在手上。当时他正在做什么？是刚刚做了一单生意？还是本能地想把吃饭的家什牢牢地攥在手里？

苏成刚没有力气多想，他想快点冲进幼儿园，可是，在幼儿园大门的右边，他止住了脚步。

教师宿舍楼，他们曾经住过许多年的教师宿舍楼，整个一层已经完全没有了。楼板斜吊着，摇摇欲坠的样子，好像只是小孩子的一根手指便可将它戳倒一般。左边是映秀湾小区的11号楼，靠路边的一座楼，已经完全垮塌了。里面有呼救声，苏成刚看了一下，他离他很远，他应该在11号楼。可是，他看不到呼救者在哪里。

苏成刚爬到幼儿园废墟上。他知道妻子晓庆在哪间教室。他喊她的名字。"晓庆，你在哪里？"可是，没有任何回应。他跑到二层楼垮下去的空间旁边去喊，也没有任何回应。足足二十分钟。除了在瓢泼大雨中寻找妻子的苏成刚，整个幼儿园如一座死园，一个人也没有，一点声音也没有。整个世界安静极了，仿佛听得到苏成刚的"砰砰"心跳。

漆黑的夜伴随着瓢泼大雨，伴着一遍又一遍深情地呼唤妻子的丈夫。可是，丈夫听不到妻子的任何回应。

找不到，根本找不到。绝望的苏成刚耷拉着脑袋，拖着沉重的步子回到小学。

刚到操场，便遇到董雪峰老师。他问苏成刚："找到没有？"苏成刚说："没有，没有找到。"董雪峰拍拍他的肩膀，随他一起走到操场中央。

操场上的旗杆还兀自挺立着。看到一排又一排的遗体，苏成刚突然又心生侥幸："是不是晓庆已经被别人救出来了？"

想到这，他突然朝摆在地上遗体走去。因为一下子见到了太多可怕的死亡，他仿佛已在麻木里生出了免疫力，他已经不害怕这一切了。他一个一个去看。可是没有，全是孩子，没有自己的妻子。

这时，董雪峰已经坐到了儿子的身边。苏成刚的手里多了一瓶不知谁给的饮料。他喝了两口，递给董雪峰。董雪峰没有接，只是喃喃地说："这下都完了，什么都没有了。"

那一瞬间，他们说话的语气很平静，平静到没有任何波澜，好像没有发生任何的不幸一般。

苏成刚也喃喃地说："晓庆也没有找到，不知道在哪里了。"

此时，谭校长和刘忠能也在离他们不远的地方坐着。谭校长让董雪峰坐过去，董雪峰说："不，我就在这坐一会儿，陪一会我的儿子。"

无奈，什么也看不到的无奈，在暴雨中，这几个平时勇敢无惧的汉子，一脸呆滞，任暴雨蹂躏。

雨下得更大了。喝了两口饮料，苏成刚将瓶子放到地上对董雪峰说："把这个饮料放在这吧，这东西好。"

不知谁给了董雪峰一颗棒棒糖，他一直揣在怀里。听了苏成刚的话，他突然想到了怀里的棒棒糖，他将糖拿出来后说："我把这个也放在这儿。"

董雪峰想，儿子如果地下有知，他应该会喜欢爸爸留给他的最后两件礼物：饮料、棒棒糖，多少孩子都会喜欢的礼物。

5. 垮吧，摇吧，随便你怎么样

天很黑，但废墟下面有呼救声。

他怎么能垮？他的妻子还有儿子，还不知道在什么地方。

6岁的儿子啊，黑暗里你怕不怕？

整个校园死气沉沉的，没有一点光亮。

看到火，也许埋在废墟里的他们，就不会太害怕了，

知道老师还陪伴在他们身边。

他不想让艰难求生的老师再遇到灾难，他强迫他们走。

大家抱在一起，可是，还是很冷，整个晚上一直有轰隆隆的响声。

　　垮吧，摇吧，随便你怎样，已经这样了，已经不怕更坏了！

　　妻子的容颜，他既看不到，也摸不到，只能在那儿呆滞地坐着，满心悲伤。

＊　　＊　　＊

　　晚上 7 点多的时候，突然有人在校园里议论，说是已经有 5000 人的救援队伍在开赴映秀。当时的董雪峰并不知道究竟是不是只有映秀发生了地震。他想，如果只有映秀发生了地震，那么，救援部队很快就会到达的。于是，他开始暗暗期盼："救援部队赶快进来，帮助我们清理教学楼。我的妻子在什么地方？她还有没有希望……"

　　就在这样的担忧、惶恐与疲惫中，这些身心俱伤的老师在地震的第一天晚上，守护在已经离开人世的孩子们的身边。可是，隔一段时间，他们就要爬到废墟上面，去安慰那些还掩埋在废墟下的孩子。这个时候还能听到废墟下的呼救声。天很黑，但废墟下面有呼救声。老师们也没有办法，只能安慰孩子们，让他们保存体力，不要哭，要镇定，明天会有人来救他们，明天一定要把他们救出来。

　　天就像漏了一样，雨越下越大，像哭泣的孩子止不住眼泪一般。老师们准备搭一个躲雨的棚子。有老师说："反正我们几个男老师，把那个木棒，用那个电线，搭成三角形。好歹能避避雨。我们也得保存体力啊！"

　　见此，苏成刚便和刘忠能一起，到操场一旁的废墟里，拉出几块窗帘布。

　　半个小时后，毯子、窗帘布搭成的棚子里，垫好了一块块木板。空间不大，可刚好够他们几个容身。至少一直不停的雨浇不到身上了。

　　这时候，映秀派出所派人来到学校，说："可能有洪水！因为渔子溪断流，上游有可能会形成堰塞湖。"派出所的人还说："伤员不能继续待在操场上，必须转移到地势比较高的地方去。"

　　这时候，抗震指挥部也传来紧急命令，要求学校师生转移到地势较高的二台山上，以避免发生更大的伤亡。

　　暴雨中，董雪峰和其他老师又开始转移伤员。饥寒交迫，过度的伤心和劳累，以及遍身的伤痛，已让每一个人都没有了太多的力气。很小的一个学生，一二年级的学生，不过三四十斤，原本一个人背是没有问题的，可是，那一刻，两个人抬一个小孩，抬到一半时，便再也抬不动了，腿软，想倒下。

　　又将一个孩子抬到电厂的篮球场时，刘忠能说："不行了，不行了，得休息一下。"

休息了足有 5 分钟，刘忠能才能再站起来。他觉得自己就要垮下去了。可是，他怎么能垮。他的妻子还有儿子，还不知道在什么地方。6 岁的儿子啊，黑暗里你怕不怕？刘忠能想到自己对家人的无能为力，心便要碎了。

再回到学校时，暴雨依然不停地下，隐隐能听到废墟里传来微弱的呼救声。

这时，镇政府的工作人员过来了，因为上面发生的险情，造成了堰塞湖，害怕待会涨水会淹没这里，要求所有的老师马上转移。

可是，老师们不想走，都想留下来。"能救的就救，实在救不了我们就在操场上陪这些学生。"董雪峰和刘忠能他们商量着。

谭校长说："我过去，先看一下情况，再回来叫你们。"

苏成刚将手里的手电筒递给谭校长说："待会你过来的时候再带回来啊。"

校长答应着，拖着疲惫的身子往二台山方向走去。

这时，雨下得更大了，暴雨加上余震造成了可怕的泥石流。这样的次生灾害在地震以后的映秀时常发生。山上的石头混着雨水、泥沙不停地往下滚，吞噬了房屋，也阻断了河流。

河水断流的危险消息也不时有人在讲。可是，天气实在太冷了，整个校园又死气沉沉的，没有一点光亮。刘忠能他们商量："我们在这儿陪着孩子，没有光，但孩子们能看到火，也许埋在废墟里的他们，就不会太害怕了，他们心里至少还会想到老师还陪伴在他们身边，能更加坚定他们生的希望吧。"

可是，当他们找了一些干柴，在操场的沙坑里将火生起来不到半个小时，便有巡视至此的民警提醒他们不准生火，因为火会将地震释放出来的可燃气体点燃。民警还要求他们撤离，不能待在这里，上游堰塞湖随时都有可能决堤。

已经是晚上 11 点，谭校长还没有回来，董雪峰他们几个对望一眼，依然坚持陪伴废墟中的孩子。

就在这时，谭校长回来了。手电筒已不知道在路上让给谁了，好像是一个抬伤员的人。手电筒本来就不多，看着颤颤巍巍、跌跌撞撞向他们走来的谭校长，董雪峰几个鼻子一酸，泪流满面。

"必须撤走，现在就走。"谭校长命令留守在操场上的几个老师。

此时，已经转移到二台山上的老师，将学生按年级分成了三队，把他们围

在了中间，不少学生在哭……他们胡乱搭了个塑料帐篷。大雨不停地泼，学生和女老师躲进临时帐篷，男老师则淋着雨，手牵着手在帐篷外守护。

和谭校长一起撤到二台山上的刘忠能，地震那天只穿了一件短袖，一条长裤。一下暴雨，天就特别的冷，何况身上还被浇透了一遍又一遍。

雨太大了，二台山上也没地方躲雨。刘忠能他们几个就去捡了一些油布，七个男老师围成一团，把油布顶在上面，下面是水。旁边是二台山的堤坎，还有个篮球场，但很小，里面挤不了太多人，全是妇女儿童伤病员。刘忠能他们几个男老师就站在那个坎上。不一会，镇政府工作人员组织人找了一些雨布搭在操场上，给伤病员遮雨。因为天气很冷，还给找了一些被子放在里面给他们取暖。没有受伤的老师就一直站在坎上。

可是，就一转身的工夫，董雪峰突然发现，谭校长不见了。

肯定是回学校了！董雪峰他们几个分析。于是，晚上12点，他们几个又在暴雨中摸黑一路滚爬回到学校。一路上都是凄惨的哭叫声。这样的声音在这样寂静而伤痕累累的夜里，让人心里格外难受。

谭国强校长果然在那里。

谭校长对他们说："我不想让艰难求生的老师再遇到灾难，强迫他们走……虽然上面喊撤，但有孩子在叫救命，我心里很难受，不忍心离开。"

赶过来寻找谭校长的几个男老师，和他一起，在黑暗中一边流着泪安慰被埋的孩子们，一边拼命地用十指刨废墟。

但仅仅凭着几双手，实在难以扒开废墟。时间一分一秒地过去，渐渐的，他们听见废墟里的呼救声越来越小了。这些男教师轮流在废墟上呼唤，叫废墟下的孩子保存体力，不要慌张，他们安慰孩子们说："老师会陪着大家，明天就会把同学们救出来。"

老师们也知道，他们也只能这样安慰。小点的孩子可能被吓着了，不停地叫，不停地叫。这叫声在地震后的首个夜晚，无比凄凉、悲伤。

而那时，刘忠能拇指的第一节已经骨折了。地震后还专门到医院上了一个夹板。可是当时，他只是觉得手指动不了，使不了劲，根本都没有意识到其实那根手指已经断了。

没有办法了，一时半会救不出来了！

老师们的体力再一次消耗干净。谭校长命令大家休息一会，保存体力。

这些白天都在忙着救人的老师，什么吃的也没准备，住的地方也没有，因为晚上他们搭好的棚子，已经被其他人占用。

没有办法，他们就只能在别人的棚子边上站着，又冷又饿，坐也没地方坐。他们就找来几块砖头坐着，真的很累！什么姿势都换了。

浑身被雨一遍又一遍浇透了的老师们，此时迫切需要解决取暖的问题。

怎么办？苏成刚突然记得学校门口有一辆红色的哈飞小汽车，一扇窗户已经烂了，他们把车上的坐垫拿了出来。共有四个坐垫，苏成刚、刘忠能、唐永忠和谭校长每人拿了一个。此时，有老师将从废墟中找到的窗帘布披在了身上。而他们几个，则把坐垫披在身上。

过了一会，苏成刚他们又一路爬过废墟，在映秀湾电厂的一辆客车上，找到了一些能用的东西，比如一罐啤酒，苏成刚喝了几口，递给了董雪峰他们几个。

可是，还是很冷，冷得有些受不了。干脆，谭校长抱着董雪峰。其余几个大男人也互相抱着。这样才稍稍暖和了一点。很快，刘忠能将汽车坐垫给了一个残疾人，一个住在学校附近的农民。他说他很冷。刘忠能说："大家都很冷。"可是，他还是过去将坐垫披到他身上。

大家抱在一起，可是还是很冷，坐一会儿就必须站一会儿。他们几个又用窗帘布把大家围裹在一起。就这样，一晚上连眼都没能合一下。

当时雨下得很大，远处电厂那边传来了几个女人喊"救命"的声音。余震不断，每次余震过后，旁边的山垮塌的声音都要响很久，山上的石头不断地往下滚，泥石流持续不断。也不知道是洪水的声音，还是山在垮塌的声音，总之，整个晚上都是轰隆隆的响声。

有一个伤员过来，说上面的临时避雨处漏雨了。老师们把身上能挡雨的东西分了一些给这位伤员。刘忠能的手因为划伤，再加上骨折，现在感到疼痛。老师们又拿一块油布搭在他手上。

他们就在那儿坐着，不知道该说些什么。好像是在说其他地方怎么样了？或者是还不知道其他地方怎么样呢？这个时候，大家最担心的是家里面的人。苏成刚说："我爸妈还在绵虒，我爸妈他们怎么样了啊？我哥哥怎么样了？晓庆的爸爸妈妈怎么样了？玉堂怎么样了？我爷爷奶奶在玉堂啊……"

大概是深夜 3 点的时候，张副校长突然喊了一声："有灯光，有灯光，是不是直升机来了啊？"

那个时候，周围的声音已经小了许多。时而还能看到漩口中学边上的火

光。苏成刚的外甥——她姐姐最小的儿子——就在那个中学读书。忙碌了一天的苏成刚，在看到火光的时候想起了自己的这个亲外甥，"他怎么样了啊？"

随着张副校长的一嗓子，整个操场一下子骚动起来。大家一下子好像就有了希望，也顾不得下大雨，纷纷从棚子里跑出来看。

骚动之后，大家纷纷说："天还没有亮，那么黑，又在下雨，是不可能有人来救援的。肯定是谁晃了电筒，不是飞机。"

世界重新安静下来。那个时候，苏成刚的预感已经十分不好了。怎样才能找到心爱的妻子？突然，他想到了妻子在手机上定了早上 7：00 的闹铃。

想到这，苏成刚赶紧将晓庆的包打开。晓庆的手机没在包里面，应该在她身上，但愿她的手机没有被砸坏。这一下，苏成刚有目标了，早上他要去找她，他必须找到她。

远远望去，身上的衣服已经破烂到不忍目睹的苏成刚，浑身湿透了，脚上穿的是妻子晓庆刚给他买的梦特娇牌新皮鞋。才买的新皮鞋，可是，里面已全部是水，看不出一点新皮鞋的样子。妻子的容颜，他既看不到，也摸不到，只能呆滞地坐着，满心悲伤。

第五章　生死自救

——与命运抗争的无力与坚强

1. 他发誓要把她找到

　　　　　时间不等生命，一秒的时间都有可能会救出活着的人。

　　他在期盼着一个时间的到来，他要赶在这个时间之前，去找他的妻子。

　　　　这是他与埋在废墟里的妻子唯一可能联络上的"信号"。

　　　　　她和他近在咫尺，却已天人相隔，永难重逢。

　　　　他应该有可能把妻子救出来。但是，他居然见死不救……

　　　　　　　　　　*　　　*　　　*

　　一整晚，余震不断，山崩不断，大雨不断。

　　5月13日，凌晨4点，地震后的第一个凌晨，雨依然在下。

　　在二台山上，映秀湾电厂的篮球场上，在映秀小学的窝棚边，坐了一夜的老师数着秒，期待着天亮……寒冷，让他们无法入眠。对废墟下孩子们的担忧，让他们无法入眠。

　　余琴老师不知从哪里找了一包方便面。已经十几个小时粒米未进的老师们，小心翼翼地将方便面分成许多小份，一人一小份，谁都不愿多吃一口，一瓶矿泉水谁也不愿多喝一口。竟然还有老师幽默地说："真是快赶上《上甘岭》里的情节了。"

　　这一夜，谭国强一下子老了。等到天明的时候，原本的一头乌发变得花白。

　　天快亮的时候，他召集大家商量："怎么救援？怎么做最好？"

105

商量好后，大家开始分头行动。

除了他们校园里一个人都没有，雨下得很大，刚刚暖热的衣服一会儿工夫便又湿透了。董雪峰和刘忠能他们，站在废墟的高处大声喊。听到哪里有声音，他们就赶紧赶到哪里救人。衣服湿了等着干，一会儿又湿了。所有人都在疯狂地救人。累了就休息一下，休息好了继续挖。因为他们知道，时间不等生命，一秒的时间都有可能会救出活着的人。

此时的苏成刚，在期盼着一个时间的到来，早上 7 点，晓庆手机闹铃响的时间。他要赶在这个时间之前，去幼儿园倒塌的废墟上找他的妻子晓庆。他要找到她，必须找到她。

天终于放亮了。

苏成刚艰难地从学校的废墟中走出来，跺了跺一直跪在那儿掏砖块已经麻木的双脚，对着已经冻僵和疼痛到失去知觉的双手呵了一口气。冒着大雨，他往幼儿园的方向走去。

这是震后映秀的第一个早晨。

一个寒冷无比的早晨。

一个凄凉无比的早晨。

一个寂静无比的早晨。

曾经的映秀，这个时刻，是多么的热闹与生机勃勃啊！晨练的人们，早早地来到街上，跑步或是闲走，臂膀的甩动里，充满着对新一天的憧憬。安德蹄花，213 酒家，富贵荣华超市，这些镇上人们最常光顾的地方，还没有开始营业。可是，鲜美轩面馆和家人饭店，却早早地开门纳客了，因为第一批吃早餐的客人已经陆续光临。

每天的这个时候，映秀的烟火气息最浓，它很像是一个还睡眼惺忪的却已经醒来了的人，满面笑容地醒来的人，而这一天的太阳，也恰好在映秀醒来的那一刻，扑了个满怀。

可是，今天早晨一切都变了。

干净的街道没了，整洁的店面没了，晨练的人们也不见了，鲜美轩面馆房倒屋塌，连招牌都被甩到几丈远之外的马路边上，富贵荣华超市门口蓝色的店旗还在风雨中飘扬，店门已经塌了。

这个早晨，震后的映秀早晨，街上静悄悄的，没有人的痕迹和气息，只有几条已经沦丧了家园的狗，在废墟前嗅来嗅去，不停地狂吠几声，表达着对这一切的不满。

苏成刚踩着雨水，深一脚、浅一脚地往前走。他命令自己不要慌张，稳住神，7点，晓庆每天早上都会醒来的7点，就快到了，他不能慌，他一慌就可能会错过什么。

终于，他走近了幼儿园仅存的那个红色滑梯，一夜的雨水把昨天蒙在滑梯上的灰土冲刷得干干净净，在四周黑色、灰色、突兀的嶙峋的残墙断壁的反衬下，那鲜艳的红色越发耀眼——这里，曾经是映秀的娃儿们最喜欢的地方啊！花朵一样的孩子，争先恐后地从红色滑梯的背后攀上去，又夸张地尖叫着从上面滑下来……父母或是老师就在滑梯的前方，畅快的欢笑里，是伸手想要挽留的童年，幸福的童年。

可是，一场地震，便毫不留情地夺走了这一切。它甚至丝毫没有怜惜花朵的善良，也没有对自己所犯下的不可饶恕的暴行产生丝毫的愧疚和自责。

苏成刚用手抹了一下脸上的水，不知道是雨水还是泪水。此时，视线中有只有废墟，以及雨浇在废墟上的清凉。在这样的清凉里，更多的是他的孤单和悲伤。

正是因为有了这个红色滑梯为坐标，苏成刚寻找妻子原来工作的那间教室便有了依据。他反复目测，并且用脚步丈量，终于确定了最终的方位。他努力爬上那片由砖块，水泥块，水泥预制板和裸露着褐黄色的钢筋条的横梁、圈梁组成的废墟。他双腿跪在废墟上，整个身子伏在那儿，做了一个倾听的姿势。

他将自己的身子摆正，仰头看了看阴沉着透不过气来的天，雨仍瓢泼般大，扑打到他的脸上。视线瞬间又模糊起来。

将脸上的水再次抹了抹。苏成刚命令自己的注意力集中起来，等待铃声。

这个闹钟铃声是程晓庆在一个多月前定的，之前并没有告诉苏成刚，一天早晨，苏成刚突然在梦中听到公鸡鸣叫："喔喔——喔喔——"一声接一声的叫唤，一声比一声高亢，苏成刚猛地从床上坐起来，揉着双眼说："怎么我们家有公鸡的叫声啊？"

程晓庆笑着说："没有哇！哪来的公鸡、母鸡的，你看看，鸡毛都没得一根呢！"

苏成刚跳下床，趿拉着鞋，满屋子找，确实没有："可是，我明明听见了公鸡的叫声呢。"

程晓庆笑得腰都直不起来，最后，她才亮出了那款苏成刚给她新买的红色

滑盖手机说："哈哈，瓜娃子，公鸡在这儿呢！"

程晓庆告诉他这是她新设置的闹钟，叫"闻鸡起舞"，程晓庆说："你不是总说怕迟到吗？以后每天早晨七点鸡子一叫，你就起来跳舞吧，保证你迟到不了。"

这之后，他们两口子就每天"闻鸡起舞"，直到 5 月 12 日的早晨。

而现在，他的妻子，那个活泼可爱，常常会搞点小恶作剧的漂亮老师，却躺在了这堆瓦砾中，躺在了这个被凄风苦雨笼罩的映秀的早晨里。

还差一分钟的时候，苏成刚的身体完全趴在了废墟上，他右耳侧着，对着瓦砾堆的缝隙，屏神静气地等待着，等待着……他不敢发出任何声音，怕"7点"一过，他再也没有机会找到妻子。

老实说，苏成刚并没有足够的把握，如果妻子的手机没有带在身上，而是扔在别的地方呢？如果手机被砸坏，或者被雨水泡坏了呢？如果他确定的方位不准确呢？

可是，他顾不了那么多。这是他与埋在废墟里的妻子唯一可能联络的"信号"。

让他期盼的事实终于出现了，它真的听到了废墟缝隙里传出的第一声鸡鸣，铃声伴着震动，就在他脚边不远的墙下面，砖块的下面，刚开始很微弱，渐渐地变得清晰起来，高亢起来，"喔喔——喔喔——"

苏成刚激动得浑身发抖。手机在振动，他的心也在振动。他寻着声音找到最准确的位置。他知道他的爱妻现在与他近在咫尺！他发誓要把她找到！

他开始用手捡那些废墟上的砖头，水泥块，然后不断地刨，不断地刨，尽管他的双手在昨天下午和晚上的救援中，已经血肉模糊，每刨一下，都会钻心地疼痛。但他管不了也顾不得，他要一直刨下去……边刨边哭，不停地叫着："晓庆，你在吗？你在吗？我来了，我来得太晚了！"

刨到接近一米的时候，苏成刚看到了程晓庆的长发。这头乌黑的长发是程晓庆的骄傲，也是苏成刚踏进威州民族师范学校第一次见到晓庆时，最怦然心动之处。苏成刚说，他从青春萌动的少年时代，就坚信他未来的妻子应该是个长发飘飘的女孩……可是现在晓庆的一头长发，已经满是泥灰和水泥屑。

身体和心已经麻木的苏成刚继续用手拼命地刨着。

很快，苏成刚看到了妻子的脸，这是一张虽然熟悉却已经不敢再认的脸，眼睛闭着，嘴角流血，肿胀发紫，不仅看不到一点美丽的影子，甚至惨不忍睹……

鼻梁已经砸到了脸上，犹豫了几秒，苏成刚才有勇气掀起它。

虽然一瞬间，苏成刚的心已经凉透，可他心里还是弱弱地生出一丝期盼，晓庆是不是只是昏过去了？他用手弹了弹妻子的脸，没有任何反应，冰凉，透心的凉。

苏成刚的眼睛再一次模糊了，心在颤抖和抽搐。

如果说在听到那一声鸡啼的时候，苏成刚对妻子的生还抱有一点幻想的话，现在他彻底醒了，他的爱妻程晓庆——这个和他在汶川相识，一起从漩口辗转到映秀的女人，虽然和他近在咫尺，却早已天人相隔，永难重逢了。那些曾经的挚爱，曾经的温馨，曾经的万般柔情，一瞬间灰飞烟灭……

苏成刚扑在妻子的头上号啕大哭。这哭声里，有悲，有痛，有不舍，但更有无穷的愧疚和悔恨。他想起昨天下午，他送信路经幼儿园，那时候，大地震刚刚过去十几分钟，如果他不顾一切地冲过去，寻找程晓庆，他觉得，他应该有可能把妻子救出来。那么多人不是在被压几个小时甚至十几个小时后，被他们从废墟下救出来了吗？但是，他居然见死不救……

现在，面对妻子，他觉得，自己简直是一个十恶不赦的罪人！

哭过之后，他觉得应该把妻子刨出来，背到二台山上去，他要与她相守在一起。

可是，有了救援经验的苏成刚知道，这简直不可能！程晓庆的头部虽然埋得不深，但她的身体胸以下部位被预制板和横梁压得太严实，挖出她，靠苏成刚个人的力量是做不到的。拉不开，拉不开，根本拉不开，没有一丁点反应，苏成刚知道，他没有任何办法了。

那一刻，这个男人就那样跪在妻子的身边。跪在那儿，不言不语无声哭泣。没有了妻子的世界，他的意义何在呢？或者说，他该往哪里走呢？悲伤的时候，该找谁诉说呢？苏成刚的心痛到快要窒息。可是，痛能解决一切，能让一切美好重新回来吗？

2. 活着的人，要坚强地活下去

> 老师陪着你。
>
> 将羽翼未丰的孩子，从死神手里拉回阳光下的天空。
>
> 根本弄不动，整堵墙就在她的身上。

这个世界完了，他们没有办法了，可是，他们要活下去。

他们必须保证活着的人，坚强地活下去。

* * *

这个早晨，离开幼儿园废墟的苏成刚重新回到小学的废墟上。

唐永忠第一个见到了一脸伤悲的苏成刚，他小心地问："有没有见到晓庆啊？"

"有。"苏成刚回答。除了这个字，他再也不知道应该如何表达他的情绪。

重新回到小学废墟上的苏成刚，和唐永忠一组，两个人的职责是辨认从废墟里抬出来的学生，并做记录。

唐永忠的胆子平时是很小的，连车祸现场都不敢看，他受不了那样血淋淋的残酷。可是，此时的他已经麻木了，一具具地辨认，一具具地登记，没有害怕，只有心痛。

这时，百花镇来了一名女乡亲，她也帮着做统计。

就这样，三个人一起，一具具地抬出尸体，一具具地摆放在操场的草坪上，一具具地辨认、登记。尸体没有从废墟上抬出来时，他们便到废墟上帮着挖，用手刨。

就在这时，参与救援的人突然大叫一声："这儿有一个活着的学生。"

听到这个消息，救援队伍迅速赶了过去。

是苏成刚班上的女学生，名叫章诗琪（化名）。

但她被压得太重了，七八层预制板压在她的双腿上，抬不动，挪不动，根本没有办法救出。可是，她没有哭。

因为是苏成刚的学生，苏成刚一边用简单的工具施救，一边陪着章诗琪说话。

章诗琪对苏成刚说："老师，你陪着我嘛。"

苏成刚使劲点点头："好，老师陪着你！"

苏成刚找来钢钎、大锤。不行，弄不出来。他又去找来小锤、钢钳、铁锤。他把所有能拿来的工具都用上了。用吧，管它呢。不管是哪个，都拿来用。这些平时批改作业、写板书的老师，不知道镇上的其他人如何施救，他们能做的，就是用双手，用能找到的一切工具，一点点，小心翼翼地，将羽翼未丰的孩子，从死神手里拉回阳光下的天空。

那时候章诗琪的精神还是蛮好的，苏成刚感觉是有希望救出她来的。可是，直到傍晚，章诗琪身上的预制板也没有办法撬动太多。难道要眼睁睁地看着自己的学生离去吗？所有的人都不愿意往这方面想，所有人都怀有卑微的希望。

苏成刚悄悄问旁边的人："怎么样？"

"很深，很深，身子大部分被住了。"

"能不能把她弄出来？"

"很难。"这样说着很难的时候，那个人还是在继续撬。

过了一会，苏成刚又问："怎么样了？"

"不行，还是不行。"

眼瞅着章诗琪一时半会救不出来，谭校长便命令苏成刚他们几个抓紧时间休息，保存体力。

见此，苏成刚便对董雪峰、唐永忠讲了晓庆还埋在幼儿园的事情，他对他们说："你们几个要帮我。"几个大男人对望着，沉默着，眼里不约而同地泛着泪花。

带了一把铁锹，苏成刚与几个同事，去"救"妻子程晓庆。

到了苏成刚做记号的地方，他们开始将压在晓庆身上的石板、圈梁往外挖、拽。可是，不行，根本弄不动，整堵墙就在晓庆的身上。

他们仔细看后才发现，圈梁把晓庆的整个身体压住了，根本弄不出来。

可是，他们不死心，他们围着那根圈梁用了各种办法，圈梁依然纹丝不动。

"不行了，我们没办法把她弄出来的。"董雪峰说。

"可是，她在里面啊！怎么办啊？"苏成刚带着哭腔。

董雪峰递给苏成刚三支烟。点燃后的三支烟，插在晓庆的旁边。

之后，他们在废墟中寻了很久，终于找到一个白色扣板，用记号笔在扣板光洁的那一面，一笔一画地写上：

映秀幼儿园：教师程晓庆
映秀小学夫：苏成刚

就像一个人被宣告了死刑一般，绝望占满心房的这一个瞬间，苏成刚再次号啕大哭起来，无所顾忌、无所遮拦地号啕大哭。

董雪峰拖着他，唐永忠帮忙，一起将这个悲伤到不能言语、不能行动、不能思考的男人从埋葬了妻子的幼儿园里拖了出来。边拖他们边劝慰："不要在这了，不要在这了，走！"他们拉着苏成刚走，他们必须保证活着的人，坚强地活下去。

这时候，天色已经慢慢变暗。他们才意识到，地震至此时，他们几乎没有正经吃过东西。

街上有许多人在找吃的。在最近的一个商店，苏成刚猜想，应该还会有一些东西。浮层上的被人全部拿走了，但废墟下边或许还有。

从幼儿园回学校的几个大男人，也不管房子会不会突然倒塌，他们只有一个念头，活着就要吃东西，吃了东西才能活着，还有许多必须好好活着才能做的事情。

运气不赖，他们找到了几瓶饮料，还找到了一箱啤酒……当啤酒从废墟里递到董雪峰手上时，苏成刚说："你们不要进来，我在里面继续找。"那时候的苏成刚暗暗期盼，如果这个时候，楼房垮塌下来多好，他就可以和晓庆在一起了。人死了，也就那么一回事，一眨眼的工夫。

抱着一堆可以吃的东西，他们往学校的方向走。路上有一个人手里拿了几条烟，没有人认识那个人，但当他们问"能不能给我们一包烟？我们没烟抽"时，那个人想了几秒钟后，扔给他们一条烟。

是软云烟，一人一包，苦闷时最好的解乏的东西。

运气不错，又路过一家小店，一家已经垮塌的小店，唐永忠找到了几颗糖，苏成刚找到了一包袜子、三套运动服。

三套衣服，苏成刚披了一件，其余两件递给了董雪峰和唐永忠。因为鞋里面全是水，脚上又有许多伤痕，每一个人的脚都痛得受不了。苏成刚便对唐永忠讲："糖给学生，一袋袜子，你留八双，其他的全部发给学生，因为我们必须要保存体力，才有力量。"

可是，一回到学校，袜子一双也没留下，一下子就发完了。苏成刚问唐永忠："袜子哪里去了？"

"没了。"唐永忠说："他们太可怜了，他们都需要这些袜子。"

"没了就没了吧，没关系。"苏成刚安慰地说。

三套运动服也发了下去。一套给了幼儿园一个老师的孩子；一套给了映秀小学老师的孩子，她的妈妈遇难了，就剩下她一个人了；另外一套，不知给了谁，只是觉得给了该给的人。

后来，苏成刚突然想起来一家五金店旁边有一家棉花店。对，他看到垮下来的二楼和一楼之间有空隙，人从那儿可以上去，那房子要倒了，里面有棉絮，一床一床的新棉絮。他还看到有人从上面拿过棉絮。

"你们不要上来，你们不要上，我上去。"苏成刚担心房子随时会倒，他不想让董雪峰和唐永忠身陷危险。

可是，他前脚上去，董雪峰和唐永忠后脚也跟着爬了上来。

余震就在这个时候来了。整个楼层摇摇晃晃的，感觉随时会将人甩出去，或是压进去。"不行不行，赶紧走吧，这个地方太危险了。"董雪峰和唐永忠说。

此时，他们已经找到了两床棉絮。"不要了，就两床吧。"除了棉絮，他们还找到了几把剪刀和几只打火机。苏成刚说："我们必须带上这些东西，都是有用的东西。"

东西拿在手里，有一些晶莹的东西在几个男人的眼眶里往外涌动。他们的举动，都在证明一件事情——这个世界完了，他们没有办法了，可是，他们要活下去。对，就是那种感觉。

回到歇息地，大家搭建了一个简单的窝棚，为晚上过夜做准备。他们将找来的棉絮，甩到了窝棚里面。搭窝棚的时候，他们还找到一桶柴油。苏成刚说待会就用柴油点火。可是，当董雪峰一个人在那儿烧火的时候，苏成刚又觉得铁桶放在那不安全，又将它移到了墙里边。可是，等到要用时，却怎么也找不到了，不知道被谁拿走了。

3. 学生与家人同时遭难，先救谁?

哪个地方有声音就朝哪个地方挖。

正在上课的学生，一半都没能逃出来。

他们的亲人，就埋在里面。

学生与家人同时遭难，先救谁?

一份映秀小学幸存老师亲人遇难受伤的名单能说明太多。

他曾有四个同校同届的同学，如今，只剩下他自己。

*　　*　　*

转眼又到了下午四点多，地震第二天的下午四点多，雨还没有停。

这一天，刘忠能他们就一直在救援。女老师照顾伤员和幸存的学生。当时进出映秀镇的路基本上都断了，即使近些的家长也无法赶到学校，没有被领走的学生还有许多。男老师便不停地在各个废墟上面挖。哪个地方有声音就朝哪个地方挖。

没有什么合适的工具，也没有办法再分组，只是听到呼救的声音，便像是听到了集合令，判断孩子的位置，被什么东西压住，所有能来帮忙的人，呼啦便聚集到了一起。能钻到废墟里面就钻进去，钻不进去就一点一点打洞。包括教室上面的预制板，移不开，就一点一点凿，直到凿出人能钻进去的空隙。慢慢探进身子，慢慢将还可能活着的人带回天地间。

余震从未停，就像这天上总也停不下来的雨。每一次晃动，每一滴冰凉的雨水，都在侵蚀着绝望的人们的心。

教室上方的预制板已经凿出了足够大的空隙。这个地方好，房子塌下来的时候，斜靠在了旁边的一幢民房上，一幢没有完全倒塌的民房上。所以，废墟下面还有些空间，这个空间里存活了很多学生，幸运的学生。

有老师当时便感慨，"如果映秀小学旁没有那个民房的话，可能遇难的学生不止这些，这幢民房救了很多学生的命。相比之下，在教学楼里的学生，正在上课的学生，一半都没能逃出来"。

映秀小学是个大学校，有 473 名学生。地震当天晚上清点时，只找到 150 多个。后来经过大家的救援，又有几十个孩子被救出来。

而在这样的救援中，幸存的老师们一趟趟往废墟堆里钻，钻进去挖，去救。因为房子基本上都垮了，所以，即使余震频繁，没有老师因为救援牺牲。

可是，除了教学楼，映秀小学的综合楼、宿舍楼，几乎没有老师将救援的力量放在那儿，虽然他们知道，他们的亲人，埋在里面。

地震的第二天，在休息的间隙，刘忠能曾经跑到宿舍楼的位置看了看。当时在楼的边上有一个地缝，刚好可以钻进去一个人。但楼已经支离破碎，刘忠能根本弄不清自己家的位置了。可是，他不甘心，他顺着缝隙爬了进去，边往外掏着石块碎板边大声叫孔丽的名字。他知道她一定还在房子里，因为下午没有课的妻子，按正常作息时间，会在 2 点 30 分下楼，参加 2 点 40 分学校统一组织的爱国教育片观影活动。可是，不管刘忠能用多大的力气喊，孔丽始终没有任何回应。就像她在离丈夫很近的废墟里"睡着"了一般。事实上，5 月 23 日，孔丽是在宿舍楼的废墟里被清理出来的，这证明了刘忠能的判断是对的。

可是，这样的判断意义何在呢？

没有办法，刘忠能必须放弃对妻子的寻找。因为教学楼里需要救援的学生太多了，被压在废墟里的学生太多了。他要去救他们，他没有第二个选择。而且，死掉的老师太多了，活着的老师，不能在战友沉睡的地方做懦弱的逃兵。

原本映秀小学共有 47 名老师，一场地震，夺去了 20 名老师的生命。这些老师都年轻得如春天的花蕊，还未得及完全绽放芬芳，便在这样的噩运中，永远地离去了。

这些老师刘忠能都太熟悉了，平时他们都住在学校的宿舍楼，关系都非常好，逢年过节，他们还会坐在一起吃团圆饭。可是，地震带走了他们。比如楼下那对年轻的夫妻，孩子还只是幼儿园的小朋友。楼上的那一对，两个人还没有孩子。可是，都走了，一个没留，都走了。刘忠能自己的亲人也走了，像没有牵挂、没有眷恋似的，走了！

学生与家人同时遭难，先救谁？几乎所有的老师们都做了同样的选择。

正因为这样，在震后第一时间，在映秀沦为孤岛的 50 多个小时里，映秀小学的老师们用自己亲人的生命换回了近 60 个学生的生命。

至于说到"先救学生还是先救家人"这个残酷的命题，一份映秀小学幸存老师亲人遇难受伤的名单能说明太多：

谭国强：妻子、岳母遇难；

刘忠能：妻子、儿子遇难；

董雪峰：妻子、儿子、母亲遇难；

苏成刚：妻子遇难；

……

地震前，苏成刚在映秀小学有四个同校同届的同学，都是威州民族师范学校 98 届毕业的学生，包括他的妻子程晓庆，震后，只剩下苏成刚一个人……

4. 让她走的时候吃好一点

> 一灯之距，有限的光明。
>
> 老师，等我出来了，你还要给我们上课。
>
> 这么大的雨，那个孩子今天晚上恐怕挺不过去了！
>
> 他们知道这气味意味着什么。

5月14日早晨，他们吃到了地震以来的第一顿饭，

一人一点点，用碗轮换着吃的——稀饭。

*　　*　　*

休息得差不多时，苏成刚又去看章诗琪。可是，依然没能将她救出来。

天一点点黑了，看不清东西了，必须解决照明的问题，这不仅是给救援创造条件，也是给章诗琪带去希望。

谭校长着急地在废墟上搓着手反复地说："怎么办？天黑了，没有灯光，章诗琪的精神也没有那么好了，怎么办？"

突然，他想起自己的面包车上有一个电瓶。心头一振，他赶紧让人跑过去取来。从电瓶上连线出来，接上灯泡，可以用来照明。苏成刚暗暗佩服谭校长的机智。可是，他在接通灯泡和电瓶之间的电源时，手麻酥酥的，像被电着了一般。他问校长："这是36伏吧？我感觉很麻啊？"

谭校长没有答话，只是拿来一把钳子，教苏成刚怎么来接电。接好电源，他们几个就换着给章诗琪掌着这一灯之距的有限光明。

为了转移章诗琪的注意力，苏成刚不停地和她说话，一起救援的人也和她不停地说话。

旁边的人问章诗琪："苏老师教你啊？教得怎么样啊？教你什么啊？你喜不喜欢苏老师？你怕不怕苏老师啊？"

章诗琪便讲起自己上课时的许多事情，也讲了对苏成刚的喜欢，对其他老师的喜欢。她对苏成刚说："苏老师，等我出来了，你还要给我们上课……"

苏成刚不住地点头，眼里噙着泪水。

那时候，他们一直奇怪救援部队为什么在地震两天后还不来？可是他们并不知道，汶川大地震，灾难空前。山崩地裂间，通向震区的道路几乎全部被扯断、撕碎、掩埋。路断了，受灾群众出不来，救援部队进不去，汶川、北川、青川，映秀、汉旺、什邡……一个个重灾区成为牵动亿万人心的"生命孤岛"！

震后第二天，有记者沿着断路从都江堰爬进映秀，亲眼看见、亲身体验了这条进出映秀最重要的路如何惨不忍睹。那篇报道这样描述：

那几乎已没有了路，穿山隧道震裂坍塌，过涧桥梁损毁殆尽，大段大段的路基被震塌、被掩埋，巨石纵横，淤泥四泻，加之余震不断、滑坡频发、飞石如雨，艰险万言难尽。

山外，数万名救援人员、上千台救援车辆望路兴叹！山里，废墟下的幸存者、血肉模糊的重伤员、饥寒交迫的老人孩子苦盼援手！震中映秀，深深牵动着亿万民心。

……

道路每延伸一寸，官兵们都要经受生死考验。然而42小时生死时速，官兵们用生命和热血打通了都江堰至映秀45公里的生命通道……

从章诗琪那儿回来，苏成刚和几个老师一起坐在窝棚里，已经燃起了一堆火，映得每个人的脸都红通通的。可是，每个人的心，却是那样沉甸甸的。

一起坐着的还有一个姓胡的老师，新老师。他拿了五瓶五粮春酒过来，打开了三瓶，便有许多人挤进了窝棚。

谈着谈着，大家便谈到了章诗琪。

苏成刚狠狠地灌了几口酒后说："这么大的雨，那个孩子今天晚上恐怕挺不过去了？"

大家纷纷叹息。

酒喝完了，大家对视一眼，觉得需要再出去找点东西。这个时候，补充能量，让自己活下去最重要。

他们商量说，"我们还得注意形象，不要说人家普通百姓去找，你们老师也去找，但我们没办法，必须要找东西，所以，我们十二点去。"

十二点一过，几个男老师便带着工具出了窝棚。苏成刚手里拿的是一把剪刀，刘忠能拿的是手钳。在离街道很远的一个地方，唐永忠说，他知道那儿有烟。

楼房已经面目全非了，用力将卷帘门打开，果真看到很多烟。他们排成一个长队，一条条往后传。苏成刚递给刘忠能，刘忠能递出去交给唐永忠，唐永忠再往外传。可是，最后一个环节接烟的人，不是映秀小学的老师。烟传到了他们手里。等到苏成刚和刘忠能出来时，一包烟都没有了。

他仅找到一些水，还找到几盒散烟。再无任何收获，他们重新回到歇息的窝棚。

地震后的第二个晚上，在饥饿和寒冷中，挨了过去。

5月14日早上，天刚亮，实在太冷了，在窝棚里完全没有办法待下去了，谭校长对苏成刚说："学校食堂垮塌的那个地方，伙食工说里边有一箱火腿肠，还有大米、碗、锅这些。"

听了谭校长的话，苏成刚和几个男老师赶紧向食堂方向跑去。那个时候，尸体腐烂的味道，已经开始弥漫了。虽然从来没有闻过"尸臭"，可是，当气味飘来，所有的老师心里都一寒，他们知道这气味意味着什么。

在去食堂的路上，苏成刚绕了一个弯去看章诗琪。

苏成刚才爬上去，章诗琪便看到了他，精神不错，她先冲着苏成刚打起了招呼："苏老师，我睡醒了。"

"睡得好吗？"听到章诗琪的声音，苏成刚高兴地问："你醒了就好，你好好养一下神啊。"

"知道了，老师。"章诗琪的脸上浮现出一抹羞涩的笑。

苏成刚又安慰她说："待会我们来救你，待会你就能出来了。"

说完，苏成刚便从废墟上面翻过去。在翻的过程中，他和其他老师又一起呼唤其他的孩子。在背面的某个预制板的小孔里，他们听到了有人在说话。他们赶紧趴下身子安慰他们，让他们一定要坚持住，很快便会把他们救出来。

很快，苏成刚翻过废墟来到垮塌的铁皮上。这个位置就是学校的食堂所在地。苏成刚扛着一口大锅，其他的老师将一些碗、大米等搬回窝棚。女老师们已经打来了一些水。怕水不够用，趁女老师熬稀饭的空，苏老师他们又去打了一些水。

5月14日早晨，他们吃到了地震以来的第一顿饭，一人一点点，用碗轮换着吃的——稀饭。

没有人在乎这碗已经被人用过了，没有人在乎这稀饭见不到太多米粒，也没有人在乎是否已经吃饱……

5. 已经没有生命迹象了，停止救援

橘黄入眼的第一瞬间，他的心一暖，他觉得一下子就有了希望，有了力量。

废墟里有生命迹象的孩子已经不多了，老师们能救的基本上都救完了。

让她吃好一点，让她走的时候吃好一点。

他们不能吐，不能晕倒，不能逃离，因为他们是老师。

他们的心，为这气味，为更多未知的变数，揪结到疼痛，胆战到寒冷。

在被埋的第四天，被发现的第三天，她终于被成功救出。

她很有可能截肢。可是，能活下来已经是最大的幸运了。

已经没有生命迹象了，停止救援。

那时候的疲惫是致命的，因为没有了希望的支撑。

* * *

5月14日下午，前往映秀的路抢通后的第一时间，救援部队进入映秀小学。

董雪峰看到的第一支救援部队，穿着橘黄色的衣服，印着上海消防和安徽消防的字样。橘黄入眼的第一瞬间，他的心一暖，他觉得一下子就有了希望，有了力量。而在这一天的早上，镇上来小学救援的人已经多了起来。镇上自有的吊车和装载机也排除万难开到了学校的废墟上。

地震之初，董雪峰他们也不是没有考虑过用机械救援，可是，一是他们不具备机械救援的专业能力，二是整个映秀根本进不来任何大型救援设备，直到被震毁的路被一点点抢通。董雪峰常想，如果早一点使用机械救援，情况可能要好一点。因为15日时已经有了两台吊车，但是，那段时间里能救下来的人已经很少很少了，废墟里有生命迹象的孩子已经不多了，老师们能救的基本上都救完了。

来现场的，除了部队和医院，还有许多机关单位的领导。在救援现场，苏成刚见到了阿坝州吴州长，他和晓庆的爸爸非常熟悉。可是，那时候满心希望部队的到来能救出更多学生的他，完全忘了请吴州长带信出去的事情。事后许久，他和岳父聊到这些细节的时候，还懊悔此事，因为吴州长有电话可以通到外面。

这一天，救援基本上靠部队在进行了。老师们的任务就是在栏杆那儿拉一条警戒线，不再允许普通百姓去救。虽然大家很希望自己能上去救，但是老师们坚决执行部队的命令，因为他们觉得部队有经验、专业，效率会更高。对此，大家情绪很激动，但是，还算配合，没有第一天地震发生时辱骂老师的情况发生，因为他们看到了老师为学生们做的一切。

但是，这两支部队是徒步进来的，带的工具并不多，对那些大的预制板、大梁也没办法。他们进来也是像老师们一样挖。章诗琪依然没能被救出。通过

空隙和她的交流，递进去的水、火腿肠似乎都不能支撑起她生的意志了。

苏成刚很怕章诗琪会睡着，怕她一睡过去，再也不会醒来。他便不停地跟她聊天。有几句话，苏成刚记得特别清楚。

"苏老师，我的头发乱了，不好看了，你帮我理一下。"

"没事，还很漂亮的。"

"苏老师，我的裤子烂了，你帮我找一条裤子吧。"

"没事不怕，出来就有了，出来就有了。"

当具有丰富地震救援经验的上海地震救援队带着专业工具14日晚上赶到时，苏成刚又将救出孩子的希望寄托在了他们身上。

救援队员们顾不上休息，立即展开行动，当晚就成功救出三个孩子。可章诗琪被埋压的地形特殊，必须等到天亮以后救援。

又一次天黑了。在电瓶灯光的旁边，还搁着几具尸体。有一具纯粹是圈梁砸伤的，已经完全变形。还有几具，手都是半截的。看着便让人头皮发麻。苏成刚怕章诗琪看见这些丧失求生的意志，便故意将灯光越过她。可是，他猜想她是看到了的。

在苏成刚的印象里，章诗琪的最后一个动作好像已经绝望了。她一边用手刨身边的砖土，一边梦呓般地说："老师，你累了，饿了，你们去吃饭吧，我也要吃饭了。哎，我的筷子，我的筷子在哪儿啊……"

苏成刚背过身去，绝望已经让他没有办法继续面对章诗琪的脸。他叫唐永忠过来帮他照看一会，她现在已经有些神志不清了。

苏成刚将一个沙发垫子塞在章诗琪的身体下面，将衣服、外套搭在章诗琪的身上说："你好好睡觉，养足精神，明天早上就出来了。"

章诗琪说："好。"

苏成刚又说："你安心地睡，什么都不要想，安心地睡，什么都不要想啦。"

章诗琪还说："好。"

那时候，她的话已经很少啦。这个已经在废墟中坚持了三天的孩子对老师说："好，我睡觉，我闭上眼睛。"

回到操场，苏成刚和老师们一起帮着消防人员搭建窝棚，其他工作人员也在配合搭建，他们远比老师们专业。

那天的苏成刚还兼着统计的工作。救援部队救出的孩子和老师，活着的就安排在临时搭建的抢救点。死了的，就并排放在操场的草坪上。后来他在网上看到自己的一张照片，只照了他的一只手拿着一支笔，和政府的工作人员在一起核对名单。

那个时候，苏成刚看到了救援人员手里使用的海事卫星电话。有那么一刹那，他很希望用一下电话，打给自己的父母，晓庆的亲人，报声平安，也要告诉他们晓庆遭遇不幸。但是，最后，他没有用。打与不打电话，他曾有过挣扎，因为他看到了那部直通外面的电话是那么忙碌。而且在那种情况下，他不想因为自己的老师身份去搞特殊，虽然他跟掌管电话的人已经相熟。他没有开口。孰重孰轻？他自有权衡。

那天晚上，老师们采取换班制度，几个人分一组，几个小时一班。男老师配合部队救援，董雪峰、苏成刚、李永强三个人一组，每一个记录都要共同签字，之后，交给换班老师。

晚上十二点，苏成刚、董雪峰、李永强三个人坐在窝棚里休息。

可是，苏成刚脑子里却反复回想着章诗琪答应自己的那几句话"好，我睡觉，我休息了"。

离开章诗琪，走下废墟的苏成刚，站在那儿静静地看了她几分钟，他不知道她会怎么样。后来，李雪健老师拿着小半瓶矿泉水走了过去，苏成刚还有找到的雪饼。苏成刚对李老师说："你拿过去，让她吃好一点，让她走的时候吃好一点。"两个老师抬头对望了一眼，他们觉得章诗琪没希望了，熬不过这个晚上了。

李雪健回来时说："她在吃。"苏成刚不敢多问，李雪健又说："我跟她说，明天早上我们就来救你，部队的战士也会来救你。"

这个时候，尸臭味越来越重了。

刺鼻的尸臭味吸入胸腔，让人想要吐，想要晕倒，想要逃离。可是，他们不能吐，不能晕倒，不能逃离。因为他们是老师，还有那么多的孩子在看着他们，等着他们，寄希望于他们。

可以到医生那儿要个口罩戴上。口罩上面倒上一层酒，还能管点用，至少吸入的气味不那么刺鼻了。可是，酒精挥发完，再去倒酒时，已经完全压不住那刺鼻的味道了。

这些有着卫生常识的老师都知道，受到严重创伤的映秀，灾后防疫已经迫在眉睫，到处蔓延的尸臭味，有可能使水源污染，还有食品腐烂，苍蝇、蚊

子、老鼠占据废墟、垃圾堆、帐篷、厕所……如果不能迅速改变这一切，这越来越刺鼻的气味意味着的，是更多的死亡，是灾后难以避免的疫情。

他们的心，为这气味，为更多的未知的变数，揪结到疼痛，胆战到寒冷。

可是，他们必须继续工作，继续救援。苏成刚他们几个还在配合着对救出来的人做登记，谁还活着，谁抢救出来已经离世，就这样做着登记。

晚上十二点，在窝棚里休息的苏成刚和董雪峰，将登记的任务交给了刘忠能一组。在回电厂窝棚的路上，他们拿了一些干粮。开始有政府运来的干粮了，可是量很少，只能分着吃，一次吃一点。

幸运的是，他们在去窝棚的路上发现几块床板，一米五宽的床板。两个人高兴地扛到肩上，他们多想可以将身子放平睡一会啊！他们太累了，觉得自己随时会倒下。

一路上，两个人有一搭没一搭地说着话。董雪峰不解地问："怎么觉得你扛着的样子很轻松啊？我的这张比你的重吗？"

窝棚已经住满了人，有老师，有村民，根本没有他们可以睡觉的地方了。

两个人又不好意思将人赶走，虽说窝棚是他们搭的，而且也说得很明白，这个窝棚任何人都不允许睡，是给换班的老师休息用的。但是，看着一张张疲惫着睡去的脸，他们的心不忍了。干脆到火堆旁烤起了火。

可是火已经接近奄奄一息。他们又到废墟上找木板。苏成刚还找到一个沙发上的竹垫子，当时他说："这么好的垫子，可惜没用了，扔掉吧？"董雪峰看了一眼说："别扔，有用，拿回去吧。"

哎呀，铺上床板，铺上竹垫，虽说雨水一直在床板下流，可是，身子伸展开，平稳地躺下来的感觉是如此好。

董雪峰对苏成刚说："你先睡，你睡两个小时，我再叫你。"

刚挨到床板，苏成刚便呼呼地睡着了。董雪峰则在旁边不停地添着柴火，想让火再旺些，更旺些，将这天地间所有的寒冷驱走。

一觉醒来已是早晨5点多。苏成刚有些不好意思地问董雪峰："你怎么不叫醒我啊？"

"我看你睡得很沉，不忍心叫啊！"董雪峰又往火里扔了一块木板。

两个人就那样静静地坐在火堆旁，似乎说了许多话，似乎只是静静地彼此守候着，呆坐着。

已是地震的第四天，2013年5月15日。

帮部队准备柴油的苏成刚和董雪峰，看到刘忠能急急地向他们跑来。

"先吃饭，回去吃饭。"从刘忠能的脸上已经看不出疼痛的颜色。他的妻子和儿子，至今还没有找到。

苏成刚记得很清楚，他和董雪峰轮换着回去吃饭时，是余琴老师给他们舀的饭。饭很难吃，难以下咽。他们只好问余琴老师要一点盐放上，心疼他们的余琴找到了几根火腿肠，悄悄地给每个男老师切了很大一截，她悄悄地对他们说："你们累了，你们多吃点，多吃一点，其他的不要管，你们吃，吃饱一点。"

味道更大了，人已经有些受不了。不过传来了好消息。

5月15日上午10点20分，压住章诗琪的最后一根阻碍救援的钢筋被切断了。医生准备好了纱布、急救药品，武警战士准备好了担架，进入现场采访的记者则把镜头对准洞口……10点40分，11岁的映秀小学四年级一班的学生章诗琪，在被埋的第四天，被发现的第三天，被成功救出。

章诗琪被抱出来后，被立即转移到了简易帐篷里，等待的医生迅速查看伤口，她边看边叮嘱章诗琪："孩子，千万别睁眼！"在黑暗中待得太久的孩子，突然见到光亮可能会致盲。这个坚强到一滴眼泪都没有掉的女孩子，当医生给她被压得露出了骨头的小腿消毒时，她终于忍不住叫了起来："我疼！"

"你是个勇敢的孩子，这么多叔叔阿姨在救你，别怕，没事的！"医生安慰章诗琪。

"我想喝水，水……"章诗琪呢喃着。

那一刻的章诗琪并不知道，她的命已经保住了，却很有可能截肢。能活下来已经是最大的幸运了。苏成刚看着被送上直升机，带着人们的希望去成都治疗的章诗琪的背影，心里暗自感慨。

5月15日中午，部队在用生命探测仪对整个废墟进行探测。之后他们说："已经没有生命迹象了，停止救援"。

停止救援？

还守在废墟现场等待孩子们"回家"的家长们一下子就炸开了锅。

"可是我们的孩子还在下面啊！解放军同志，能不能再测测？或许，会有还活着的孩子！"

家长和老师们不敢相信这样的探测结果，他们还期盼奇迹发生。

可是，部队有命令，没有生命迹象时，就立即撤离，因为还有更多的废墟下的人等着他们去救援。

无奈！

很无奈！

干吗不救了？！

干吗不继续救了？！

映秀小学幸存下来的几个男老师瘫坐在学校的操场上。不知谁拿来一瓶酒，酒瓶在几个人中间递来递去，你一口，我一口。喝了酒，他们躺在窝棚的下面，一动不动，就那样躺着。

5月15日，有领导前来慰问。老师们的心里，都装着巨大的伤悲，为亲人的离去，为亲人的未知。

那时候的疲惫是致命的，因为没有了希望的支撑。

6. 把她弄出来那一瞬间，他哭得很无力

不要碰坏她啦，不要碰坏她啊！

把她弄出来那一瞬间，他哭得很无力。

喜欢美的她，一定喜欢躺在满是花朵的床单上，花香会让她睡得舒服一些。

原来心疼到极致，是没有眼泪的。

他知道，这一别，将是真正的永别了。

*　　　*　　　*

部队的救援结束了。

万般无奈的苏成刚，想起了自己的妻子。虽然已经有过两次努力，可是，他还是想把她"救"出来，他不能容忍自己作为丈夫却任凭妻子被压在废墟下，没有丝毫的体面和尊严。

刚到幼儿园，苏成刚碰到了指挥学院的学生兵，他们奉命在幼儿园实施救援。

苏成刚去找学生兵的领导。

"同志，求您了，求您把我的爱人挖出来。"满脸伤痛的苏成刚差点哭了起来。

幼儿园的马主任和马小玲老师都在那儿，他们帮着苏成刚说话："同志，这是我们小学的老师，请你们一定要帮他，帮他把她弄出来。"

被感动的学生兵，很快来到了埋着程晓庆的废墟前面。

晓庆的手机已经挖出来了，可是，她的人还是挖不出来。苏成刚看在眼里，痛在心里，他在心里祈祷奇迹发生，嘴上也不停在哀求："不要碰坏她啦，不要碰坏她啊！"

五个千斤顶都用上了，都被压坏了，最后，压在晓庆身上的圈梁被撬开了。晓庆回到了苏成刚的面前。

把她弄出来那一瞬间，苏成刚哭得很无力。他想扑过去，想去抱她。可是，指挥学院的学生兵死死地将他拉住，不要他碰。

晓庆被抬出来了，在事隔四天之后，终于被抬出来了。

苏成刚连滚带爬地找来幼儿园被砸坏的一张床。他让学生兵把她放到床上。他爬进一个要倒塌的房子里找到了一床较新的被单——碎花被单。虽然有点湿，可是，他还是想把她盖上，他知道喜欢美的晓庆，一定喜欢躺在满是花朵的床单上。花香会让她睡得舒服一些，心情美妙一些。

幼儿园园长也在现场，她帮着苏成刚将晓庆裹好。他们还用防水雨布将晓庆又裹了一遍。

那一刻，苏成刚突然就哭不出来了，原来心疼到极致，是没有眼泪的。

妻子的手机就握在手里，可是，手机的主人却和自己从此阴阳相隔。

手机没有损坏，轻轻一触，还能打开。苏成刚赶紧用笔抄下晓庆手机上的几个电话号码。刚抄完，手机再也打不开了。

苏成刚将红色的滑盖手机留在了妻子身边，虽然雄鸡的啼鸣再也唤不醒妻子，但苏成刚知道，妻子是个勤快人，到了那边，她也会"闻鸡起舞"的。

苏成刚还抱着晓庆的包。拿到晓庆的包之后，他将它交给了中心小学的卿老师保管。他对她说："这个包对我相当的重要，你无论如何，帮我保管好。"

后来，卿老师只要见到苏成刚便对他说："你放心，无论如何都不会把你的包弄丢的。"这样的情谊，让苏成刚感动不已。

停止救援的 15 日的下午，一个老婆婆，一直在各个废墟点发黑布条。按照当地风俗礼仪，黑布条要缠在遇难者的身上。

按照老婆婆的指引，苏成刚从幼儿园园长那儿借来笔和膏药，在膏药上详细地写明：她是谁，他和她的关系，他的电话是多少。贴在上面，里边贴了，外边也贴了。

做完这一切，苏成刚依然不能放下对妻子的依恋。他凭借大体印象，找到

了以前卖香蜡的铺子。在铺子的废墟里面，找到一些香。路上，又有好心人给了他一把。

香的烟氤氲地往上飘着，扶摇着向空中而去。蹲在晓庆的身边，苏成刚突然不知道自己还该干些什么。他定定地看着裹成一团的妻子。他知道，这一次，将是真正的永别了。

第六章　留与走

——承载着心照不宣的伤痛

1. 没有生命迹象了，也总要把遗体挖出来吧

原本"热闹"的映秀小学突然安静下来。他坚守在这样的安静里面。

没有生命迹象了，也总要把这些小孩的遗体挖出来吧。

娃儿出来了，不管死活都要用衣服把他包回家。

女儿一只眼睛可能保不住了！没事，只要她还活着！

映秀小学更大的悲痛，在一个预制板背后，被残酷揭开。

地震后的第 12 天，所有遇难的老师和学生都被清理出来了。

翻山越岭 4 天，只为找到他的二哥，替他们料理后事来了。

整整 10 天，被埋 10 天，儿子的身体依然很完整，是完完整整的遗体。

墓穴很大，他怕儿子害怕，他还要去找自己的妻子。

请给她一个完整的身体。这样，在去天堂的路上，年幼的儿子不会认错自己的妈妈。

*　　*　　*

5 月 15 日下午 3 时，映秀小学。

负责在此搜救的安徽消防支队与上海消防支队向守候的家属表示，经过生命探测仪多次对废墟探测，已经确认没有生命迹象，现在必须先抢救活着的人，他们奉命要转移到其他现场去。

家长们最后一丝希望破灭后，一一离开。

那一刻，还没有准确统计出中心小学有多少学生和老师的生命丢失在这片废墟之中。有寻找孩子的家长说，遇难的师生至少有两百人。事实上，在地震

127

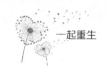

发生时在映秀小学的 47 名老师中 20 人罹难，473 名学生痛失 222 名，学校所有固定资产，皆毁。

一个不甘心的家长还在废墟上大声呼喊着孩子的名字，两个家长在旁边焚烧孩子的衣服——根据当地风俗，孩子死亡后，要把衣服和他们一起火化埋葬。

香烛缭绕、烈火熊熊，堆满遇难孩子遗体的学校操场中央，头发和胡子一夜间花白的谭国强躺在那里，一动不动，仿佛死了一般。

"为什么不愿离开这里？"有记者问谭国强。

"我这有几百名学生，几十个老师。活的不可能再有了，死掉的我想尽量看到他们。"谭国强这样回答。

说完，两行泪珠顺着脸颊滚落，让人不忍再问。

他和其他老师一样，在面临是救学生还是亲人的命题前，一遍遍冲到倒塌的教学楼边，寻找和营救被埋的师生。整整三天三夜，他都没有离开过学校。而他的妻子与岳母就被压在距学校不足一百米远的一幢居民楼里，他却没有过去看一下。

因为缺水断粮，并且担心发生瘟疫，镇里的人大多都选择了外出撤离，包括学校里幸存的老师和学生。原本"热闹"的映秀小学突然安静下来。谭国强和刘忠能坚守在这样的安静里面。

去哪呢？出去的意义是什么呢？

刘忠能没有走，是因为他不甘心，他的良心在受到谴责，他还没有找到自己的妻儿。

面对大片的废墟，他欲哭无泪，即使他想向已经死去的亲人跪拜，都找不到准确的方位。

谭校长劝他："走吧，还是出去吧，万一真的有什么事情发生怎么办？"

"无所谓了，现在就我一个人了，家人都离我而去了。即使发生什么事情，现在也没什么挂念的了。我不走，我坚决不走，因为我还要找孔丽和思宇，我不能丢下他们。"刘忠能的脸，因为悲伤、雨水以及灰尘的侵袭，已经看不到一丁点的神采。

揉揉已经涩至干疼的双眼，刘忠能接着对谭国强说："假设我们把这里的废墟清理完了，必须走了，这条大道却不通了，我们出不去了，我们就翻山走。我留下来，您好歹也有个伴。"

谭国强重重地点头。

"没有生命迹象了，也总要把这些小孩的遗体挖出来吧，不可能永远都埋在废墟下面吧。"刘忠能这样想。这样想的他，又回到了废墟上，寻找可能会有的生命。

此时，政府组织了一些人到学校来清理废墟。因为留守在此的谭国强和刘忠能对学校地形十分熟悉，整个清理废墟的队伍便随着他们行进在各个角落。

虽然学校现场只有一辆吊车和一辆推土机，但是，随着志愿者的增多，参与清理废墟的人也越来越多，后来徒步进来的部队也逐渐增多。刘忠能突然有种预感，他就要见到他日夜想念的妻儿了。

5月16日早晨，谭国强和刘忠能一人背着一桶山泉水，艰难地爬上一个小山坡。路上总是碰到和他们打招呼的人。但是，他们的头很低，他们觉得没有什么好说的。因为他们心里有愧疚，对家人的愧疚。

回到临时搭建的窝棚，有人帮他们盛了粥。接过饭碗，他们一声不响地低头吃了起来。两个小时后，传来映秀小学又一名幸存学生被发现的消息。他们飞一样地跑回了学校。

这个幸运的女学生，名字叫尚婷，是映秀小学最后一名被救出来的幸存者。发现她的，是一位83岁的老阿婆。

老阿婆叫朱群学。地震时，她的孙子叫吴明玲，8月就满13岁了，在映秀小学读五年级，和几百名同学一起被埋进了废墟。

老阿婆就是觉得能找到孙子。16日早上6点，她又背着竹篓来到学校。她把长满老茧的手伸进倒塌的砖头、水泥块、预制板缝隙中寻找孙子。竹篓里是孙子的衣服和一块白布。她说："娃儿出来了，不管死活都要用衣服把他包回家。就是死了，我也要找到他，把他挖出来，埋在他死去的爷爷身边。"

在坍塌的楼梯斜顶下，她发现一个空洞，伸手进去一摸，发现有很多叠在一起的孩子。第一个是一个死去的孩子，又往下摸，发现了另一个死去的孩子。随后，她摸到了一个活着的孩子。

刘忠能奉命前往映秀湾电厂宿舍寻求部队的支援。接到消息的济南公安消防支队救援人员，迅速赶到学校。

下午3点，孩子的母亲刘顺秋听说了小学发现幸存孩子的消息，立刻向学校飞奔而去。她10岁的女儿尚婷是映秀小学四年级二班的学生。刘顺秋在赶往学校的路上听到消息，被埋小女孩还能说话，还说自己姓尚。刘顺秋顿时有

了强烈的预感：那很有可能是自己的女儿！

下午5点30分，经过连续作业，小女孩被救出来了！刘顺秋一眼就认出了孩子身上那件黄色的衣服——正是地震当天女儿离家时穿的那件！

孩子的一只眼睛因为受伤已经腐烂化脓，一条腿也受了重伤。可是，她见到妈妈说的第一句话是："妈妈，爸爸还好吗?"一家三口见面，刘顺秋哭着对丈夫说："女儿一只眼睛可能保不住了！"丈夫尚万平说："没事，只要她还活着！"

那一刻，作为一个灾难的亲历者，一个亲情的旁观者，刘忠能泪如雨下。

尚婷被救出的第二天，映秀小学更大的悲痛，在一个预制板背后，被残酷地揭开。

在清理废墟的过程中，刘忠能和谭国强一边挖学生，一边辨认，同时还要做好记录。每出来一个学生或老师，都要进行尸检，提取DNA样本。每一个，都要经他们仔细辨认。这面对面的伤悲，是残酷的。可是，他们得忍受。

但是，当吊车将摞在一起堆积了许多层的预制板挪开时，刘忠能和谭国强"扑通"一声就跪在了那儿，他们再也控制不住自己的情绪，泪水再次决堤，滚滚而出。

在这些预制板的下面，全是小孩，横七竖八的，足足有80个小孩，就在楼道的那个位置——离操场最近，却最终被地震无情湮没的位置。

80个孩子啊。整整80个啊。刘忠能和谭国强一个一个去辨认，一个一个地写下他们所在的班级和名字，一遍遍地用悲痛这把利刃，划开自己的胸膛，划到鲜血淋淋，划到不能自愈。

在这样的伤悲里面，刘忠能有吃的就吃点，没吃的就不吃。口干了，捡起路边被丢弃的矿泉水喝一口。困了，就在废墟旁边稍微休息一小会。没有洗过脸，没有洗过脚，也没有换过衣服。他们基本上没有真正休息过。从太阳初升到夜里三四点，他们像被打了鸡血的两个机器人，连轴转。正是在这样的疲惫和忙碌中，他们能暂时忘掉一些沉积于心的伤悲。

脚上的皮鞋已经烂了，脚被磨出了几个大水泡，一走动，就钻心地疼痛。

那几天，刘忠能不光要清点遇难的师生，还要来来回回给前来清理废墟的部队、志愿者带路、指点。哪个废墟下可能还有人，哪里还需要清理，哪里能协调到吊车用的汽油。来来回回地走着，脚上的水泡被磨破了，磨到肌肉层了，血已经渗不出来了……来来回回地跑，仅仅从映秀小学到张家坪，一天有时便要跑十几趟。

在这个过程中刘忠能发现了一双别人丢弃的棉鞋。他迫不及待地穿在脚上。5 月的映秀，雨停后的映秀，天气一下子就热了起来。可是，这双棉鞋一直陪刘忠能到 5 月 24 日。穿上棉鞋的那一刻，他将已经烂了的皮鞋远远地扔掉，像是扔掉邪恶的悲伤，扔掉不见天日的阴霾。

在现场，最常见的是白酒，基本的功能不是使人麻木忘掉悲伤，而是消毒。可是，刘忠能管不了那么多，他太累了，他的心也太累了，几十分钟便喝口白酒，只有这样，他才觉得自己能支撑下去。

5 月 19 日，挖掘机开到了映秀小学，开始对教学楼进行挖掘。

刘忠能就坐在楼板上，他不停地对司机师傅说：“不要把这些压着的人挖坏了啊，不要挖坏了啊。”

好心的司机师傅回应他说：“我会当心的，你放心吧。”

挖掘机小心翼翼地一寸一寸地前进，坐在废墟上指挥的刘忠能，心痛难忍。那一刻，他突然害怕见到日夜想念的妻儿，因为他不知如何面对他们。

朝夕相处的 20 个老师，他亲眼看着他们还有他们的亲人，一个个被清理出来。

可是，当挖掘机和吊车到来，越来越多的孩子的尸体被清理出来时，刘忠能遭遇到了诘难。

家长们开始闹情绪，他们在骂老师，他们觉得老师在地震的那一刻，处理不当，没有把孩子们安全送出来……刘忠能眼泪又掉下来了，这一次是委屈。这么大的自然灾害，老师也没办法，老师也一样付出了生命，走了那么多的老师啊！他自己，也失去了亲人啊！

坚守的那几天，心里承受的压力竟然超过了地震最初的那几天。

天越来越热了，尸体的气味越来越重。刘忠能戴两层口罩，每层口罩上面都抹一层清凉油，再浇上一层白酒。可是，气味还是直钻心肺，难以遏制地让人想吐。最好吐得干干净净，因为什么都没有了。刘忠能无数次这样想。可是，他却需要拼命忍住。

许多让他感动的志愿者就在身边，尤其是从山东来的三个人，夫妻两个和一个十七八岁的孩子。他们和刘忠能一样，不停地在废墟上面挖。从进来的那一天起，他们便在小学的现场这样挖着。一件黑色的短袖已经穿得很脏了，妻子在衣服的后背上写了这样几个字：决不放弃一条生命！18 日的时候，因为

他们的衣服、鞋、裤子实在太脏了，救援物资送到后，志愿者每人有一套迷彩服。志愿者夫妇却说什么也不要，孩子领了一套。

他们说："我们到这个地方是来救援的，我们不需要援助，把这些东西留给灾区最需要的人吧。"

刘忠能有些不忍心，他劝道："救援队员也要有穿的呀！你们从早到晚一直在废墟上，叫你们休息一下也不肯，我很感动，也很佩服你们。你要收下我们心里才好受啊！"

即使这样，他还是将爱人给他领的衣服退了回去。

这三个山东人让刘忠能敬佩不已。他十分感谢全国各地来到映秀小学的志愿者。他们的到来，让他和谭校长可以轻松一些。比如做饭这件事情。在刘忠能的请求下，政府安排了一个小女孩给他们煮饭。这个小姑娘在家里应该是没有煮过饭的，但是，她还是每天坚持把饭煮好。有时候，刘忠能和谭国强晚上两三点回去时，还能吃上热乎乎的饭。那样的感觉，让心里一下子温暖起来。

部队是24小时救援，三班倒。刘忠能和谭国强就两班倒，12小时一换。

5月24日，地震后的第12天，早上8点半，映秀小学的废墟清理完毕。所有遇难的老师和学生都清理出来了。

太阳出来时，刘忠能和谭国强到山沟里用冷水冲了一个澡。将身上穿了十几天的脏衣服脱下来，换上了一身干净的迷彩服。这个时候，他们才意识到，他们重新回到了人间。

在坚守的过程中，刘忠能遭遇了太多。不管遭遇多少诘难、伤痛、疲惫，他都能忍受。但是，当他见到翻山越岭4天，只为找到他的二哥时，一瞬间，还是像个孩子一样，委屈地哭了起来。

地震的第二天，二哥便从茂县老家出发。背着干粮和简单的铺盖，吃住就在路上，足足翻山越岭走了4天，5月17日下午到达映秀。与他一起出来寻找亲人的，还有几十个老乡，最终到达映秀的，只有3个人，其余的，都因路途的艰险半路折回了。

当映秀镇出现在眼前时，昔日风景如画的小镇让人再难相认，到处是废墟、断垣、残壁、悲伤的脸……二哥心里一凉，他觉得弟弟一家人没有生的希望了，他来替他们料理后事。

心急如焚的二哥不顾路途的疲惫，一路小跑到了映秀小学。可是，他没有见到他最想见的人。莫非自己的预感成真了？二哥急急地向可能知道弟弟下落的人打听。幸好，弟弟刘忠能只是刚刚领着清理废墟的人离开校园，一会就会回来，一会就会回来！

刘忠能回到校园，一个大汉突然横在眼前抱住自己。他认出了自己的二哥。一瞬间，他再也控制不住情绪，像个孩子一样，"呜呜"地哭泣。

"好了，好了，你这不是好好的吗？"二哥安慰弟弟。

"可是，他们都没了。"刘忠能伤心到快要说不出话了。

"你还在呢，你在就好，你在就好啊！"二哥的眼泪也止不住地流了出来。

在废墟上不停挖掘的刘忠能一直担心自己的家人。在汶川的岳父岳母没有消息，在茂县的家人没有消息，在水磨的弟弟没有消息，在废墟里的妻子儿子没有消息……他觉得自己像被整个世界抛弃了一般，无助、无奈。那时候的他，觉得自己脆弱极了，想找一个人依靠。他还曾幻想，如果这个时候，有自己的兄弟姐妹亲戚朋友在身边多好啊！至少他们可以帮一下他，至少能给他一些安慰。

那是一种怎样的心情呢？事隔许久，刘忠能想来，依然神伤不已。自己一辈子的眼泪怕是在那几天都流完了。眼泪流得太多了，是不是就哭不出来了呢？可是，5 月 22 日，见到儿子的那一刹那，刘忠能还是崩溃了，哭了。

那天是凌晨，在废墟里挖掘出来的尸体里，刘忠能看到了熟悉的那张稚嫩的脸。

什么话也没有，他一下子就瘫倒在了儿子的身边，眼泪"哗"地一下流出来，表达着他所有的情感。

整整 10 天，被埋 10 天，儿子的身体依然很完整，是完完整整的遗体。痛哭过之后，刘忠能陷入深深的自责：儿子当时是不是没有被压着？那个地方是不是还有空间？如果他们去救，能够发现这个地方去救，儿子是不是能被救出？

儿子的表情没有痛苦，是一脸的期望。那么小的孩子，才刚刚 6 岁的孩子啊，是不是在废墟的下面，一直渴望爸爸能来救他？是不是坚持了两天甚至更长的时间才去？是的，刘忠能看到儿子的表情时就是这么想的，他一定渴望爸妈去救他。而这，成为刘忠能终生对自己的谴责。

儿子"救"出来了，像每一个被迫离去的人一样，也要进行尸检。刘忠能恳求法医："我想保留一个完整的尸体，可不可以让我保留他完整的身体？"

133

法医同情他,答应了他的"私求"。同样是父亲,他深深懂得这个因地震沦陷了家园的男人的悲痛。

深夜两点,刘忠能和哥哥将儿子抬到山上。他找了一个绿树环绕的平地,给儿子挖好墓穴。墓穴很大,他怕儿子害怕,他还要去找妻子孔丽,他相信,妻子也会乐意陪着儿子一起在天堂。

他将儿子身上的玉佩取下,想留作永生的纪念。

在做这一切的时候,他不停回想着儿子刘旭思宇的乖巧可爱,想他说过的话,想他笑起来的模样,在床上独自睡着的模样。想他们一起做过的事,许过的愿,去过的地方……想他的一举一动。而这所有的美好,因这场意外的灾难,都永远被封存在了刘忠能对儿子的记忆里。

终于开始清理宿舍楼的废墟了。刘忠能的心紧张到快要从嗓子眼里蹦出来。

五层的宿舍楼已经完全塌陷。因为一楼沉于地下,所以,二楼变成了一楼。原本四楼的刘忠能的家,此刻就在那一堆废墟里面,难以辨认模样。而妻子孔丽,就静静地躺在那儿,等待着自己的丈夫。

怕刘忠能情绪失控,二哥一直紧紧地拽着他的胳膊。

因为全是废墟,唯恐将孔丽碰到的刘忠能又一次乞求:"挖的时候,从外面慢慢往里挖。不要直接去抓啊。那样抓,很容易把身体抓坏的啊。"

两个小时之后,孔丽身上的废墟被挖开,她安静地躺在沙发之上。她走时,身底下还柔软吗?感到冷了吗?再一次瘫在地上的刘忠能话说不出,泪流不出,路也走不动。

妻子留给刘忠能的记忆,刹那间便翻滚了出来。曾经的恩爱、温暖,像电影一样,一帧帧地呈现在刘忠能的眼前。一起买菜,一起上街,喜欢打打麻将的妻子,央求刘忠能帮她打一会,他不去时,她便会撒娇"就打几把嘛"。上了一天的课,十分疲惫的他回到家,偶尔有些小脾气,她便开导他,说年轻人嘛要怎样怎样,不可因为一丁点的疲惫而丧失斗志哟。承担了所有家务的妻子,其实也有非常繁重的教学任务,一天四五节课是最平常不过的了,她也很累,可是,她从未有过怨言。对于这个家,她付出的,远远超过刘忠能。结婚后的刘忠能,连双袜子都没有买过,全是妻子打点和操办……可是那一刻,更深的自责是,她在时,他竟然那样孩子气,相信妻子打点这一切是应该的、心甘情愿的、不疲惫的。他其实可以做得更好一些,对她更好一些,更疼爱她一些。可是，一切没有可能逆转。就像幸福，失去了就是失去了。重新寻得的幸福，怎么会和当初一样？

刘忠能再次央求法医，请给妻子一个完整的身体。这样，在去天堂的路上，年幼的儿子不会认错自己的妈妈。

签了字，刘忠能和二哥将孔丽抬到山上。

"儿子啊，爸爸将妈妈给你送来了，你等着急了吧？"

"老婆啊，儿子在前面等你呢，你可要走快一些哦，一定要快些追上儿子哦。"

"儿子，在天堂里要好好听妈妈的话，不要调皮，不要惹妈妈生气。想爸爸了，就到映秀看一看。爸爸还会在这里，爸爸会一直在这里，因为爸爸要陪在你们安息的地方。"

"老婆啊，你别太难过了，你哭鼻子的样子我不喜欢哟。我们还会再见面的，只是需要一些时间。到了那边，想我了，就托梦给我，我就来山上看你，陪你说说话。春天，我会给你摘你喜欢的野花。夏天，我会给你送来你爱吃的樱桃。秋天，我会给你写你想听的诗。冬天，北风怒号也阻挡不住我来看你的脚步。你要放下心啊，我会好好疼自己的，我会好好活下去的。我会再次鼓起勇气的。生活，不是需要生生不息地去往未来的吗？"

……

妻子和儿子合埋在一起。刘忠能给母子俩立了一块碑。他久久地跪在那儿，一遍遍谴责自己没有尽到做父亲和丈夫的责任。

二哥在一边安慰他，说他尽心了。因为知道废墟下已经没有希望，但他没有放弃她们，一直坚守到找到她们，坚守到将她们合埋在这春暖花开时，风景秀美的地方。

5月25日，刘忠能和谭校长搭上一辆货车离开映秀，往都江堰的方向去。回望此时此刻苦难的映秀，两个人悲伤至极，默然无语。他们不想离开这片承载了近乎他们生命中的一切的土地，哪怕仅仅是短暂的离开。但是映秀之外，还有他们的亲人，地震波及的范围太广了，他们要去看看其他亲人的情况。

这时，天又下起了大雨，刘忠能和谭国强坐在车顶，被淋成落汤鸡。一路颠簸，车到郫县。

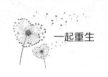

2. 他意识到，自己是一个不折不扣的灾民了

这样巨大的自然灾害，让许许多多善良的心，揪结和联系到了一起。

废墟里有知的母亲，该是最想听到儿子平安的消息吧。

几秒钟的时间，他便成为没有母亲，没有妻子，没有儿子的人了。

那是地震的味道，一钻进鼻子，心里的恐怖、反感、沮丧、失落便全蹿了上来。

字字泣血，字字泣泪。

可是，这样的疼痛却不是短短 5000 字能说清、说透、说轻松了的。

这 500 元是他接到的第一笔陌生人的捐款，他的心里隐约有一些不自在。

他意识到，自己是一个不折不扣的灾民了。

*　　　*　　　*

映秀，5 月 15 日中午，迎来了两位步履蹒跚相互搀扶着的老人。

两位老人 14 日从都江堰出发，整整 24 个小时之后，他们才见到了想见的人。可是，最亲的女儿和外孙，却永远见不到了。

地震来袭时，董雪峰的岳父正陪着岳母在都江堰的医院里做血液透析。血液还没有完全回到身体，大地开始剧烈震动。幸好都江堰不是震中，在一片慌乱中，两位老人万幸都没有受到伤害。

可是，去映秀的所有路都断了，他们想映秀的女儿女婿，担心他们，暗暗祈祷映秀的情况会好一些。在都江堰等待了两天，得知通往映秀的路可以通行了时，两位老人迫不及待地踏上了寻亲的路。

一路上，遇到的全是一眨眼工夫成为灾民的映秀人。他们的心一阵阵发紧，他们不敢往坏的方面想，他们不知道自己的女儿女婿怎样，他们只是加紧脚步，只是想早点见到亲人。

走到阿坝州铝厂的时候，天便黑了，不能再往前走了，因为地震导致的泥石流、断崖处处可见，在没有光亮的夜晚，没有人能说清会发生什么。就在那样的凄风苦雨中，两位老人相互依偎着，度过了漫长而又煎熬的一个晚上。

天刚亮，他们便又互相扶携着往映秀走。一路跌跌撞撞，他们终于看到了没有倒掉的映秀小学的旗杆。他们以为有奇迹。可是，除此之外，整个小学，已是一片废墟。

他们急急地走进校园，他们见到的第一个人是校长谭国强。这个人应该知道女儿女婿的情况。他们满含期待的目光迎上的，是谭校长黯然而又自责的目光回应。

他们懂了，忐忑不安地在校长安排的安置点等待女婿。

校长派人到学校后面叫董雪峰。急急跑来的董雪峰，突然不知道如何面对老人。岳母有病，女儿和外孙都没有了，怎么对他们说？当初娶人家的女儿时，是承诺了要一辈子保护、呵护的啊。可是，不足十年，上天却跟他们开了这样残酷的一个玩笑。

还没到安置点，路上有几个女老师便拦住了董雪峰。"别太难过，我们都将情况给老人家说了。老人的状态不是很好。你要坚强啊！"

同事的话让董雪峰的鼻子一酸。他跑到老人面前，话还没有出口，眼泪便止不住流了下来。岳父强忍着泪，拍着董雪峰的后背说："好孩子，不要太伤心了，不要太难过了，发生这样的事情谁也想不到，只要你还活着就好，要多注意安全啊，要好好活下去啊。"

岳父的话让董雪峰的眼泪又喷涌而出。他努力止住泪，在老人面前他必须坚强。刚才那一刻的情绪失控，除了伤心自责，更多的，是身为老人的孩子，可以在老人面前宣泄而出的委屈。他其实也是父母的孩子，他也想找个依靠，痛痛快快地说说自己的苦闷和伤悲。可是，除了那一刻，他要一直坚强地面对所有人。除了坚强，他别无选择。

给岳父岳母端来两碗面后，董雪峰就静静地站在老人的身边。

那是一个漫长的午间，雨已经停了，在太阳底下曝晒的尸体已经发出了难闻的气味。就在他们站立的地方，还摆着三具遗体。因为家属用了许多层棉絮将遗体包裹，棉絮的上面已经渗出水。董雪峰一直在犹豫要不要带老人去看一眼孩子。妻子还不知道埋在废墟的哪个地方。

这一天中午，为了防止灾后疫情的发生，政府要求所有遇难者的家属签字，同意由政府统一处理遗体。

董煦豪还"睡"在操场的草坪上。这种情况下，董雪峰到哪里找一块太平的地，将儿子埋了呢？一切都乱哄哄的，一切都焦躁躁的。没有办法，他签下"同意"二字。

此时，政府已经强制要求所有非外来救援人员离开灾区。政府的工作人员反复劝导董雪峰，不看别的，为了两位老人，也要离开这里，这是他为人子女

的最大孝道。

谭校长也劝董雪峰："人都走了，把活着的人照顾好，才是为人子女的本分。"他还安慰董雪峰，如果汤老师找到，他会好好安置的。

第一批撤离人员午饭时离开了映秀。下午4点，万般无奈的董雪峰，看到岳母的状况越来越不好，有点担心如果自己固执地继续留在映秀，而两位老人肯定也要坚持等到女儿"回来"，老人家或许会死在映秀。

想到这儿，他不敢再往下想了。他劝说岳父岳母离开。

一步三回头，三个一样蹒跚的身影，离开还在承受着苦难的映秀，离开还在废墟里"期盼着见到亲人"的妻子，离开已经熟睡到不再知道任何痛苦的孩子。

背上的编织袋里，装了可能会用到的手电筒、弯刀，好心的同事还塞进去一些干粮。背着这些东西，搀扶着两位老人，董雪峰的心里有说不出来的苦涩。何曾想过，有一天，他是以这样的面目行走在广阔天地间啊。

一路走得还算顺利，很快便到达阿坝州铝厂。在那儿，三个人坐上了驶出地震重灾区的拖船。因为一个拖船上面坐了400多个人，本就行驶得很慢的船，速度更快不起来。拖船下面便是水，人不能坐只能蹲着。董雪峰的腿因为膝盖处的红肿和伤痛，没有办法蹲。忍着疼痛，一站便是5个小时。

拖船到达都江堰紫坪铺大坝白沙岸边时，天已经黑得伸手不见五指。

岸边停了许多救护车，董雪峰向管事的医生讲了岳母的病情。医生一听，赶紧让老人躺到唯一的一张床上，给老人输上氧气的同时，又给董雪峰他们三个人发了一些吃的和喝的东西。询问中得知，是成都市第六人民医院的救护车，这些医生一直坚守在转移伤员的第一线。和董雪峰一样，他们也一直未能休息。这样巨大的自然灾害，让许许多多善良的心，揪结和联系到了一起。

车到都江堰，董雪峰在幸福大道下了车。他给岳父留下了父亲的电话，他觉得老人们待在医院应该是安全的，他让老人到医院后便打电话报平安。

昔日的都江堰幸福大道曾有多么繁华的美丽景致啊！

幸福大道是都江堰市的主干道，年初刚刚实施了亮化改造。最漂亮的又最有特色的，除了道路两旁笔直的银杏树，便是古色古香的公交候车亭和人行道的人造小溪……外地人来都江堰，都喜欢在幸福大道上走走，拍照留念。可是，回到人间的董雪峰，看到的幸福大道，已完全变了模样。

天黑得伸手不见五指，到处都是帐篷。所有的一切，在董雪峰看来都那么陌生。他根本找不到他曾经认识的路，包括他曾经进进出出都江堰必经的客运中心。

终于走到离他家很近的一家银行，见到几个值勤的警察，他跑上去问："怎么路上没有人啊？幸福大道上人最多的啊，人都去了哪儿了啊？"问完他才想起，已经是深夜了，这么晚到哪儿找人呢？他请求警察帮他给家里打个电话，这么多天了，他的家人还不知道他是否平安。

打的是母亲的手机，接电话的却是妹妹。

妹妹第一句话是："哥，你回来了？你们几个人回来的？"

董雪峰回答说："你别问了！"

妹妹停顿了一下说："哥你快来吧，我们在中医院。"

中医院？董雪峰心里一惊。这么晚了，他们在中医院干什么？

一种不祥的预感涌上心头，董雪峰赶紧转身往中医院跑去。可是，刚跑过街拐角，一个值勤的警察拦住了他："干吗的？跑这么急？"

董雪峰的装扮和灾民气息，让警察相信他不是流窜人员。

一路上，穿行在四处垮塌的楼房中间，死寂的大街只有他沉重的脚步声，董雪峰的心里有说不出来的惶恐。

走到十字路口时，终于见到了路灯。在路灯的不远处，妹妹正焦急地来回踱步，接应自己的哥哥。

一到医院，董雪峰见到了太多的亲人：父亲、八姨父、三姨父。这时候他才知道，自己的母亲被埋在了医院里面。

母亲身体好好的，怎么会跑到医院？

原来，董雪峰的舅妈生病，就住在中医院。因为舅妈家里的经济条件不是很好，母亲去医院替她结账。母亲是老大，只有一个弟弟，所以，对弟弟和他的家人一直很疼爱、很照顾。

地震时，父亲和母亲，一个在家，一个在医院。母亲、三姨和舅妈一起被埋在了医院。幸运的是，第二天早上，三姨和舅妈便被救了出来。舅妈一点伤都没有受。三姨的右手受到砸压，医院先是考虑截肢，后来保守治疗，保住了右手，只是活动不是很方便，落下了残疾。但相比母亲而言，她们是多么的幸运。

凌晨2点多钟，开出租车的三姨父将董雪峰带到了他家。洗了脸，洗了头，董雪峰才慢慢恢复一些生气。

已经睡了的八姨，看到董雪峰回来，起来给他做饭。这是董雪峰在地震后吃到的第一顿有菜有肉的可口饭菜。

一晚上没睡的几个人，听董雪峰给他们讲发生在映秀的事情。从未想过，也一直以为离自己很遥远，却真实发生着的事情。

16日一早，董雪峰便和父亲一起站在中医院的门口等自己的母亲。

父亲告诉他，昨天下午，母亲的包从废墟中被挖出来时，手机在包里，还有些电，还是好的。可是，谁承想，半夜电话响了起来，是母亲疼爱的儿子打来的电话。母子连心，废墟里有知的母亲，该是最想听到儿子平安的消息吧。

这件事情让董雪峰的父亲无限感慨，他将妻子的手机递给董雪峰说："这是你和你妈妈的缘分，你今后就用这个手机吧。"

接过手机，董雪峰已泣不能语。可是，灾难从不同情人们的伤悲。等了整整一天，董雪峰没有见到自己的母亲。

中途，有医生曾让他去辨认抬出来的几具尸体。看了以后都不是母亲。

已是5月17日的凌晨，母亲终于被救了出来，从废墟中挖出来的母亲，可是却已天人相隔，医生做了简单的处理，母亲被连夜送到了火葬场。

这是董雪峰第二次到火葬场。惨淡的景象让他终生难忘，被震歪的大门，裂了缝的地面，里面悬着几盏说亮不亮的灯，大厅两边摆满了尸体，都已经发臭了，整个空气中弥漫着一种让人窒息的味道。

殡仪车上共有五具尸体，董雪峰要一袋一袋地拉开去找。找到第五袋时，才看到了不到一周便阴阳相隔的母亲。那个时候，见到了太多死去的人，他也不害怕了。母亲身上的肉已经腐烂了。可是，手上的玉镯还完好无损。父亲说，拿下来做个纪念吧！董雪峰想了想说："不，让妈妈带走吧。"

找到了母亲，董雪峰去找火葬场的领导，说了许许多多的好话，才将母亲连夜火化。

都说入土为安，董雪峰不知道自己这样做，母亲走得是否心安。将母亲的骨灰捧在怀里，他的悲伤难以自抑。他成了没有母亲，没有妻子，没有儿子的人。

回到家，已是5月17日的中午，躺到床上，董雪峰便人事不知地进入昏睡状态。

因为太久没有好好睡过觉，父亲突然害怕自己的儿子一觉醒不过来。所以，才睡了两个小时，他便赶紧轻声唤儿子。

睁开眼睛，茫然地四处看看，董雪峰许久都不知自己身在何处，心里空到想要永远躺在那儿，永远不醒来似的。

因为在映秀为了隔离气味，他一直戴着厚厚的洒满白酒的口罩。后来白酒洒在口罩上不管用时，他们便将布条用白酒浸透，系在鼻子上，勉强还能抵挡一些气味。董雪峰以为自己这一辈子都不会再喝酒了。因为当八姨打开珍藏的好酒，想要用这个东西缓解一下大家悲伤的情绪时，酒味一蹿过来，董雪峰的胃里便翻江倒海般难受了起来。那是地震的味道，一钻进鼻子，心里的恐怖、反感、沮丧、失落便全蹿了上来。足足一个月，董雪峰才能勉强去闻酒味。

安顿好母亲，董雪峰想回映秀。他还挂念儿子的尸体是怎么处理的，他还挂念废墟里的妻子是否有了消息，可是，才走到路口便被人挡了回来，映秀已经戒严了，只准出不准进。此时，父亲开口说话，让他安心在都江堰待着。和妻子、儿子的福分就那样了，一切随缘吧，他也尽心了。

那时候，董雪峰听说学校幸存的老师都已撤出了映秀，但谭校长和刘忠能老师还坚守在小学。他们怎么样了？董雪峰迫切地想要知道，他想和他们一起战斗。

后来遇到一个骑着自行车要进映秀的志愿者。他有盖章允许进入的信函。可是，董雪峰不知怎样才能拿到那样的信函。他拜托这位志愿者给谭校长带信，一是问他们的情况，二是把手机号捎给谭校长，让谭校长给他发短信。后来，董雪峰给这个志愿者打电话询问结果时，志愿者说他没有见到谭校长，映秀小学的情况他也不清楚。

原本期望知道结果的董雪峰，心一下子就悬了起来。他尝试给苏成刚打电话，可是，电话打不通。他又给学校的李永强老师打电话。李永强说他们在西南财经大学，董雪峰就问他："我们的老师都在那吗？"李永强说："不在，但是希望老师都去。"

就在董雪峰收拾东西准备前往西南财经大学的安置点时，李永强又打电话给他，说州教育局希望董雪峰能写一份关于映秀小学的材料，1500字的材料，因为要评"英雄群体"。

接受了工作任务的董雪峰，借用光亚小学的电脑，将写好的文字敲成电子文档，发送给了州教育局相关联系人。

做完这一切，董雪峰突然又感觉到了无比的空虚。做点什么呢？还能做点什么呢？

静下心来，他将自己从地震发生的那一刻，看到的、听到的、想到的，尽

可能客观地写了下来。他为稿子起了一个名字——《大爱无言》，5000多字，字字都饱含了董雪峰对灾难的愤怒，对孩子们离去的不舍，对亲人的想念，还有就是对国家在地震面前所做出的反应和行动的敬佩。

这篇文章后来被《教育导报》的记者拿去做了新闻报道的素材，而董雪峰在北京人民大会堂做报告的演讲稿，便是在此稿的基础上修改完成的。

字字泣血，字字泣泪。可是，董雪峰知道，这样的疼痛却不是短短5000字能说清、说透、说轻松了的。因为那种疼痛烙进了心，刻进了骨头，终生难忘。

5月22日，地震发生后的第十天，董雪峰从都江堰出发到成都，以下这段文字完整记录了他当时的想法：

距"5·12"这个黑色的日子刚好10天，我从都江堰八姨家出发到成都，正是从此刻，经历了大灾的我，即将开始一段不平常的生活。

坐上十姨专程来接我的银灰色轿车，车窗外，满脸憔悴、头发花白的老父亲和眼圈红红的妹妹以及八姨，不停地与我挥手告别，我一脸轻松的样子，让他们放心，让他们别牵挂我，但是，我知道，这个时候，谁的心情都一样，复杂而酸楚。

一路上，十姨不停地和我说话，她只大我两岁，是我母亲最小的一个妹妹，她总是能回忆起许多小时候的事情，有高兴的，有遗憾的，也有悲伤的。我极力地附和。但是，心中那份沉重的痛却撞击着我的心灵，所以，我在更多的时候选择了沉默。司机是十姨的好朋友，他在半路递给我500元钱，让我买件衣服，剃个头，刮个胡子，我心中涌出一种莫名的悲伤，嘴里只说了两个字："谢谢。"我意识到，自己是一个不折不扣的灾民了，我失去了疼爱我的母亲，也失去了与我百般恩爱的妻子，更失去了聪明、英俊的儿子，我一无所有了，500元钱不多，但对于此时的我，却是非常重要的，更重要的是，这500元是我接到的第一笔陌生人的捐款，我心里隐约有一些不自在，所以，我说了"谢谢"之后，我居然多余地又说了："下次一定还你。"这肯定是一句多余的话，因为爱心是如此的珍贵，我能还得了吗？

西南财经大学是一所让人向往的著名高校，没想到，如今我的目的地就是这个地方。只是，我是一名灾民，是去那里寄宿，说白了，是去那里混个床位，讨口饭吃，原本清高的我，现在什么也顾不上了……

3. 暂时的栖息，承载着彼此心照不宣的伤痛

带领所有幸存的老师撤离映秀！

请一定转告我的姐姐，我还活着，我是安全的。

手里紧紧捏着第一笔来自好心人的捐款，他酸涩到不能言语。

这种人间的感觉，在地震后第四天，终于有了切身的感受。

将所有的不幸用那白色的粉末掩盖、丢弃，不再想起。

他为什么没有那样好的运气？能将自己的所有学生全部救出来？

不提！是他处理伤痛的方式。

如果这两个孩子遇难了，就送他们走吧，如果没遇难就保佑他们吧。

他离不开这个物件，这是他想念妻子的一种方式。

他意识到，这是妻子留给什么都失去了的丈夫，最后一笔爱的财富。

*　　　*　　　*

撤离映秀！

带领所有幸存的老师撤离映秀！

满心悲痛的苏成刚，5 月 15 日中午接到这样的工作指令。

谭国强留下了，刘忠能留下了，董雪峰要照顾前来寻亲的岳父岳母，能担此重责的，也就是苏成刚了。

突然感觉撤离的队伍如此的浩浩荡荡，算上幼儿园的老师，有十几个。苏成刚的心头涌起一股难以言说的情绪。啊，原来我们还有这样多的老师的，我们并没有全军覆灭。只要有一粒种子，春天的草原也会焕发出勃勃生机的啊！

下午 4 点集合前，苏成刚向谭国强校长复命。

谭校长在映秀小学 20 年了，大家都喜欢叫他"谭哥"，或是，叫他"哥"。

苏成刚说："哥，我走了。"

谭国强摆摆手，脸上的肌肉抽搐了一下，有种伤痛似乎要溢出来，却又拼命忍住了。他对苏成刚说："把他们带出去，带到安全地带去吧。"之后，再也无话。

交代了路上的注意事项，苏成刚和大家与映秀告别。大家都不愿转身，因

143

为都急于想要逃离这种灾难，去奔赴新的生活。只有苏成刚不停地回头，眼窝里始终噙着满满的泪。他不想走，他挂念晓庆，可他必须担起新的职责。而且，他必须走出去，替晓庆承担起做人子女的职责。这么久了，岳父岳母还不知道晓庆的消息啊！他已经愧对晓庆了，他不能再愧对那久久期盼着的两位老人。

走到映秀中学的路口时，苏成刚遇到了一个面熟的小孩。这个小孩和一起往外撤的李永强老师应该认识，也应该和自己的外甥吴兴认识。苏成刚赶紧问："吴兴在不在啊？"小孩看了苏成刚一眼后，答："走了，回漩口了。"

听到这个答案，苏成刚为外甥悬着的心，终于落了下来。

之前不久，他已经知道了外甥还活着的消息。地震后的第二天，外甥还专门跑到映秀小学来找自己的舅舅，只是两个人没有见到。没有见到，心里便总觉得不踏实。离外甥这样近，他却不能管外甥，一直于心不安。

撤离的队伍急急地往外走。董雪峰和岳父岳母早苏成刚启程一会，但老弱病残的三个人，走得很慢。苏成刚带领的队伍很快赶上了他们。

"你先走，我陪着岳父岳母慢慢走。"董雪峰说。

"我们在铝厂的位置集合吧。"苏成刚说。

苏成刚有些担心董雪峰他们三个。一路上往外走，路途上的危险远远超出了想象。到处都是垮塌的山石，有时候走着走着，突然便有山体滑坡发生，石头"骨碌碌"从山上滚下来。山体滑坡是地震造成的常见次生灾害之一，映秀到都江堰通往外面的道路依山而筑，即使轻微的山体滑坡也容易造成道路的阻塞或者人员及车辆的损伤。地震之后受损的道路没有完全恢复，人们走的是河边，跟着部队往外走。不成形的山路上，到处张着裂口，好像随时会用经过它的人们来填补疼痛着的"伤口"。

苏成刚在路上碰到一些熟悉的人，有的是到学校来接小孩的，有的是来找亲戚的。每一个认识的，碰到的，都会问他"晓庆呢？"一个在漩口小学共过事的老师也这样问苏成刚："你爱人呢？"苏成刚摇了摇头，没有说话。他接着劝慰："知道了，你自己要保重。活着比什么都重要。"这样的话，让苏成刚的心头温暖许多。

一路上小心翼翼地走着，终于到达铝厂的码头，苏成刚心里倒吸一口冷气。用人山人海来形容码头一点也不为过。所有要撤离映秀的人，都在这个码头等船，等船载他们离开刚刚被魔鬼侵害的家园。

同行的龚冬梅老师，丈夫是电站的，她也认识电站的一些人。因为电站有快艇，她便帮着联系调了几艘快艇过来。但是，快艇也走不了，人太多了，苏成刚的队伍人也不少。

苏成刚和老师们到处打听，试图让一起离开映秀的老师们，坐一艘船出去。那时候的苏成刚，已经被一路上跌跌撞撞的行走吓得心紧缩了起来，他不愿看到任何一个老师落在队伍以外，他的责任感不允许他这么做。

一圈打听，结论很明显，他们不可能一起出去。要坐船出去的人太多了。码头有可以坐几百人的拖船，但是，速度太慢。而且，只搭载受伤的，或是妇女、儿童、老人。资源实在太稀缺了。

好歹将受伤的几个老师扶上船，苏成刚反复叮嘱和交代后，决定和剩下的几个身体看着还可以的老师，一起走出去。

幼儿园的余老师，要在此和他们分别，她要去水磨镇。苏成刚赶紧请求她："你要是到了漩口镇集中村，不管遇到村上的哪一个人，请你告诉他，曾经在这教过书的苏老师还活着，一定转告我的姐姐，我还活着，我是安全的。如果晚上黑了，没办法走了，你就到集中村，到我姐家去住，他们会帮助你的。"

后来苏成刚听说，余老师在经过集中村的时候，确实碰到了村里的人，并转告了苏老师的情况。村里人说知道苏老师，并带她到了苏老师的姐姐家。可是，姐姐家没人，姐姐和姐夫都在外地打工，没有回家，避过了地震。

船不好等，苏成刚和老师们商量："我们几个怎么办，是继续在这等，还是怎么办？"

董雪峰带着病着的岳母，病人可以上船走。张龙宇和卿老师是受伤的，可以上船。背着老师遗孤的唐永忠，带着孩子也必须走。剩下的几个男老师，他们联合到其他单位走不了的几个人，组成了十几人的小队，继续往前走。

离开铝厂刚往外走了一会儿，天便很黑了，路边上有很多人，有休息时睡着的，有驻扎的部队，也有无处可去的灾民。走着走着，便碰到了一辆车，当地老百姓自发组织的巡逻车，可以从铝厂开到漩口镇。心头一喜的苏成刚，想请求司机将他们搭上。可是，车上已坐满了人，路不好走，司机不敢冒险，只好作罢。

苏成刚他们还是靠着两条腿继续往前走。走到百花镇的时候，已是晚上十二点了。除去等船的两个小时，他们已经连续走了 6 个小时。实在太累了，实

在走不动了。

百花镇上停了许多客车。客车的驾驶员在离开车后，打开了所有的车门。

当苏成刚爬上车的时候，车上有一半人在睡觉，都是路过的灾民。苏成刚他们刚上车，当地村里组织的联防队员，也算是巡逻队员，就来询问，从哪里来的？要到哪里去？都有哪些人？

苏成刚赶紧告诉巡逻队员，他们是映秀小学的老师，今天晚上要撤出去，走到这儿太累了，想在车上过夜。

可是，真坐了下来，苏成刚他们几个反而睡不着了。干脆下车在路边抽烟排遣心里的烦躁和悲苦之情。这时，对面白云顶的隧道上，突然"燃"起了一条白色的"巨龙"。啊，是要开往映秀各个乡镇救援的部队，他们手电的光线连成了一条直线。苏成刚知道，前往映秀的路抢通后，救援的部队首先进驻的便是小学。映秀的其他地方如何救，他们有自己的排序。

第二天天刚亮，苏成刚他们便继续前进。运气好极了，刚走了不到一公里，便遇到一辆面包车，说可以搭他们一程，但是，只能搭到寿江大桥。

下车时，苏成刚将身上仅有的十元钱给了司机。他能体谅司机的心情。因为司机对苏成刚说："我什么都没有了，只有这一辆车，这几天是加不了油的，你们愿意给一点就给一点吧。"

听了司机的话，大家都很同情他，也尽可能给了他一点钱。

过了寿江大桥，要继续徒步往前走了。此时，苏成刚起了许多水泡的脚，已经痛到没有办法多走一步，每走一步，都会引来钻心的疼痛。

走到水田坪友谊隧道附近时，余震犹如影随形般发着余威，水库上面的山，因为余震而不停地垮塌，冲锋艇到了这个地方都停了下来，根本过不去。

有些担心，可是，还是要冲过去。等到山垮得慢了，苏成刚他们就往前冲。只要一有间隙，他们便小心翼翼地一步一步往前行。终于又过了一个险口，苏成刚暗暗松了一口气。

他知道，公路没有办法继续走下去了，余震太频繁，他们决定沿着河边继续往前走。

苏成刚的判断是对的。果真，公路上的三段隧洞都已经垮塌了，他们好歹闯过了白云顶和友谊隧洞，但最下面的马鞍山隧洞是完全过不去的。而沿着河走，他们很快便遇到了志愿者——前来接应灾民通过河道离开灾区的志愿者。

就在这样的行进过程中，苏成刚又遇到了以前在漩口小学共事的黄素全老师。他告诉苏成刚漩口小学的情况，所幸受损不严重。他也问了苏成刚很多情况。当他看到苏成刚很饿的样子时，不仅给了他一些吃的，还硬塞给了他50元钱。苏成刚不要，他一直说："你拿着，一定要拿着。"

别过黄老师，走在队伍最后面的苏成刚，手里紧紧捏着第一笔来自好心人的捐款，他酸涩到不能言语。

终于走到紫坪铺大坝，苏成刚看到了免费供应的稀饭、新鲜的黄瓜。所有路过的人都可以拿纸杯舀来吃，这是政府安排的为所有往外撤的灾民充饥的食物。

他拿了一根黄瓜，那样的清香入口，苏成刚的眼泪"哗"地便流出来了。这种在人间的感觉，在地震后第四天，终于有了切身的感受。

一起走出来的老师决定在此分别，虽然当时尚不能打通电话，彼此还是留了联系电话。苏成刚叮嘱他们："出去以后你们要投亲靠友，没有办法的，如果能够打通我的电话，尽量打我的电话啊。"

这样说着，便看到了转移灾民的车，客车、轿车、公交车……各种各样的车，来来往往的，有警察在现场指挥，所有上车的人都要消毒。身上喷完药后离开灾区，将所有的不幸用那白色的粉末掩盖、丢弃，不再想起。

那种感觉怎么形容呢？是啊，苏成刚现在是灾民了，坐车不要钱了，只要是往外走，便可以免费坐车了。如果受了伤，还可以免费去医院诊治。每一张看到的脸，都是带着同情的、理解的、鼓励的笑容。有志愿者的，有政府工作人员的，有陌生人的……这么多久违的笑脸出现在苏成刚的面前，他一时有些恍惚，原来，人间是这个模样，他以为他忘记了，以为再也不会重逢了呢。

那时候苏成刚才知道，地震后，许多镇上的灾民都在冒着生命危险往外出。为了闯出来，路上死了很多人，余震、滑坡、泥石流……各种各样的原因。

可是，通信尚没有完全恢复，一直紧紧捏在手里的小灵通，一直没有信号，打不出任何电话。

这时，刚好遇到了罗厚琼老师，刚从黄家园子村出来。她告诉苏成刚，她要去成都的小学安置点，他们互相留了联系电话，她问了苏成刚映秀的情况，也告诉苏成刚黄家园子小学的情况，她说："苏老师，我的学生全部出来了，最后两个我都把他们抱出来了。"

听了罗老师的话，苏成刚心里生出无限的羡慕。他为什么没有那样好的运气？为什么没有机会将自己的学生全都救出来啊？

看到罗老师有电话，苏成刚借了过来给晓庆家打过去。晓庆的爸爸接的电话。听到岳父的声音，苏成刚当时便哭了，哭得说不出话来。

岳父问他："你在哪里？"

苏成刚说："我在去都江堰城区的公交车上，是从大坝上出来的。"

岳父又说："你现在几个人？"

苏成刚说："我一个人。"

岳父说："我知道了。你在那里等我。"

苏成刚又问了岳父家里边的情况。那时候他才知道，他和晓庆的事情，岳父已经知道了。晓庆有个哥哥是阿坝州教育局的局长。他刚好15日徒步到了映秀。可苏成刚正好在那一天带着老师往外撤。两个人没遇上。他一进小学校园就问："苏成刚还在不在？"谭校长便把情况给他讲了。但是，他不知道苏成刚已经把晓庆弄出来了，所以，他到晓庆上班的地方鞠了三个躬后便走了。之后，他将映秀亲人的情况告诉了苏成刚的岳父。

电话里的岳父没有哭，他不停地安慰苏成刚："没事，没事了。你在青城桥下面等我。我们都很安全，我们已经到了温江，到阿姨家里去了，在那里住着，我和你姑父，我们两个开车过来接你。"

下了公交车，苏成刚在城里搭了一辆三轮车赶到青城桥。等了近一个小时，岳父和姑父还没有出现，又开始着急。这时，正好有一些外国记者在那儿采访，他们看到苏成刚的样子，又听说他是映秀小学的老师后，司机不仅借了手机给他，还给他买了一瓶水。只是，当外国记者问苏成刚"能不能采访一下你"时，苏成刚说："你不要问我任何话。"

很快便看到了岳父和姑父的车。苏成刚见到他们第一眼，眼泪"哗"地便流了下来。岳父拍着他的后背反复地说："好了，没事，这是大灾难，没事，都过去了。"他还叮嘱自己的女婿："回去之后不要哭，公和婆在家里面，八十多岁了，回去不要哭，没事的，没事的。"

其实婆是知道晓庆不在了的，但是没有人敢告诉公。公心里应该也清楚，当他只看到苏成刚一个人回家，便时不时地自言自语："也不知道晓庆躲在哪里了，不知道她躲在哪里了？"

那天之后，谁也没再提晓庆，关于晓庆的事。

不提！是这个家处理此事的方式。他们担心苏成刚的伤口被撕裂。苏成刚担心的是他们情感上受不了。

暂时的栖息，承载着彼此心照不宣的伤痛。

新买的衣服放在那儿了，热水放好了，晚饭做好了……换洗下来的衣物都被扔掉了，他们不让苏成刚吃得太多，因为太久没有吃正经的东西，担心胃会受不了。姑父拿了一瓶少见的好酒说："喝一点，就少喝一点。"

晚饭一结束，电视没看一会，他们便让苏成刚去休息。本来疲惫不堪的苏成刚，躺到舒适的床上，感觉更累。他听到客厅里的亲人们在谈论他，听得清清楚楚，话语里透着对他的心疼和关心。听着听着，紧绷的神经突然便放松下来，一觉睡到了晚上11点。

醒来上厕所的苏成刚，和大家一起看了一会电视。他发现公一句话也不说，他知道，公什么都懂。那种懂得，是爷孙心连心的疼痛。

苏成刚和岳父一个房间，岳父要打地铺，苏成刚坚持把床让给岳父。

地震后的第一个安稳夜，苏成刚失眠了，彻底未眠，脑子里像过电影一般，和晓庆在一起的幸福，晓庆走后的伤悲，亲人们给予的爱……

第二天早餐过后，苏成刚说想回映秀，想回去看看学校。他没有告诉家人，其实他是挂念晓庆，挂念还坚守在学校里的谭校长和刘忠能。但是，他们坚决不允许，他们的声音里透着不可违逆："你去干吗，不要回去了，就不许，坚决不同意！"

时间已是5月17日，虽然一直在打父亲的电话，但是，父亲的电话始终打不通。能接通的只有应急电话。可是，应急电话是排队的，每个人只能打一次，每次只能打三分钟。

联系不上父亲的苏成刚万分焦急。后来他才知道，父亲每天都会从绵虒到汶川，每天都要去排队打电话。因为那时候只有这个小儿子的情况他不知道。女儿女婿都到绵虒了，他们都很安全。

终于，就是在5月17日的这一天，地震后的第五天，父亲的手机可以发短消息了，短消息发到了苏成刚岳父的手机上。一看家里的号码，岳父赶紧告诉他。当他将电话打过去时，父亲才知道自己的儿子安好的消息，只是儿媳晓庆，再也没有机缘听她叫他"爸爸"了。

在岳父家一直住到5月19日，晓庆的二爸和二妈给了苏成刚的岳母一些钱后说："你去给他买衣服，这几天你们就陪着他去街上购物，他想买什么你

们就给他买什么。"

他们想让苏成刚上街去散心，他们知道，失去爱妻的这个年轻的男人，心里有太多的悲伤需要排遣。

那几天，晓庆的包一直在苏成刚的手上拎着，他离不开这个物件，这是他想念晓庆的一种方式。

第七章　回到映秀

——陌生的、熟悉的爱

1. 寻找学生，用受伤的心去安抚受伤的他们

地震的那一瞬间，像一场噩梦。梦醒了，生活还要继续。

心里的空虚一下子遮盖了伤悲。

依靠组织的力量，将大家重新聚合在一起。

他们一起，去寻找自己的学生。

地震使他们痛失家人，他们本身是灾民，

却要马上收起巨大的悲痛去安抚学生家长。

那么多失去孩子的家长怨恨他们、辱骂他们。这本是一场突如其来的天灾啊！

许许多多陌生的、熟悉的爱，从涓涓细流汇集成了潺潺大河。

事业与亲情，他选择了愧对父亲。

他吓得根本不敢再哭，他怕他一哭，老人便会失去斗志。

离开映秀一个多月，他终于回到了他日夜想念的热土，

回到了爱妻永远安息的故园。

如果地下有知，她会原谅他没有将她救出来吗？

*　　*　　*

山崩地裂的"黑色三分钟"，改变了无以数计的人的生活轨迹。然而，生活还要继续，重建从地震发生的那一刻已经开始：抢救废墟下的人们，寻找失散的亲人，抚慰彼此受伤的心灵，学习逐渐摆脱痛苦，弥合伤痕，建设新的生活……

罗曼·罗兰说："世界上只有一种真正的英雄主义，那就是在认识了生命的真相之后，依然热爱生命。"

是的，地震让我们看到了生命的脆弱，看到了苦难与人生的如影随形。但地震后映秀小学的生活路径也告诉我们，苦难不是生活的全部，苦难让我们更深刻地认识生命。因为病痛，我们渴望健康；因为死亡，我们颂赞生命；因为苦难，我们学会敬畏……

当经历的灾难成为生命的财富，苦难已给予人最好的馈赠。

但当最初的苦难带着苦涩的记忆、痛苦的气息扑面而来的时候，没有人是愿意接受的。勇敢地面对苦难，承受并走过苦难的阴影，在承担的过程中发现人生的意义，生活的力量和热情被更新并调动，人生的目标得到重新调整，最终生命的本质得以参透，物质与精神、肉体与灵魂、现世与永生被重新定义与体味，人生观与价值观完成转变与升华。这或许便是苦难带来的新生。

这样的新生，正是苏成刚们即将开始的人生。

是的，地震的那一瞬间，像一场梦，梦醒了，他们的家便没了。可是，他们没有放弃改变现实和热爱生命。

离开映秀的苏成刚，住在成都晓庆的姑妈家，没有任何事情可干，而映秀，他又回不去。不知道该干什么。心里的空虚一下子遮盖了悲伤。苏成刚需要找到事情去排遣这种空虚。他怕自己在这种空虚的折磨中，失去斗志，失去期冀。

他不停地拨打坚守在学校的谭校长的手机，也不停地拨打已经撤离映秀的张副校长的手机。可是，都打不通。他又试图与县教育局取得联系，也依然未能如愿。唯一能联系上的，就是唐永忠老师。

"怎么办呢？我想回映秀。"苏成刚说。

"我也想回啊！"唐永忠的爱人在温江的一个安置点，她舍不得丈夫再回到灾区，她希望自己爱的男人能有所休整。唐永忠的话里透着对映秀的渴望，但他怎好违拗妻子爱的关切？

唐永忠告诉苏成刚，他已经联系到了一些老师，如果再有什么新情况，他一定第一时间通知他。

5月17、18日，苏成刚赶到了温江的安置点，看到了学校的龚冬梅老师。并从她那里得知，张校长去了南充，他的岳父和儿子都在那儿，他得回家看一眼才能安心回来。

在重回成都的路上，苏成刚突然想到了"寻找组织"的好途径。回到姑妈家，他便开始在网上发布信息，把他知道的映秀小学的幸存老师名字发到网上，他害怕这些老师的家人和亲朋也在找他们，他还公开了他的电话。

果真，消息一发布出来，他的电话便不停地响起来。他将他所知道的情况一一讲给他们听。听了苏成刚的叙述，许多人的心踏实下来，不再像之前那样焦急地期盼和不安。苏成刚给盼望中的老师的亲属们带来了平安的消息。

5月18日的晚上，当苏成刚再次试图拨打教育局谢局长的电话时，电话终于打通了。

谢局长详细询问了映秀小学幸存老师的情况，他告诉苏成刚，教育局在西南财经大学有一个安置点，他们可以去那儿会合，开展下一步的灾后重建工作。

挂了谢局长的电话，苏成刚赶紧将这个消息告诉了唐永忠，同时通知能联系到的所有老师到西南财大集合。

"具体去做什么也不知道，反正到时候我们就有组织了吧。"拿着晓庆的姑父给自己准备的满满当当的行李，憧憬着新工作的苏成刚急急赶到西南财经大学的安置点。其余老师也在这一天陆续赶到。

在安置点，四个老师住一间学生公寓。安置点的吃住是免费的，穿的衣服也准备得十分周全。第一天大家聚在一起说了说各自的情况，休整了一天后，到安置点的第二天一早，苏成刚便召集大家开了一个工作会。作为学校的行政人员，他有责任和义务在这个时候，依靠组织的力量，将大家重新聚合在一起。

按照教育局的工作指令，苏成刚的任务是协助管理银杏小学的学生。就在他开会布置任务的时候，漩口小学的老校长路长青也给他打来了电话，希望苏成刚带着映秀小学的老师们，去他那儿开会，商量协助工作的事情。

苏成刚回复老校长"不行"。他说："路校长啊，你看你们学校的学生都已经在这儿了，你们的老师也在这儿了，你们多费点心就好了，我不能参与到你们的学生照顾工作中，因为我们学校的学生还不知道在哪里，还有一部分老师也不知道在哪里，我要去找他们。"

就在这一天，董雪峰也从都江堰赶到了安置点。接到董雪峰"报到"的电话，苏成刚的心里涌起一股暖意。可是，董雪峰没有西南财大批准进入的签字，他进不到安置点。两个灾后重逢的同事，隔着校门，只能远远望着，却不

能执手相握。

后来，董雪峰被消毒后，成为进入安置点的又一名老师。

因为教育局那天还安排映秀小学的老师和媒体记者见面，讲一讲地震的详细情况。不仅如此，主动找来的媒体记者也很多。因为急于寻找学生，苏成刚和董雪峰随便应付了事后，便赶紧和其他老师一起，投入寻找学生的路途中。

他们先从华西医院开始找起。

到处问，到处找，庞大的华西医院，于他们而言，就像无头的苍蝇又进了迷宫，感觉无从下手。

后来驻扎在华西医院的几名志愿者，见到了一脸焦急的苏成刚和董雪峰，便说他们可以帮忙一起查找。因为事先已将医院的全部伤者名单输进了他们的电脑，通过检索，他们应该能找到映秀小学的学生。

可是，效果并不理想，他们只在华西医院找到 20 多个本校学生。因为接受治疗的人，很多人的意识处于混乱状态，根本说不清自己是从哪里来的。能找到的，是受伤较轻的伤员，清楚地告诉了医院，自己的姓名，来自哪里。

离开华西医院，他们又去了人民医院、陆军医院，凡是他们知道的医院，他们都跑了个遍。

一分钱难倒英雄好汉，何况，是到这样茫茫大海里找人，更是需要花钱的。出行要花钱，吃饭要花钱。可是，他们身上没有多少钱。从晓庆包里翻出来的 600 元钱，很快便用光了。幸好又发现晓庆的包里还有一张银行卡，卡里的几千元钱又被苏成刚取了出来。银行卡拿在手里的那一刻，苏成刚的泪还是不由自主地流了下来。见此，董雪峰拍了拍他的后背，半天没有言语。

就在这个时候，身在南充的张校长联系到了他们。说了一些他的情况，也问了老师和学生们的情况。知道了他们在寻找学生，第二天，张校长从南充赶到了成都，和他们一起，去寻找自己的学生。

灾后的第一份学生资料从 5 月 21 日这一天开始编制，一家一家医院的找，一个一个名字的累积，映秀小学幸存的学生，慢慢地重新回到了老师们的怀抱。

可是，这寻找的艰辛是没有办法与人言说的。过程很累，心也很受煎熬。有些医院要跑几次。原因是第一次寻找时，医院给的信息不全，也不及时。陆续又有转院的、新来的。没有办法，为了找到所有的学生，他们便一趟趟跑去医院。

有些媒体也自发地跟着苏成刚他们一起去找学生，他们尽最大可能帮助这些无助而又孤单的老师想办法，电台、电视台开始有了寻人的消息，苏成刚的电话像一部 24 小时热线，各种各样的信息疯狂地涌了进来。

上海泛亚集团是映秀小学的手拉手单位。他们和苏成刚早就认识，就在这些媒体的帮助下，他们在成都找到了苏成刚。

见面的那一刻很激动，大家一起聊了许多。他们问苏成刚有什么需要，他们能帮助学校做些什么，分别时，他们将车上随身携带着的药品、收音机整整两大箱子物品交给了苏成刚。这是他们的心意。在当时，他们能做的，也只有这些。可是，苏成刚已经对此心存感恩了。他觉得许许多多陌生的、熟悉的爱，从涓涓细流汇集成了滔滔大河。这样的爱，是他坚持往前走的动力所在。

其间，深切挂念着这些老师们的阿坝州的领导、教育局的领导，都来过安置点，并希望苏成刚能带着他们，去医院看望那些受伤的孩子。当时，苏成刚的统计表上已有了 20 多名学生，一家医院一家医院地慰问下来，苏成刚又收获了另一种感动。

5 月 25 日，谭校长历尽艰辛，也来到了安置点。随后又有几名老师追随校长，一起来到安置点。队伍突然就庞大了许多，新的任务也就成为苏成刚要面临的新挑战。

这时，越来越多的人开始关注灾区，关注映秀，关注映秀小学。

谭校长短暂停留后，又马不停蹄地赶回了映秀。新的工作任务压在了苏成刚的肩上。

教育局通知，按统一安排，6 月 3 日之前，要将那些地震孤儿，或是单亲活着但没有人照顾的孩子，送往山东日照。全国妇联和山东日照钢铁集团负责这个项目。苏成刚配合做好学生们的名单统计和筛选。

那时候，因为跑了许多安置点和医院，一手的资料苏成刚基本上已经很齐全了。苏成刚和唐永忠两个人，每天不停地打电话联系、确认。有时候几个小时竟然能打上百个电话，苏成刚打到耳朵发烫，手机一直充着电才能保证畅通。

这中间，他们做了一些无用的工作。一开始，不太明确学生的条件要求，他们打了许多电话询问受伤的学生愿不愿意去山东日照，有了一个大概的范围之后，又通知必须是孤儿或是单亲孩子。到最后，没有人照顾的孩子也可以一起去。因为那时候苏成刚他们驻扎在安置点，学校幸存的学生，有的在安置

点，有的被亲戚送到了别的临时安置点，有的在各个医院，还有一些在成都各个小学临时读书……学生太分散了，虽然掌握了基本的资料，知道大概的位置，可是，这种从大海里聚拢沙子的难度，可想而知有多大。

累得有些难以支撑了，可是，工作还没有做完。电话打了一遍又一遍，确认学生的效果却并不理想，这让苏成刚心烦意乱。

干脆，他们占用了财大一部专供灾区学生使用的公用电话，就那样坐在楼梯间一直打，这才多多少少地缓解了耳朵的"烫伤"之痛。

6月3日，苏成刚带队，配合政府和教育局，将这批学生送到了山东日照。6月5日重新回到成都后，苏成刚又被教育局借调了两周，让他帮着处理一些办公室里的事务，主要是灾后重建方面。

苏成刚从安置点搬到了成都黄龙宾馆。有时候晚上一两点钟还有人来报数据，整个州那么多学校都要报数据，工作量可想而知。由于还要帮着处理拨款事宜，稍有马虎，数据就会出错。其繁忙和疲惫程度可想而知。

可是，就当苏成刚忙得一塌糊涂的时候，突然接到了大哥的电话。

"成刚，爸爸病了，很严重。大姐的二女儿跟着一起从马尔康翻山到成都了。你能抽时间照顾爸爸吗？"大哥走不出来，他在拜托自己最小的弟弟。

大姐的二女儿当时跟着父亲在绵虒读中学。只是一个初中生啊，却勇敢地陪着老人一路颠簸走了过来。

在马尔康医院，医生怀疑父亲得的是癌症，建议去成都大医院复诊。

给父亲在成都的西门找了一间很便宜的旅馆，晚上苏成刚陪他住了一晚上，第二天一早又带父亲到了医院。

医生确诊，前列腺癌。

这个消息对苏成刚的打击很大，父亲才64岁，怎么可能会得那么可怕的病？

可是，他分身乏术，灾后重建的工作事无巨细，他有太多需要忙碌的理由。工作任务与亲情，他选择了愧对父亲。

苏成刚给大姐打电话。

那时候的大姐已经回到了漩口。在苏成刚回到都江堰之前，大姐就等在漩口寿江大桥下，每见一个人路过，她就问："你们知不知道映秀小学苏成刚在哪里？"漩口小学的一个老师后来告诉苏成刚："你姐疯了似的在那找你。"这样的姐弟情深，让苏成刚感动不已。

苏成刚在电话里对大姐说："大姐，爸得了重病，可是我抽不开身，你来照顾他吧。"

挂了电话，大姐便以最快的速度赶到了成都。苏成刚将重病的父亲托付给了大姐照顾。为事业操劳了几十年的父亲，理解并支持苏成刚的决定。他知道，灾后重建的工作，普通的人能帮助的事情太少，而儿子能参与其中，他觉得高兴，并为儿子骄傲。

工作一有间隙，苏成刚便赶到医院去看父亲。已经开始介入治疗的父亲，要进行各种各样的检查，抽脊水、做化疗……看到父亲苍老而又衰弱的样子，苏成刚根本不敢再哭，他怕他一哭，老人也会跟着哭。

这时候，大哥也从老家赶了过来。大哥的到来让苏成刚心里踏实了许多。

父亲手术的第三天，也就是6月29日，苏成刚向教育局请求回调，说自己必须回到映秀，因为映秀小学复课需要他。

可是教育局不放人，他们问苏成刚："你走了，教育局这边的规划怎么做？"

最终由唐永忠暂时接替苏成刚在教育局的工作。

离开映秀一个多月，苏成刚终于回到了他日夜想念的热土，回到了爱妻晓庆永远安息的故园。

回到映秀的第三天下午，苏成刚和董雪峰两人又重温入党誓词。这让苏成刚的心久久不能平静。灾难让他更懂得了感恩和珍惜，更懂得了努力和奉献，以及思索与静心。

宣誓的当时，苏成刚的身上还背着十几万元的慰问金。回到映秀的他，最主要的工作任务是用受伤的心去安抚受伤的人。

那时候余震虽然很少，几乎可以忽略不计了，但是，地震造成的次生灾害随时会显示它们的余威。比如山体滑坡，在黄家院、黄家村，半垮着的山就那样悬着。苏成刚和刘忠能前后脚跑过去，还能自我安慰地打趣："等一下看上面有没有滑下来的？""哎呀，管它呢，先打个电话再说，搞不好待会跑过去被埋在里面连电话都没得打。"

这样自我安慰，也因为他们现在遭遇着太多的不理解、不支持，以及责难和辱骂。

那个遇难的孩子是苏成刚班上的。他们去他的家探访，办理签字手续时，他的妈妈不愿意也不想见他们，就一直在帐篷里待着不出来。孩子的父亲心地

善良，言语不多，但是父亲坚持要孩子的母亲签字。这位母亲因为一下子失去了两个孩子，她一直不肯接受任何人的安慰。

父亲对苏成刚说："我孩子呢以前在你们班上，你是他的班主任，我知道你是一个好老师，我孩子曾经非常不听话。"那个孩子的确很调皮，苏成刚印象里，一年之中，他便几次请父亲到学校恳谈过。孩子的父亲继续说："你曾经对我的孩子很好，我非常谢谢你。虽然孩子没了，这也不怪谁。"孩子的母亲在帐篷里听到丈夫和苏成刚的对话后，知道是孩子的班主任老师来了。她最后还是同意签字了。

离开这个一下子失去两个孩子的贫困家庭时，苏成刚的心无比沉重。但他们即将去的一家，两个孩子也同时遇难。

家长怎么也不签字确认。那一天苏成刚和董劲飞老师一个小组。家长说："我不是针对你们老师，我知道你们做了很多事情，我理解你们。但是为什么政府不来？"他们有意见，"政府不来，为什么？为什么政府的事情要让你们来做？"情绪很激动。正好那天苏成刚带着社工同行。见此，他就对社工说："请你帮忙和他谈吧。"这些有着丰富经验的社工，很快便让家长的情绪缓和下来。社工的力量，让苏成刚印象深刻。

对于所经历的这一切，苏成刚都坦然接受了，因为他能感同身受伤者的心情。可是，他的心何尝不在滴血呢？他真的希望这些遇难者的家属能够把心放宽，接受这个大灾难，面对它，赢过它。包括他自己，也是要到教育局签字领钱的。

教育局的领导想要劝慰苏成刚些什么，可是，看到他一脸默然的表情，那个好心的领导欲言又止，他知道，每天在给别人做工作的苏成刚，已经调整好了自己的心态。

可是事实上，苏成刚没有调整好，他还在强烈思念妻子并深切自责，晓庆啊，你如果地下有知，你会原谅我没有将你救出来吗？

董雪峰和刘忠能的慰问金，是汤朝香在教育局的哥哥亲手发放的。哥哥亲手将慰问金发到妹夫的手上。作为妹夫的董雪峰能说什么？他什么也没有说，他默默接过钱签上字。转身又投入灾民的安抚工作中。

除了完成安抚工作，苏成刚还需要整理遇难孩子的基本资料。这项工作更琐碎，更让人疲惫。就算找一个电话，也不知道孩子的家人在哪里，怎么才能联系上。他甚至要去派出所调查，查找他们的具体联系方式。就这样一点一点把他们的资料收集起来。

那段时间，谭校长和苏成刚他们几个老师的电话都成了热线，尤其是苏成刚和谭校长的电话在四川电视台公布的声明中说："凡是映秀小学有关孩子的任何事情，都可以打这些电话。"可想而知，电话有多忙碌。到了复学后，苏成刚不得已换了手机号码。因为他需要将精力放到孩子们的复课中。

2. 四处做报告的那些日子

> 春天哪怕只有一粒种子，仍可瞬间盎然。
>
> 他是出来为映秀小学做事情的。
>
> 这已经是妹妹能为哥哥准备的最好的行囊了。
>
> 他的心微微发烫起来，他觉得生活中的美好足以抵挡一切的不幸，因为人心美好。
>
> 灾后重建的校园，需要这种最真实的情感支撑，爱的情感支撑。
>
> 他要以最好的状态展现映秀小学的真实师爱。
>
> 这是他最私密的情感，他不想对外人言说，请给他一些独处的空间。
>
> 人前的坚强，人后的悲痛，在那一刻，化作了号啕而又悲凉的哭声。
>
> 他们的不放弃，不正是热爱生命的表现吗？

*　　*　　*

地震夺去了董雪峰三代中的至亲。面对如此巨大的创伤，他的心如同被掏空了一样，痛感是蒙的，人也是蒙的。可是，整个映秀不仅仅是他一个人的家庭残破了，整个映秀都是伤痕累累的。面对比自己软弱的亲人，面对一样需要安抚的同事，面对那些失去孩子的家长，他该如何做？他怎能尽情展现自己的伤痛！

重建的重任将董雪峰裹挟进了各种忙碌中。面对工作，他在学习控制情绪，以大局为重，让哀痛迁盘心中，假装痛苦已经悄然离去。可是，工作可以继续，但家庭却回到了原点，甚至是更糟的一个起点。夜深人静时，梦中哭醒时，对亲人的思念不断蚕食着他的心，无可排遣。

地震后再次回到映秀，已是 2008 年的 6 月 30 日。之前的一个月，董雪峰在北京，在黑龙江、吉林、辽宁，在山东，在江苏，在南京，在成都……在为映秀小学师生英雄群像宣讲的路途中。

接到四川省委宣传部推选董雪峰代表映秀小学参加全国地震报告团巡讲的"命令"时，董雪峰惶恐而忐忑。他并没有认为自己有什么突出的英雄事迹，他只是凭着一个老师的本能去尽可能地救援，尽可能地坚守。他远没有那么了不起，他只是一个普通的老师，他承载不起代表映秀小学重任。

原本应该直接到四川省委宣传部报到的董雪峰，直接到了四川省教育厅。他觉得他是教育系统的兵，他该找自己的主管领导讲讲心里话。

四川省教育厅人事处的张旭处长，对董雪峰极其偏爱。听了董雪峰的苦闷和困惑，他这样说："你是出来为映秀小学做事情的，做好了，不是你董雪峰个人怎样，而是映秀小学怎样。所以，要将心态放轻松，就像例行的一次讲课就好了。"

张处长的话给董雪峰送去了一抹阳光。是啊，他该高兴和知足才对啊！他代表的是映秀小学，他宣讲的是映秀小学，他要表达的情感是映秀小学师生们的"大爱"。他董雪峰，只是一个宣讲者，一个事实的陈述者，一个团队中的普通一员。

这样一想，董雪峰那颗惶恐不安的心终于踏实起来，他开始以饱满的热情投入宣讲的准备工作当中。

走的那天，董雪峰肩上背的，是妹妹淘汰的一个旧包。地震毁掉了一切，这已经是妹妹能为哥哥准备的最好的行囊了。

背包里的东西少极了，一件换洗的衣服，一个记事本。董雪峰想了想，决定为自己置办一件新衣。《中国教育报》驻长沙的李伦娥记者曾专访过董雪峰，在见到董雪峰并得知他即将开启的行程后，坚持与董雪峰一起去商店挑选新衣，并抢着将钱付了。李伦娥的话董雪峰至今还记得，她说："你一定要把这个机会给我，我一定要给你买。"虽然一身新衣不过200多元钱，但是，这是董雪峰接受的又一个好心人的捐助。他的心微微发热，他觉得生活中的美好足以抵挡一切的不幸。

对于李伦娥记者，董雪峰其实还有着一些特殊的情感。地震过后，对地震的各个角落、各个群体的报道铺天盖地。可是，映秀小学震后的第一篇正式报道，正出自李伦娥之笔。

2008年6月3日《中国教育报》头版——《师爱永存——记汶川大地震中的映秀镇小学教师群体》的报道，让世人第一次知道了发生在映秀小学的可歌可泣的故事，知道了董雪峰、刘忠能、苏成刚、唐永忠……这些英雄老师的名字。李伦娥对映秀小学"师爱"的原生态描述，让董雪峰心存感激之情。他知道灾后重建的校园，需要这种最真实的情感支撑——爱的情感支撑。

当时教育系统到北京的一共有4人，北川中学的刘亚春校长、彭州红岩小学的周汝兰（英雄教师），还有陕西宁强的王敏（英雄教师，头上还有很大的伤疤），以及映秀小学的董雪峰。在北京和他们共处的那半个月，董雪峰每天都会听到许许多多感人的故事，他心中理解的"大爱"在每一个人的故事里都找到了载体。他突然觉得自己在见证一件极其有意义的事情。可是，正是因为见到了太多的英雄，听到了太多感人的事迹，那段时间的董雪峰，再一次意识到自己所做的事情，不过是听从了内心的直接召唤，将本能的反应体现在了对学生的救援之中。难道本能的事迹值得受到如此高的礼遇吗？

心里的忐忑不安又开始上升到无法驱逐，董雪峰的心理压力一天大似一天，他对自己的要求太高了，他唯恐做得不够好。

这一天，在中南海，中共中央政治局委员、国务委员刘延东要接见来自地震灾区的英雄代表，教育部的周济部长、教育司分管德育和人事的吴德刚司长、管培俊司长都会在接见现场。

不仅如此，教育部副部长陈小娅同志还专门到住处来看望董雪峰他们。她仔细地询问每个人所在学校的受灾情况、师生们的生活情况和复课情况。她鼓励他们要化悲痛为力量，振奋精神，不屈不挠，积极投身到抗震救灾、重建校园、恢复教学、提高教育质量的工作中去，使抗震救灾精神成为做好今后工作的强大精神动力。

在正式宣讲前，董雪峰住在中宣部安排的房间里，他的任务是熟悉稿件、调养身体。一个制作多媒体的老师，两个修改稿子的老师，还有一个演讲培训的老师，和他结成了一个"战斗联盟"。这个合作群体的主要任务，便是以最好的状态展现映秀小学的真实师爱。

宣讲的稿子是在董雪峰被记者用为新闻素材的《大爱无言》的基础上改就的。最终定稿后，中国传媒大学的鲁锦超教授，专门来到房间给董雪峰培训演讲的技巧。这个敬业的教授，每天从早到晚连轴转对董雪峰进行培训指导。就连吃饭的时间她也不放过，匆匆几口结束便又投身工作。她觉得时间太紧，她需要教董雪峰如何更好地融入稿子所能传达的情感中。这是震后最动人的情

感，最能引领人以积极向上的心态投身到未来的情感，是心存感恩的美好情感。

为了通过语言的魅力真正表达出"爱"的真实分量，鲁教授不停地给董雪峰试读、讲解。董雪峰再一字一字地读给她听。让董雪峰更感动的是，鲁教授根本就不舍得让董雪峰多读，都是她在读，让他来感受。因为她知道，每读一遍都是对董雪峰伤口的重新撕裂，一幕幕，一场场，曾经在灾难面前的无助、惶恐、心痛都会让董雪峰的旧伤再添新痕，重受折磨。

后来稿子读得熟了，倒背如流了，报告的次数多了，董雪峰的感情便自然而然地表露了出来。可是，最初，因为背负太大的心理压力，在前几场报告中，董雪峰始终不能完全释放自己的情感，他觉得自己的心被一种无形的东西压抑着。而报告不同于演讲，至少他不能讲到动情处时泪流满面或是泣声泣语。所以，直到在山东和江苏做报告时，董雪峰汹涌的内心才在那些文字的报告里决堤而出。他差点哭了，眼泪在眼眶里打着转。但他头往上扬时，眼泪便在心窝里，成为对他情感的滋养。

每走到一个地方，总有记者围着董雪峰，想要访谈。

不知为什么，在这样的访谈中，董雪峰想要拼命压抑并假装可以忽略的惶恐、忐忑又回来了。

他很小心，他害怕别人误解他，他不是在宣传自己，他仅仅是代表映秀小学这个群体去做报告，他是在为集体做报告，他生怕记者突出他个人。他对记者说："在整个报告团，我们仅仅只是代表整体，要报道就应该报道我们整个集体。"

可是，一些诘难并不随着董雪峰的意志而扭转。

事实证明，回到映秀的董雪峰，还是被许多人误会了。虽然他反复强调自己不是什么英雄，他只是给英雄们做事情去了。可是，责难还是不请自来，并让他的心情低迷、黯淡。

地震前，他的一个好朋友，也算是有些亲戚的好朋友遇难了。朋友的妈妈就这样认为，董雪峰是在踩着遇难亲人、踩着遇难的学生、踩着遇难的老师的背往上爬。从此，她视董雪峰为"敌人"，从此，亲人形同陌路。

董雪峰没有办法阻止别人的揣测或是指责。但是，他可以一直问心无愧地说，他丝毫都没有那样的想法。事实上，他是生怕为学校少做了事情。当人在万念俱灰的时候，他还能有什么私欲？

"那根本就不重要了。我在想，人在灾难来临的时候，无论你是有钱还是没钱，你就那样地去了。无论你生前有多辉煌，到你眼睛一闭的那一刻，你什么都没有了。还有什么可追求的？现在上面给我点荣誉，放到以前我可能都会很高兴，但是现在，我都是诚惶诚恐的。就像我去当奥运会火炬手只有我的爸爸、姨妈知道。我的朋友、同事都是不知道的。我一直都非常低调，我就怕引起别人不好的想法。"

董雪峰的首场报告会地点在人民大会堂，报告对象是共青团全国代表大会。北京四场报告中的后面三场，分别在全国政协礼堂、中宣部机关、北京师范大学进行。

整个地震报告团共有 37 名成员，只有 14 名能够在人民大会堂做报告。这让身为一名普普通通的人民教师的董雪峰，收获了人生最新的体验，也让他感受到了强烈的被尊敬、被关注、被鼓励。

6 月 15 日早晨，董雪峰离开北京，第一站到达哈尔滨。这一天，37 人的报告团，分成 6 个小团。6 个小团要跑遍全国各地。董雪峰所在的团要去黑龙江、吉林、辽宁、山东、江苏，最后一站是南京。之后的 6 月 26 日，他回到成都。休整两天后，在都江堰稍事停留。6 月 30 日重回映秀。

重新回到映秀的董雪峰，做了三件事情。

第一件事是买了香蜡纸钱，去了地震公墓。他不知道妻子和儿子被埋在了哪里，他只能找一个感觉上很亲近的地方，纪念她们。当时，一直随行的一个记者要跟他一起去，他拒绝了。他看向记者的哀痛的眼神中，传达着他的意愿：这是他最私密的情感，他不想对外人言说，他也还没有做好准备能将这样的情感在记忆里轻松地储存。这是他记忆里血淋淋的伤口，难以愈合的伤口，只允许自己进入的地带。所以，请给他一些独处的空间。

面对眼前一大片新墓，董雪峰的心悲凉着、抽搐着，是那样无力。夏风带着暖热，可是，那一刻的山头，却有丝丝寒意。

那个时空里的董雪峰，又哭到无力了。人前的坚强，人后的悲痛，在那一刻，化作了号啕而又悲凉的哭声。树叶随着山风呜咽着，有一只小鸟久久地停留在他跪着的地方，野花正摇曳着吐露着淡淡的芬芳……它们是读懂了这个男人的悲痛了吗？如果不懂，为何那样久久地陪伴着？像是亲人，不离不弃地陪伴着！

祭拜过妻儿，董雪峰加入刘忠能、苏成刚老师的行列，背着少则十几万多

则二十万元的现金安抚款，送到每一个痛失孩子的家长手中。这中间遭遇的诘难，又让董雪峰的伤口一次次撕裂。可是，他没有办法逃避，他必须迎头面对。因为他是学生的老师。

这一天，董雪峰收获了自己一生中一个重要的时刻和值得纪念的经历。

下午3点，映秀镇庆"七一"暨抗震救灾表彰大会举行，映秀小学党支部被表彰为"优秀党支部"。董雪峰、苏成刚两位老师站在入党宣誓的队伍中。

之后，董雪峰迫不及待地要投入震后的学校重建、人心的重建中。可是，入党后的第二天，董雪峰又接到了7月2日赶到西藏做报告的通知。

在西藏报告的时间很短，只是7月3日的一场宣讲，7月4日董雪峰又重回映秀。

这中间，董雪峰接到了三星公司的电话，他们为董雪峰报告的英雄事迹感动着，他们邀请他担任2008年奥运会的火炬手。

火炬手？多么神圣而又荣耀的称谓，多少人梦寐以求想要体验的人生经历。可是，接到电话的那一瞬间，董雪峰的本能告诉他，他不能去，他要拒绝这样的事情，他的卑微以及他所做的事情，不足以担当这样的荣耀。

董雪峰决定将这样的荣誉忘掉，他决定尽快回到正常的生活工作轨道，那才是他为人师的本分和职责所在。

啊，映秀，你的儿子终于回来了！

当7月4日灾后第二次踏在映秀的土地上时，董雪峰不由得由衷感慨。

断断续续离开这片热土一个半月而已，他却如此想念它的怀抱，即使绿水青山不在，即使疮痍满目，即使非议不断。董雪峰是映秀的儿子，母亲离不开儿子，儿子更离不开母亲。

就在董雪峰和同事们一起，即将跑遍每一个受到重创的家庭，即将送出所有的抚慰时，报告的事情又要继续了。

成都太平人寿公司决定给映秀小学捐赠一个多媒体教室，7月12～13日这两天，谭校长安排董雪峰给太平人寿公司作一场报告，表达学校的感激之情。

之所以特别提到这次报告，是因为报告结束时，董雪峰见到了同事张米亚的父母。他们还一起接受了记者的采访，一起共进了晚餐。

张米亚的事迹，在媒体的宣扬中，已成为映秀小学师爱的一个标志性事迹。这个折翼的天使，也在董雪峰的每一场报告中感动了许许多多的人。和他一起在地震中为保护孩子献出年轻生命的，还有映秀小学的老师连蓉。

让我们目光回望。

曾经有一段时间，有一种说法，映秀小学教师张米亚是折翼的天使。

因为张米亚生前非常喜欢唱一首歌，《摘下我的翅膀，送给你飞翔》。而且，有人说，他抱住的孩子活了下来，而雄鹰的"双翼"已然僵硬，救援人员只得含泪将其锯掉，才把孩子救出。

其实张米亚的翅膀没有折。

5月13日下午，校长谭国强带着一帮人用10多个千斤顶撑着，打通两米到一个废墟里。一位家长钻进洞里，哭着出来说："有个老师像母鸡抱小鸡儿那样，护着3个孩子。"

那位老师便是张米亚。他扑跪在地，身体前俯，双臂已经僵硬，像雄鹰展翅般张开，紧紧搂着3个孩子，吴金怡、郭雯还活着。抢救的老师和当地百姓试图掰开张米亚护卫孩子的双手，救出还活着的孩子，却怎么也掰不开。

有人含泪建议锯掉，但其中一个孩子的家长坚决不同意。他说，老师用生命保护了我们的孩子，一定要给他留个全尸！"要不是他护着我娃儿，我儿子早就死了。"后来，老师和家长还是想办法保全了张老师的双臂，救出了孩子。

地震发生时，张米亚正在紧邻楼梯口的二楼教室上课，讲台离楼梯仅几步之遥。

他完全有逃生的机会，但他依然守在讲台上，大声喊："不要慌，都趴在课桌下面！"

许多学生听到后，立马钻到桌底下。前排有人趴得不够低，张米亚跑上前去按他们的头。有几个同学不知所措，张米亚就一手抱住一个，拼命压在讲台下面。

这时候，房子垮了。在楼房倒塌的一刹那，他紧紧抱住了他的学生——像后来人们看到的那样，张米亚的最后姿势恰如一只展翅雄鹰。

如果说，张米亚遇难时是一只英勇悲壮的雄鹰，那么，在平时，他则

是一只阳光快乐的雄鹰。张米亚身高一米七四，体力好，在同事眼中，他是活泼、随和的代名词。张米亚喜欢足球、篮球、上网、唱歌，写得一手好字，人缘好，工作兢兢业业。一个男老师当低年级班主任，娃娃都很喜欢他，这实属不易。

往日，在映秀小学，教师们文体生活很丰富。女教师自发组织了20多人的舞蹈队，跳民族舞、现代舞、交谊舞，还自编舞蹈。男教师则有一支11人的篮球队，自己交会费，学校提供条件支持。篮球队运行了5年，一般每周都有两场篮球赛，还经常拉出去比赛，这次篮球队有6人遇难。映秀小学是全镇文化生活的中心，带动了全镇文体活动，5月的全镇篮球赛事和文艺演出就是他们承办的。

爱热闹的张米亚自然是这些活动的热心分子。张米亚歌唱得好，学校组织教师搞演讲比赛，张米亚的题目是"我爱五星红旗"，讲到结尾突然唱了起来："五星红旗，你是我的骄傲……"地震前半个多月，他还入围了全县歌咏比赛。

在参加县歌咏比赛前一天，他打篮球时眼睛被撞了一下，一只眼睛青肿青肿的，成了"熊猫眼"。苏成刚开玩笑说："你是不是打架了？"张米亚连忙说："鬼扯！"然后说明天的比赛可怎么办嘛？于是苏成刚找来一副墨镜给他戴上，歪着头看了看，说："你这副样子还真有点酷，明天就这样比赛去！"

……

地震来临时，28岁的连蓉老师正在六（2）班上美术课。在危急关头，她对惊呆了的学生喊道："是地震，不要慌，大家快下楼！"并立即指挥学生撤离。

当她再次返回教室救学生时，教学楼坍塌，她被淹没在一片废墟里。人们发现连蓉时，她两手各抱一个孩子，其中一个还活着。

这个班在她的紧急疏散下，13个孩子幸存，但她却永远撇下了一岁半的女儿。

连蓉是映秀人。地震时她妈妈被压在下面，受了重伤，交警队救她时，她说："我不行了，别在我身上浪费时间，赶紧去救有希望的人。"但救援人员还在努力抢救。为不使救援人员在她身上浪费宝贵的救援时间，她妈妈吞戒指、割腕而死。救援人员含着热泪一步一回头，离开了她，去抢救其他的人。连蓉的爸爸也在地震中遇难。

连蓉1999年从威州师范学校毕业，到映秀小学担任美术教师，当过学校综合教研组组长，2007年大学本科毕业。学校走廊墙壁上有很多画，是她指导学生画的，她很多个晚上都义务到学校指导住校生画画，有时坚持到晚上10点，学生睡了才回家。在她的"打磨"下，20多名学生的美术作品在各级艺术大赛中获奖，她也被评为省级优秀指导教师。

……

而董雪峰、刘忠能、苏成刚他们这些在灾难中失去爱、没有放弃爱的老师，何尝不是一个个折翼的天使。他们的不放弃，不正是爱的传递和延续吗？

3. 映秀不能没有小学

他的心门在封闭与开启之间游离，无所皈依。

她猜到了哥哥的逃避，她要帮哥哥走出这样的伤痛。

怀念使人坚强，更给生者以承担的力量。

他相信自己活下来的价值，就是让那倒下的学校重新站起来。

一直伤痛着、怒吼着，孩子就会回来？日子就会重新阳光明媚吗？

他们想出去，想到异地去复课，不想再待在映秀，因为有太多伤痕、太多记忆。

映秀不能没有小学，而他们，不能没有这样一起陪伴走过来的友谊。

只带一件穿的走，其他任何东西都不带走，都留给学校。

生活又从这样简易的状态重新开始了。

* * *

与董雪峰一样，刘忠能最亲最爱的人，也被这场无情的地震，从生命中硬生生地剥离掉了。带着淌血的心，重新回到工作和生活之中，渴望亲情的温暖，却又害怕面对亲人关切的眼神，刘忠能的心门在封闭与开启间游离，无所皈依。

工作的忙碌，麻痹着刘忠能疼痛的神经。因工作不得不面对其他人，各种各样的援助系统，让他在与人的撞击与交流中，内心的世界不断被打开，思想一次次地被整合、更新。可是，吞噬人心的悲痛也正是因为工作的介

入，不断地被切割成一组组不再连续的片段。幸好，共同的际遇，同伤又共事，彼此的鼓励，互相的指正，在抚慰与支持中，他和他们，成就了彼此生命中的兄弟情谊。更重要的，是学生的热情与单纯，敲打着刘忠能紧闭的心门，孩童时常洋溢出的活力和爱，也帮助他死寂的生命，如荒原一样再披新绿，再迎春风。

外在支持与内在自我调整的蜕变，生命在经历拆毁后的重建，刘忠能的生命，有了新的历程。

5月25日，与谭校长一起乘坐货车，被淋成落汤鸡般的刘忠能，到达四川郫县。

在校长的姐姐家，他们有了短暂的休息，吃到了地震后第一顿真正热热乎乎的可口饭菜。可是，他们食之无味，他们心里的焦急在温暖的亲情面前泛滥：老师们都到了西南财经大学的安置点了吗？映秀小学幸存的孩子又有多少也在那里？散布在各个医院的伤员，有没有名单？是不是需要挨个医院去找回？

……

在这样的焦急中，刘忠能心里的苦痛也泛滥起来：到了成都了，回不回去看亲人？自己的舅舅，孔丽的几个姨妈，去不去看？还有自己的妹妹。如何面对孔丽和刘旭思宇都不在了的抚慰？他的痛苦她们能够感同身受，可是，他要说什么，她们能说什么？

因为这样的苦痛，刘忠能一直没有联系亲人，他不知以何面目和心情面对他们。说实话，当时的他，什么都没有了，至爱的妻子和儿子没有了，家没有了，就连一身像样的衣服也没有了。他觉得自己的人生太寒酸了。他怕自己见到亲人会掉眼泪。

这一天，他终于给妹妹打了一个电话。一番寒暄之后，他拜托妹妹去给自己买身衣服。

接到哥哥的电话，妹妹的眼泪"哗"地就流了下来，可是，她不敢在语气里带出伤悲，她只是安慰哥哥说："哥，你来我家吧，洗个澡，我们一起吃顿饭。"

挂了电话，妹妹给嫂子在成都的姨妈打了一个电话。她猜到了哥哥的逃避，她要帮哥哥走出这样的伤痛。

在妹妹家洗了澡，换上了干净的新衣服，刘忠能突然觉得自己在那一刻，才真正从死亡的气息里走了出来，才真正有了活着的精气神。

按照农村的风俗，从死亡的废墟中爬出来的刘忠能，要将全身上下的衣服都扔掉，要将所有的晦气和不幸都扔掉，要将一切的苦痛都扔掉。

逝者已去，活着的人，不能永远悲痛。这是刘忠能从小便懂的道理。只是，走出这样的阴霾，他还需要时间。

刚刚收拾利落，孔丽的两个姨妈便打来了电话，要求刘忠能晚上务必去她们那儿吃饭，并说她们在来接他的路上，马上就到。

晚上便被"强迫"住在了其中一个姨妈家。一晚上，她们都在避谈孔丽和思宇。她们只是以生活上的关心和温暖，想努力让刘忠能的心赶快暖和起来。看着刘忠能脸上从未舒展散去的痛，她们实在担心。

于是，在西南财大安置点工作的最初几天，刘忠能必须回到姨妈家去住，这是亲人们的恳求，刘忠能不忍违拗。她们和他一样，何尝不也是被失去亲人的疼痛吞噬着？

白天的工作很累，可是，晚上的刘忠能怎么也睡不着。一躺下，家人、同事、学生，便像放电影一样，一幕一幕地上演着他们曾经交叉过的点点滴滴。而姨妈和亲人们对他生活上的关心，却根本没有办法让他从伤痛中释怀，反而更让他时时想起自己的妻儿。刘忠能觉得自己快要崩溃了，他需要在一个忙碌的环境中假装忘掉了这一切。

百般恳求，姨妈们终于同意刘忠能住到财大的安置点。

"六一"那天，刘忠能回到了映秀，回到了妻子儿子安息长眠的映秀。

大地震留下的印记依然触目惊心。

往年的这一天，都是儿子刘旭思宇最开心的节日。因为不管多忙碌，爸爸妈妈都会陪着自己，当然还会有一份礼物。

地震前，儿子曾经告诉刘忠能，他喜欢上了一件玩具，他问爸爸能否作为儿童节的礼物买来送给他。当时刘忠能爽快地承诺："行，没问题！"可是，眼下卖礼物的商店已灰飞烟灭，想要礼物的小男孩，也是再也看不见、摸不到、亲不着了。

天一亮，刘忠能便将买好的东西带着，去了埋葬着妻子和儿子的山上。

清晨的微风，带着忧伤的哀鸣，吹过灾区的断壁残墙；清晨的雾气，裹着心酸的哽咽，漫过灾区的大街小巷；清晨的想念，相拥着悲情的过去，在刘忠能的心头流淌。他觉得自己正泅渡在一条悲伤的河里，那萦绕于断壁残垣之上

的香火，以及记忆里泪雨滂沱的惨淡面容，还有妻子和儿子曾经欢笑的脸，在他的内心深处，久久挥之不去。

足足两个小时，他就那样坐在妻子和儿子的墓前。他絮絮地讲着自己这些天的经历，他的感想，他的期盼……他絮絮地说着想念，说着刻骨铭心的伤痛，说着对春天的向往。

当他擦拭眼泪离开墓地时，眼神已经重新变得坚定。怀念使人坚强，更给生者以承担的力量。刘忠能相信自己，活下来的价值，就是让那倒下的学校重新站起来。活下来的价值，就是让挤在岩石缝里的种子，迸出惊人的力量。因为没有什么能够摧毁这片土地的希望，没有什么能够阻挡人们对未来的盼望。

回到映秀了，需要考虑真正的复课了。刘忠能和学校的老师们，进入了更忙碌的状态。

可是，这段时间，他们还有更重要的任务要去完成——去做遇难学生家长的安抚工作。

这个工作不好做啊！

每天背个包、背着钱，带着名单下村，挨家挨户去安抚。常常是将钱摆到家长面前，说着节哀和振作，说着抱歉和安慰，家长们便在对面开口大骂起来。骂老师没有把孩子看好，骂老师没能把孩子救出，骂老师如此假惺惺地想用钱来收买他们……总有一些家长的话越说越难听，刘忠能再也忍不住地同他们争辩起来："你的小孩没了，我的小孩也没了，我的爱人也没了，我去找谁啊？谁来安抚我啊？谁来安慰我啊？谁来管我啊？没人管我，也没人理我，我现在承受这样大的压力，我还要给你们做工作。这是天灾，这是8.0级的一个大地震，你去怪谁？国家、政府、全社会都在关心你们，关注你们，你们也该知足了！"

可是，有些家长就是固执地不接受这样的安抚。一次去不签字，两次去不签字。说实话，刘忠能理解家长痛失子女的心情。失子之痛他也经受了，他明白这里面的苦楚。可是，一直伤痛着、怒吼着，孩子就会回来？心情就会平复？日子就会重新阳光明媚吗？

"骂够了没有？不管你怎么骂，这个事情你还是要处理，人已经走了，你要去挽回他的生命已经不可能了，况且这不是人祸，是天灾。你能跟老天爷讲理吗？"刘忠能说得口干舌燥、心力交瘁。

那段时间，真是连轴转。天刚亮，他们便往村子里急急赶去。学校、政府、教育局各出一人组成一个安抚小组。顺利的话，一天能走遍一个小村子。可是，不顺利的话，几天都做不通一户人家的工作。

整个安抚的慰问金有三个部分，国家教育部的、当地政府的、青少年儿童基金会的。且三次慰问金发放的时间也不一样，所以，就算顺利，一个遇难学生的家里，他们也要去三趟。

不仅如此，按照基金会的要求，接受慰问的家长，要写一份纸质材料，写明孩子的姓名，怎么去世的……最后再写上一句——"我们要遵守国家……"

很多家长不愿意写，尤其是不愿意写孩子们是怎么去世的，他们不想生生地撕裂自己曾经的伤口。是的，他们抱怨一切，抱怨老天，抱怨学校，也抱怨自己。可是，他们也知道抱怨不能解决一切，活着的人，还应该继续往前走。只是，他们一时无法面对巨大的伤痛。尤其是看着还幸存着孩子的家里，偶尔传来孩子们的欢腾嬉闹声时。那是他们丢失却拼命想要找回的生动，生活里最动人的声音和气息。

在这样的忙碌和烦躁之中，刘忠能和其他的老师，吃不好睡不好。因为没有固定的地方可以住，那些天，他们一般是能睡到哪里就算哪里。直到6月18日，刘忠能在映秀中学门口要到了两顶帐篷。帐篷搭建好后，那儿成为他临时的"家"。老师们在帐篷中夜以继日地工作，一丝不苟地统计学生情况，做足开学复课的准备。

后来，政府开始搭建板房，给学校分了一间，但是，只有一间。映秀小学、映秀幼儿园、县教育局三个单位一起，在这间板房里办公、睡觉。

怎么描述当时的状况呢？一个通铺，七八个人，男男女女，没有办法分铺。每一个人又累到快要崩溃，不想说话，身子一横，便将自己置于与亲人可以相见的梦乡。

他们的早晚餐基本上是在救助站里吃的。救助站有许多志愿者和政府的工作人员，他们不仅要给路过映秀的灾民做饭，还要给这些维持着正常办公秩序的工作人员、学校的老师做饭。每每看到救助站升腾起袅袅的炊烟，刘忠能的心里便会莫名的感动，在他看来，那是烟火生活里温暖的传承。

可是，他们不能跟那些灾民分"抢"食物，他们不能再让一直劳累着陪伴他们的志愿者因他们几个人的吃饭问题再担心。

很快，学校的板房也建起来了。那时候的刘忠能，已经知道学校不能到外地去复课了。可是说实话，他们想出去，想到异地去复课，不想再待在映秀，

因为有太多伤痕、太多记忆。而且，学校一无所有，就连可以给学生遮风挡雨的板房也没有。师资力量更是弱得可怜。

但是，他们必须待在映秀。谭校长说过一句话："映秀不能没有小学。"为了这个使命，他们必须拼尽全力，让映秀小学找回昔日的勃勃生机。

板房学校建好了，可是，还没有通电。即使如此，刘忠能也已迫不及待地想要搬进去了。

他们将原来学校食堂的杨阿姨请了回来。白天累了一天，晚上能吃到杨阿姨做的热乎乎的饭菜了，一日三餐突然真正有了着落，刘忠能的心里踏实了许多，他用"好像在过神仙般一样的生活"来形容那种感觉。

因为没有电，他们几个又在学校的边角上搭了一个帐篷。吃过晚饭，或是将晚饭端到帐篷处，刘忠能他们几个便开始喝酒。

说实话，在他们看来，喝酒是抚慰伤痛的最好方式，更是打发时间的最好方式。因为心底的伤痛一直都在，每个躺到床铺上的人，都无法安然入睡。睡不着，便需要打发太多的时间。喝酒，和可以说话谈心的几个朋友一起喝酒，那段记忆，刘忠能终生难忘。

那段时间，刘忠能的睡眠时长基本上只有三四个小时，而每一夜几乎都是睡不踏实的。一躺到床上，眼前便出现地震瞬间的场景，救援的场景，清理的场景，惨不忍睹的场景。然后，他便看见那一大片一大片的学生横七竖八地躺在那里……

苏成刚、唐永忠老师的状况和他差不多。四处做报告的间隙，回到映秀与他们一起并肩战斗的董雪峰老师，状况更好不了哪里去。

睡不着，受不了，他们四个人便又凑到一起喝酒，喝了又喝，他们是在用酒精麻醉自己。一晚上四个人有时候能喝掉八瓶二锅头。几个人坐在一起，说说话喝喝酒就不想那么多了，心里就不觉得空了。

谈得最多的，是工作，比如白天遇到的责难，其他人便说一些鼓励和安慰的话，劝对方要坚持，不能放弃，其实也是在劝自己。

他们都很小心翼翼地避开"地震"这个话题。可是，很多时候，说着说着，眼泪便不由自主地流了出来。眼泪是情感最好的宣泄，可是，眼泪也是伤痛的回忆。

2008年8月8日，奥运会开幕的那一天。苏成刚和唐永忠因为临时有事都不在映秀。偌大的校园只有刘忠能和董雪峰两个人。虽说学校在那时已经通了电，可是，实在没有心情看开幕式，两个人便拿出了酒。酒瓶一碰，闭着眼睛便往嘴里灌。酒喝多了，心便会麻木起来。可是，那种更压抑的感觉，为什么却让心情更难以平复？

除了唐永忠，刘忠能和董雪峰、苏成刚的经历是一样的，都是失去了至亲至爱的家人。同喜同悲、互相鼓励、亲如兄弟、无话不谈，是用来形容他们几个人灾后友谊最准确的词语。

其实，地震前，他们聊的话题不是这样的。他们聚在一起，会聊八卦的事情，会说工作上不顺心的事情，会讲自己看不惯的人和事。可是如今，他们更多的是互相鼓励和支持，"今天你没有干完的工作，我们几个一起帮你干了。这个东西这样做可能会更好一些。于是，事情就按更好的方式做好了……"

这样的患难之交，为他们四个人赢得了"四剑客"的美誉。这样情感上的依靠、精神上的温暖，一直陪伴他们走到现在。映秀不能没有小学，而他们，不能没有这样一起陪伴走过来的友谊。

但是借酒浇愁、以酒交心的日子却在即将到来的开学前戛然而止。因为他们是老师，因为他们爱孩子，他们要把最好的状态呈现在幸存的学生们面前。深深享受着友谊的四个人，为着映秀小学的复课做着一切准备。

因为害怕等到了复课的那一天，学校还什么都没有。那段时间，刘忠能就像捡破烂一样，谁给的好东西，都赶紧拿回板房学校。

广建公司、中铁十三局这些援建单位要从学校撤到其他灾区时，给他们留下很多的物资。尤其是广建公司走时还给所有的员工下了命令："只带一件穿的走，其他任何东西都不带走，都留给学校。"那一天，学校一下子便有了300多件物资：矿泉水、被子、床铺、帐篷、锅碗瓢盆……这些生活必备品。啊，还有两台很重的发电机。

这些东西堆在一起，很多，刘忠能他们搬了几天便搬不动了。尤其是发动机。见此，苏成刚便去找附近红军师的战士。部队的援建任务很重，部队给了8位战士一上午的"假"。可是，这一上午他们只搬了一台发动机到学校。东西太沉了。刘忠能他们几个根本不可能搬动。部队的同志真是负责任的好同志，回到部队后的下午，他们竟然自己请假又跑了过来，将另一台发动机又搬到了学校。不仅如此，广建公司捐给映秀小学的200多架行军床，也全是由铁军、红军师的同志帮着抬到学校的。

8月18日之前，留守在映秀小学筹备复课的老师，只有三个人，刘忠能、

苏成刚和唐永忠。这三个原本文质彬彬的男老师，偏偏遇上了一些爱占小便宜的群众，有些群众看到援建单位留给学校那么多物资，就一拥而上往自己家里"抢"。三位老师一看这些群众的举动，心里便急了，他们便完全顾不得自己的斯文形象，天上下着大雨，雨里是他们和老百姓一起纷纷往自己的板房搬动物资跑动着的身影。搬不动时，他们便找到了一辆推车。可是，当他们将推车上的东西搬到学校仓库的时候，放在库房门口的板车却不见了。

有 3 张办公桌就放在过道上，当老师们去"抢"物资时，办公桌便不见了。不甘心的苏成刚和唐永忠便去找。果真，便看到两三个人正抬着这些桌子往板房区走。

从另一边绕过去，等在路中间。第一张桌子抬过来了。苏成刚问："这个桌子是给学校的，马上要复课了，学生开学要用的东西，你们抬回去干吗呢？"

听了苏成刚半是质问半是不解的话，那人不好意思了，把桌子丢在路中央人便跑了。后面的两个人一看，也不往前抬了，把桌子往路边一放，人也全跑了。

有时候，这些老师很理解他们，因为他们知道，地震让大家什么都没有了。对于这些课桌，他们只是觉得能装一些东西，是有用的。可是，他们却忘记了，这些东西对学校而言，更有用。

关于抢水这件事情，也是有些交锋。眼瞅着根本抢不过百姓，苏成刚便找百姓理论："这些水是给孩子喝的，你们不能拿这些水。"想了想，老师的话在理，有人接口说："我们不动水，其他东西我们也需要，需要我们就要拿。"

果真，700 多桶矿泉水，5 公升 1 桶的矿泉水，老百姓果真没动。三个老师，仅搬这些水，便搬了整整一天。

这些被老师们"抢"回来的东西，在刚开学的映秀小学，起到了很大的作用，尤其是厨房用具和矿泉水。

因为学校一直没有通水，老师们"抢"来的 700 多桶矿泉水，解决了吃水的问题。至少不用他们一下雨便锅碗瓢盆地齐上阵，用接到的雨水来煮饭。而"抢"来的大米和面、军用被、行军床、简易床，也解决了他们的温饱和住宿问题。

可是，学校要开学了，这些物资远远不足以支撑。

此时，刘忠能的哥哥调到映秀镇当副书记，孩子们的复课也牵动着他的心，他便帮着联系团省委，通过省里联系到深圳蛇口国际学校对口支持。于是，两个深圳的老师来到了映秀小学。

"你们有什么困难？"苏成刚陪着深圳来的金老师和另一位老师在校园里转。

"我们现在复课需要解决厨房设备。"苏成刚答。

"好，这些设备我们来买。"金老师爽快回复将给予 5 万元的资助。这样肯定的答复让苏成刚欣喜不已。

就这样，当天苏成刚、唐永忠和金老师一起来到成都。团省委的领导也到场联络，他们找到了四川鼎力厨具公司。

这家厨具公司的张总详细听了学校的受灾情况以及重建的进展后，十分感动。尤其是苏成刚老师个人的遇难情况，更让他唏嘘不已。张总对苏老师讲："苏老师，我们很敬佩你们，你在这样的情况下，还这样积极努力工作，我们很感动啊。这样行不行，国际学校他们出资，出资以后剩下的钱你们就不要管了，我们鼎力厨具公司承担。"

结果，蛇口国际学校最终给了 7 万多元的捐助。那套包括蒸饭车、电磁炉、炒炉这些价值十几万元的大型设备，全由四川鼎力厨具赞助了。张总对苏成刚说："蛇口国际学校都这么热心，我们也要为灾区做事情，不管超出多少都算我们的，不管啦，尽量做，做最好的。"

最初 5 万元的赠最后变成了 20 多万元，而且开学以前这套设备便已安装到位。这样的实际支持对映秀小学加快重建步伐的鼓舞可想而知。

重新回到学校的老师们，什么也没有了，家都没有了，还能有什么家当呢？所以，当老师们站在分给自己的床铺面前时，每个人都感慨万千，生活又从这样简易的状态重新开始了。可是，再贫瘠的土地都会生出美丽的风景。他们相信靠双手能创造明天——美好的明天。

第八章　坚强复课

——一切都从零开始了

1. 原址复课，在小学倒下的地方重生

我们已经度过了最艰难的时刻。

这次老师们个个开始会笑了。

超过 80% 的家长"希望外迁读书"。

映秀镇复建已成规模，不能没有小学和幼儿园。

稚气未脱的脸上，写满了他们不能承受的生命之重。

伤口依然存在，偶有触碰，在没有愈合之前，都会汩汩流血，带来新的疼痛。

原址复课，受创伤的孩子们的情绪会有怎样的波动？

就在映秀小学倒下的地方，要让它新生。

* * *

教师——这个太阳底下最光辉的职业，它总把最阳光的一面呈现给孩子，把最温暖的爱带给孩子。在映秀小学，这些阳光般的老师，便成为学校新的精神象征。

2008 年 8 月初，随着奥运圣火距离北京越来越近，因"5·12"汶川大地震被调整到传递倒数第二站的四川火炬传递活动，成为全国人民关注的焦点。

三星集团是北京 2008 年奥运会火炬接力的全球合作伙伴，地震发生后，他们申请对在四川进行火炬传递的三星奥运火炬手名单进行调整，一些原定的火炬手主动出让了名额给抗震救灾的英雄们。这份新推荐获批的名单中，便有谭国强和董雪峰。

消息确定并准备启程时，谭校长对董雪峰说："一个小镇的小学，有两人入选成为火炬手，可以进世界纪录了啊！"谭校长的话透着悠悠的意味。是啊，如果能有选择，他情愿平凡而普通，而不是因为一场地震收获这样的尊严、荣耀和被瞩目。

"是啊，心惶恐，更不敢懈怠啊！"董雪峰的话里，回应着谭校长想表达而未说出口的怅然。地震之后，这个中等个头，脸庞略黑，说话的语调总是舒缓的男人，第一次望向窗外的眼神，有了长久的平静，长久以来坚强后的平静。这样的平静。是即将重新回到正轨的映秀小学需要的、温和而可以依赖的力量。

2008 年 8 月 4 日，奥运火炬在四川传递，董雪峰跑第 184 棒。

"那段路不知道怎么跑下来的，很紧张、很兴奋。"事后许久回忆起来的董雪峰，仍很激动。30 米的奥运传递路线转瞬即逝，本来想好了要做一个手势，一个属于董雪峰灾后重生的手势，结果，那一刻因为兴奋，董雪峰将这件事情全忘了。但他没有忘的是，一路走来的奥运圣火，历经风雨却愈发光明而热烈的奥运圣火，瞬间点燃了自己一直压抑在心底的，对生活的新希望和新梦想。这是他没有预想到的，也是他庆幸有所收获并切身感受到的。

作为北京奥运会火炬传递乐山站的最后一棒火炬手，谭校长在点燃圣火盆后的那句话，让所有在场的人爆发出了长久的掌声。他说："我们已经度过了最艰难的时刻，我要向所有帮助过我们的人们说一声谢谢！"

谭校长说的是映秀小学的心声，是师生们的心声。如果没有那样多的帮助，映秀小学如何能在这样短的时间内坚强走出？

传递火炬的这一天，离计划复课时间还有 23 天。离地震毁灭映秀小学的时间，不足 3 个月。可是，映秀已经开始有了自己的新模样。

只是，在这样的进程中，学校自身还存在着诸多的问题。但这些幸存的老师，有着自己的答案。不管答案得到别人的认可度会有多高，但心存感恩之心，是他们轻装上路的心灵法宝。

在谭校长的答案里，当务之急的，除了找到和安抚学生，着手准备复课方案，便是幸存老师的情感释压。

清理废墟时，刘忠能在学校现场捡到一根扭曲成"人形"的树根，他将它挂在了自己的床头，算是对地震永生的纪念。因为地震带走了至亲的人。以前从不沾酒的他，也学会了喝二锅头——56 度的。他害怕一到晚上自己便开

始头脑清醒，喝酒能让自己迷糊。而妻子遇难的苏成刚，在地震后，不仅学会了喝二锅头，还学会了抽烟。

不仅仅只有他们两人，董雪峰以及还有其他活着的老师，都在用一种消极的状态来面对地震后的重生。5 月 26 日这一天，地震过后整整两周，到达成都安置点与老师们会合的谭校长，便看到了自己的担忧。"沉重"和"无措"的情绪正在这些老师中相互感染。

是啊，映秀小学 47 名老师中，遇难 20 人。谁的心情能轻松起来？而且，这些幸存的老师，几乎再无一人家庭完整。

谭国强决定让映秀小学的老师们去接受心理辅导，直到他们重新学会笑。

6 月 19 日，第一期教师心理辅导开始。在成都一家宾馆的会议室里，辅导员先让老师吹气球，点蜡烛，关掉电灯，再依次让老师诉说心理感受。

在那种封闭的环境下，辅导员的讲解一下子勾起了这些老师的痛苦回忆，所有女同事哭得一塌糊涂，就连男同事也是暗自落泪。当天的辅导没有结束，人便离席去了大半。他们谁都不愿意赤裸裸地将伤口再次撕裂，将赤裸着的伤口摆在别人面前，被指手画脚或是评头论足，或是告诉你，伤口遮盖的方式。遮盖其实是一种自欺，遮盖得再严密，伤口依然存在，偶有触碰，在没有愈合之前，都会汩汩流血，带来新的疼痛。

6 月 20 日，映秀小学的 20 名老师移至四川大学，再次参加心理辅导。

对于这次心理辅导，老师们普遍感觉到了满意。因为主讲的格桑老师只字不提地震，而是从他个人成长经历讲起，配合 PPT 幻灯片，很快便将大家带进他的人生历程里。而就自己遭遇的很多挫折和困境，格桑老师还回答了不少老师的现场提问。现场气氛十分活跃。辅导结束，老师们感觉心里舒服了很多。

最后一次心理辅导是在南充。上午集中学习了灾后心理恢复课程后，下午老师们便被强制带到景区游览。地震后第一次真正的减压，没有活着和死去的压力，没有背负着的责任，在青山绿水和辅导老师的轻言细语中，老师们个个开始会笑了。

看到老师们的心境渐渐舒朗，6 月 24 日，谭校长离开四川大学，南下广东，开始忙碌复课的事情。

灾后，映秀小学曾做过这样的调查——"是否愿意外迁复课？"报名结束后，超过 80% 的家长"希望外迁读书"。

谭校长首先见到了广东省云浮市金水台度假村的负责人，对方希望映秀小学的师生去他们那儿复课，并承诺先花 300 万元建一栋教学楼，如果按照 300 个学生，三年共需 800 万元，他们承担全部费用。只要映秀小学过去，三年不用汶川政府掏一分钱。

可是，就当所有老师都备感喜悦时，上级来电，小学不能外迁，原因是孩子们太小，出省不方便。

7 月 3 日，谭校长又转道四川宜宾。当地教育局考虑接纳他们，不用带任何东西，只要师生过去，其他的一切费用局里负责，甚至连学生的保险也纳入了计划。

可是，上级又来电，映秀镇复建已成规模，不能没有小学和幼儿园，所以小学不能外迁。

谭国强给上级打电话："让学生老师出去透透气，过一两年再回来也不是什么坏事。再说外地单位接收我们，不要政府掏一分钱。"

他得到的答复是："映秀镇不能没有小学。"

既然映秀不能没有小学，谭国强和这些幸存的老师们决定，就在映秀小学倒下的地方，让它新生，让它重新恢复勃勃生机。既然是新生，越快越好，这是所有人的期盼。

校舍正式开工的那一天，便预示着小学的复课进入了真正的倒计时。所以，复课前的所有准备工作必须完成。

第一要务，便是伤亡学生的名单统计工作。这项工作不好做，有的老师连连感慨"太难了，学生花名册都埋在废墟里了"。正是七八月烈日最毒的时候，这些老师便在废墟边摆了一张课桌，通过各种方式通知家长们前来报名，统计的名义是下一学期要在外地过渡就学的学生名单。有人说这是"借生者，调查死者"，可是，老师们管不了那么多了，这项工作不管多难，他们都要完成。可是，很多家长情绪不稳定，他们的伤口又被划开了，他们想起了再也回不到学校的孩子，他们哭闹着到学校找老师讨要孩子。可是，哭闹是解决不了任何问题的。但是，安抚、劝慰中遭遇到的诘难，让这些老师的心也如哭闹的家长一样，泣着血，疼痛着。

第二项工作，便是通知学生复课，将幸存的学生组织到新的映秀小学。彼时，灾民还分散在各个救助站，信息不通。老师们便冒着火辣的日头分头通知，一户也不能漏，一个也不能少。

孩子们，回来吧，映秀小学站起来了。映秀小学不能没有你们，因为你们在，映秀小学才会在。你们生动，映秀小学才会生动。你们对明天充满希望和热情，映秀小学才能满怀希望和热情……

中间艰辛自不待说。在震后的一百多天里，老师们努力使自己不再陷入悲痛，"因为有更多的事要做"。而为了学校复课，他们几乎用尽了所有气力。工作不允许他们情绪低落。因为，那些严重受伤的孩子，在睁大纯真的眼睛看着他们。

在老师们的努力下，一切都在稳步地向前推进着，并终于将日历翻至2008年8月28日，映秀小学正式复课的日子。

复课仪式选在2008年8月27日。虽然学生们因新环境的新鲜而兴奋着，但校园里的气氛并没有以往热闹。参加复课仪式的学生们，集体面向地震公墓低头默哀。稚气未脱的脸上，写满了他们不能承受的生命之重。

崭新的映秀小学由洁白的活动板房组成。除了教室，还有各界捐建的食堂、浴室、学生宿舍、电脑室、心理咨询屋等设施，这些板房抗震能力强。离家较远或是路途有安全隐患的学生，还可以住校。

在映秀就地复建小学，并要求越快越好建成，谭校长和老师们最终也理解了政府用意的深刻：安抚灾区人心，稳定社会大局。

地震前，映秀小学共有473名学生。地震后，只幸存学生251名。除了在外疗伤、读书的，那天的复课仪式，只有132名学生到校。正式开课后，又回来一部分学生。后期又有康复的18名学生陆续返校。

复课后的映秀小学取消了班的建制，只保留年级。不仅如此，和地震前不同的是，每个班级的门口都新贴了一张全班同学和老师的"全家福"。贴"全家福"的意思，是说震后幸存下来不容易，活着就是幸福，"要让活下来的同学们有家的概念，珍惜这个大家庭。"

站在操场中央，五星红旗再次升起后，董雪峰、刘忠能、苏成刚这些幸存的老师回到讲堂，教室又响起琅琅读书声。可是，面对台下那一张张还没有完全从悲伤中缓解出来的孩子们纯真的脸，董雪峰们又有了新的担忧，原址复课，受创伤的孩子们的情绪会有怎样的波动？

复课当天，有媒体这样报道：

　　11岁的王光星慢慢地举起"新"的右臂——一个橡胶制作的假肢，向着鲜艳的五星红旗敬礼，他轻轻地咬着嘴唇，表情严肃。

新华社记者参加了映秀小学 8 月 27 日的升旗仪式。王光星高兴地对记者说："终于开学了，又见到小伙伴了。"

在教室里，王光星用假肢轻轻拿起一个羽毛球，准备和同学打羽毛球去。毛芳琴老师对新华社记者说，这几天，王光星一直在用左手练习写字。

王光星是自己从废墟里爬出来的，5 年级的他地震时正在 4 楼上课。

10 岁的马思琪也是在地震中自己爬出来的，当时房屋的天花板压住了她的脚。如今她背着书包，一跛一跛地走进校园。右脚上的一大块伤疤清晰可见。

"我就想快点开学，因为我要考大学，这是我很早很早以前的想法了。"马思琪说。

那天下午，6 年级上了一堂音乐课，偌大的教室，只坐了 10 个学生，许多座位空着。在老师的带领下，《中国少年先锋队队歌》响起，歌声依旧很嘹亮。

新学期第一天，马红秀只见到了 10 多名同学。而她所在的五年级一班原本共有 32 名同学。

"以前的 6 年级有 2 个班，50 个学生。现在的 6 年级只有 1 个班，10 个学生。"毛芳琴老师说。

3 年级的杨莲玉，情绪还没有恢复过来。在这 100 多天，她就住在新学校边上的帐篷里。那儿可以很清晰地看到山腰上的公墓。

她说，她想去外面读书，那样可以不看废墟，也可以不听天天响不完的鞭炮声。"有好几个晚上，一看到半山腰，就会浑身发颤。"

"娃娃肯定要多读书才能有出息啊!"家长雷开富亲自将孩子送来上课。

……

"如果没有了学校，也就没有了生机。"

地震后的新学期就这样开始了。

汶川县共有 1.4 万名学生，除了映秀、三江、水磨、漩口等学校在内的 1782 名学生在原地复课外，其余皆外迁读书。映秀小学是汶川县第一个在地震原址复课的学校。

2. 痛快，就是痛并快乐着

重回讲台，是心的归属，是他从教15年的价值所在。

如果将学校比喻成一棵大树，这棵大树的许多枝干已经残缺。

阳光明亮的教室显得有些空荡，教室的后半部空无一物。

他在履行自己的承诺，可是，那些违约的孩子们去哪了？

关爱的教育方式，见效了。

怕见这些孩子，是因为怕想起自己的孩子，怕勾起回忆。

一切从零开始的映秀，什么也没有，但是，

老师们的精神还在，映秀的精神还在。

如何上好第一节课，如何去面对教室里的学生，如何去面对自己？

不想被关怀，不想回应关怀。

他的这种幻想，让自己很累，很累，可是，他一时半会解脱不了。

*　　*　　*

从奥运火炬手的荣誉光环中跳出来，再次回到映秀的董雪峰，进入一种新的忙碌状态，他要为复课做更多的准备。

是的，地震之后的他，总是要见到同事以后，心才不会慌。总是要和同事们一起做事情，才会让他暂时忘掉伤痛。而一切的转折，正是因为火炬手的经历，让他重燃了对生活的希望。重回映秀，他依然需要那种忙碌，只是，这已不仅仅是为了忘记伤痛，因为重回讲台，是心的归属，是董雪峰从教15年的价值所在。

2008年8月10日，映秀小学召开行政办公会，谭校长让董雪峰负责学校今后的教学管理工作。第一个任务就是做出学校复课方案。

8月中旬，董雪峰受邀去北京观摩奥运会。走之前，他将自己做好的学校复课方案交给了谭校长。

复课方案非常详细，包括成立复课领导小组、复课后要开展的工作等。谭校长审阅方案后，报到了上级领导处。

在复课筹备工作中，还有一个非常重要的任务，需要从北京回来的董雪峰立即展开，那就是将现有的老师整合在一起。老师不够，考虑借调幼儿园的老师，和学校的老师混编在一起。开学以后，必须保证各个年级、各个班级、各个学科都有老师上课，必须有充足的师资力量。

这件事情非常难做。因为地震使映秀小学失去了20名老师，而且遇难的很多老师，其工作岗位都很重要，有任主课的老师，有负责教研组的老师。地震还让他们失去了两位美术老师和两位音乐老师。如果将学校比喻成一棵大树，这棵大树的许多枝干已经残缺。

最让董雪峰头疼的一件事是"排课"。如果说前面两件事，都是他能直接把握和做好的，"排课"这件事，可就有些挑战他的专业水准，他没有教导主任的工作经验。

说实话，以前他虽然看过教导主任排课，可是自己从来没有亲身实践过。排课可不像想象的那么简单，想怎么排就怎么排，它有一个国家的标准，必须遵守并符合标准。比如，每个学校应该开哪些课程？每一科的周课时应该是多少？课时不足的应该由哪些课程来补充等。

专业上面的缺失让董雪峰不敢马虎，一切从零起步。在反复向教育局的专业领导请教后，他一手拿着国家标准，一手在一张A4纸上排列布序。要先做学校的总表，各个年级的课表和各个老师的课表，不仅不能冲突，还得保证课时既不少也不多……可是，排着排着就发现，一个班怎么排了两个老师？或是一个老师怎么排了两个班？

终于将一切搞定。可是，还没有来得及检验课表，董雪峰又奉命去了省里和香港做报告，等到他回到学校想要检验课表时，中途却总有老师请假或是外出学习，代课的情况太多，董雪峰也说不明白，自己做的课表到底科学不科学。

即使这样，他还是根据讲课的实际情况，对课表进行了微调。

这个时候，学校让董雪峰担任六年级的班主任老师。因为六年级是毕业班，是任何一个学校都最重视的班级，校领导觉得董雪峰能胜任。

地震前的董雪峰正好也是带五年级，这样的递进，他觉得也不错。但是，他不想当班主任，他只想教好语文。虽然当班主任可以和孩子们多接触，和他们建立很好的关系，但是，学校里的行政事务太多了，他怕忙不过来，他怕有所疏忽。如果不能全力做好，不如不做。要做就要做到最好！这是董雪峰的执教信条。

上课铃响了，董雪峰走到板房教室门前，用手捋了一下头发。头发刚刚被

水打湿过，这样方便整理出分头的发型。稍事休整，他的脸上浮现出一层神采，能掩盖住所有倦意的神采。地震后的第一节课，董雪峰想让孩子们看到精精神神的老师，精精神神的课堂。

教室内的嬉笑声停止了，学生们端坐在课桌前。董雪峰快步走到讲台之后，露出笑容。

眼前的一切和地震前相比，仿佛并未改变。一样的黑木讲台，一样的黄色课桌，教室后一样设有黑板报，只是上面的主题变成"常怀一颗感恩的心"。只是阳光明亮的教室内显得有些空荡。教室前半部有3排桌椅，后半部则空无一物。

地震前，董雪峰的班上有32名学生，现在班上只有12人。12个学生当中，只有3个是原来班上的，其他学生都是从别的班级拼凑而来。而自己的儿子，原本应该升到六年级的儿子，已经不在了。

地震前，董雪峰曾答应过自己原来班的孩子，从四年级接过他们，董老师便会一直带他们到毕业。这中间，曾有去县人大当秘书又回归讲台的李勇强老师找他，想让他把位置让给他，董雪峰都没有同意。他要兑现自己给孩子们的承诺。

如今，他在履行自己的承诺，可是，那些违约的孩子们啊，你们可向董老师告假？并且是否得到了老师和大人们的允许？老师不是一直教导你们，要听老师和家长的话，就像有事要"报告"一样，你们为什么擅自作了这样的主张呢？

站在讲台上的董雪峰刹那间情绪有些怅然，但他很快调整了自己。他努力不去看那些空出来的地方，他把精力集中在眼前的孩子身上。

一直以来，讲课都极富感染力的董雪峰，喜欢走下讲台，站在孩子们的中间，一手插兜，一手挥舞，做着各种手势。这样，孩子们听得津津有味，他自己也是讲得兴趣盎然。

可是那一节课，他讲着讲着，戛然而止，脑子像停顿了一般，不知道该如何讲下去。

第二节课，董雪峰在网上下载了许多资料，他想让孩子们的视野更开阔，在语文课上学到更多的知识，作为老师，他要满足孩子们的求知欲，并为他们创造这样的条件。所以，那一节课，他讲了许多故事。课后，有学生这样评价自己熟悉的董老师："董老师变温柔了，地震前他很严肃，不会给我们讲这么多故事，不会这么温柔地对待我们。"

不仅仅是董雪峰的变化，地震也让孩子们变得懂事起来。只要给他们讲道理，他们都能听进去，学习成绩也一直保持得不错。当然，也有学生叫苦叫累的时候，董雪峰便会要求他们，做他们该做的，并且告诉他们，学习是不能怕苦怕累，老师布置的作业都是有目的的，做了肯定是对他们有好处，所以他们还是很乐意做。

董雪峰平时布置作业方式很灵活，他让每个人都要办一份小报，课本上学习到的好的词语、句子、名言警句，以及他们在课外书上看到的，或是他们自己构思的东西，都可以写进小报。董雪峰认为这是培养学生语言能力的最好途径。因为做小报纸可以培养他们搜集资料、排版、美工等各方面的能力，并不一定非要让他们抄书本上的生字、课文。

班级考试的时候，有一个孩子考得不太好，只得了70多分，其他的孩子都考了90多分。考第一名的孩子在地震中失去了右手，他刚开始用左手写字很困难，董雪峰和孩子们都鼓励他，也经常表扬他。后来他写得很不错，而且考了96.5分的好成绩。他的知识面也很广，这个班很多学生在这个孩子的影响下读了很多书。

等到一年后这个班从板房学校毕业时，他们荣获了"汶川县优秀班集体"。董雪峰欣喜地对自己的搭档阮老师说："关爱的教育方式，见效了。"

这样的关爱里面，更多的，其实是人生道理的讲解与传递。

有一节课，正在提问的董雪峰，突然将话题转到了"痛快"一词上。

"什么叫作痛快？"他问。

孩子们的回答不一。一个女孩回答："痛快，就是痛并快乐着。"

董雪峰不置可否，他在黑板上重重地写下"痛快"两个大字，然后认真地说："只有经历了痛苦，才会对生活有别样的感悟，痛苦过后的幸福，更加珍贵，更加值得期待"。

他在对学生们进行着解答，也像是说给自己听。他知道，痛已经过去，他和他们，应当寻找更有价值、更有意义的快乐。

董雪峰的伤痛似乎翻过去了，但他的好朋友刘忠能还在努力的路上。

让我们看一看刘忠能的新"家"吧：一张单人床，一床铺盖，几件救灾的短袖，一套新买的衣服。生活就在这样一穷二白的基础上，重新开始了。

地震后，刘忠能一直没有办法面对孩子。看到小孩在旁边，他会本能地躲

着走，尤其是看到自己曾经教过的学生。即使进村做安抚工作，他也没有办法面对他们。看见自己的学生也不会主动打招呼，很多时候是能避开便避开。怕见这些孩子，是因为怕想起自己的孩子，怕勾起回忆。

刘忠能有一个同事，地震前几天，曾经和刘忠能一家三口在一起，拍了一些家庭合影的照片。有一天，他突然交给刘忠能一个信封说："这是你小孩子的照片，给你。"

接过信封的刘忠能，心一疼，握住同事的手，眼泪便掉了下来。他不知道流眼泪是因为感激还是因为悲伤，只是没有办法控制自己的情绪。

这个信封被他放进了一个纸盒里，连同儿子身上的那块玉佩。后来，孔丽在宜宾学院读书的老师，也带给刘忠能一些孔丽在学校的照片。可是，很久很久，他都不敢打开去看。直到半年以后，他才尝试着去看这些东西，他知道他必须去面对，必须走出来。可是，第一眼看到，他还是哭了。

8 月 18 日，是所有幸存老师在映秀小学食堂里的第一次重聚。

没有新面孔，再也看不到许多面孔，女老师说着说着又开始流泪，男老师则稍微坚强一点。可是，心里的苦痛也是难以言说。

刘忠能无数次地想，面对灾难，让大家去掉了一切的外在装饰，也放下了许多以前不能放下的东西，以最本质的方式来维系兄弟姐妹一样的感情。从这个意义上说，是灾难帮助他们找到了彼此的需要，彼此的情谊。是的，重新回到生活和工作的故土的感觉，是像走散了许久的家人重逢一般，感情真挚到可以不分彼此。不仅如此，刘忠能十分敬佩自己的同事们，每一个人都遭受到那样大的变故，可是，没有一个人拖后腿，没有一个人抱怨，所有人都是以积极的心态投入忙碌的重建工作中。而有些学校的老师，因为自己的孩子遇难，许久都未能重回课堂。

一切从零开始的映秀，什么也没有，但是，老师们的精神还在，映秀的精神还在。

8 月 27 日的复课仪式结束后，刘忠能走进了板房教室。

教室很大，因为只有 18 个孩子，空荡荡的。孩子们也感受到了这样空荡的压迫，他们将前排的课桌放得很密，整个教室的后半部分便完全空了出来。

心里一下子难受起来的刘忠能对孩子们说："把课桌拉开，尽量把这个教室里的空间填满吧，这样我们的感觉会稍微好一点的。"

和孩子们一起将课桌按往常的惯例排满教室，刘忠能告诉自己，要面对，要带着孩子一起去面对。要克制，控制自己的情绪，以一个好的形象出现在孩子们的面前。

之前，学校已经布置了复课的任务。所有的老师都在想：如何上好第一节课，如何面对教室里的学生，如何面对自己？

第一节课，刘忠能给学生们讲了张米亚老师的故事。他告诉孩子们，张老师遇难了，他是一个英雄，是老师的好朋友，和老师住在楼上楼下，老师常常会想起他……

这样说着时，突然便感觉课没有办法继续上下去了，那种突然喷涌而出的情感，让刘忠能情滞到无法言语。

下课铃声打响时，刘忠能夹着教案匆匆离开教室。安静了整整一节课的孩子们，此时谁也没有欢呼着冲出教室。他们的心里，那些伤，其实一直都在，只是他们是小孩子，他们不如老师那样，懂得表达和宣泄。

刘忠能的班上有一个左手受伤的孩子，虽然没有最终截肢，但是，整个左手已经失去了所有的功能。刚刚回到课堂的刘忠能，被这个孩子热切的目光追随着。但是，当刘忠能想和他交流时，他却又是漠然的，不言语。不像有些开朗的小同学，总有各种各样的问题想要追问老师。那段时间，急于逃避的刘忠能，并没有完全地去倾听孩子的心声。孩子的家长也因为孩子捡回了一条命，所以，对孩子的要求一直不高，学好学不好，都无所谓。这样的事情，在许久之后回想起来，刘忠能自责不已，虽然学生并没有走上歧途或是出现什么问题，他只是觉得，不应是孩子们去适应老师，而应是老师适应孩子。这是他为人师者的职责。

此时的刘忠能，心理上正在经历一个特殊的时期。面对教室里坐着的幸存的孩子们的生动脸庞，他无法抑制失去儿子的剧痛，这痛苦深深地绞在心里，让他一时无法集中精力走进学生们心中。

那一个学期，他都没有回过办公室。基本上就是教室、板房两点一线。备课、批改作业、辅导学生也都是在自己的寝室里面。他不仅害怕面对小孩子，也害怕面对同事。不想被关怀，不想回应关怀。而且，他也害怕触碰到同事心里的伤痛。

心里苦极了，他就放音乐听。偶尔也到博客上写写自己的心情，比如对妻子、对儿子的思念。他觉得自己可能从这样的阴影里永远走不出来了，他以为他能忘掉伤痛，可是，每天只要一面对活泼在自己面前的小孩子，他就会想起

刘旭思宇，自己疼爱的儿子。

就算"四剑客"聚在一起，他也从不提自己的心理伤痛。他不知道如何安放自己的情绪。想他们想得厉害了，他就到山上坐坐。和安息了的他们说说话，说说自己的苦闷。

当然，他也知道这样不对，他就在宿舍里到处想找一点事情来作打发时间，转移一下注意力。可是，夜深人静的时候，那难以根除的思念与悲痛又强烈地涌了上来。

不光见到小孩子，见到别的女老师上课，哪怕只是提着教案走进教室，他也会想到自己的爱人，"假如她现在还在的话……"或是有时候，衣服、床单、被褥脏了，需要换洗了，在洗涤的过程里，他又想起了爱人孔丽的勤劳和对自己的好。那时候的他，总会无助地哭泣，边做这些家务事边流泪，"假如她在的话，该多好啊……"

有一次，他在上网，他知道自己的 QQ 空间里有一张全家人的照片。可是，地震后他一直没敢去看，不敢去面对。那天晚上，当他尝试着去打开时，网页刚现出一点轮廓，他整个人便忍不住号啕大哭起来，怎么也止不住眼泪。没有办法，他强制自己将刚看了一眼的网页关掉。

这样的悲伤和注意力的过于集中，以及性格上的孤僻，让刘忠能意识到了问题的严重性。

可是，他怎样才能走出来呢？

他不停地劝慰自己："这样下去不行啊，走的人已经走了，那么活下来的人，要认真地去面对以后的生活啊。而且，作为老师，自己的情绪这样低迷，对自己不好，对学生也不好。这样不公平。"

于是，刘忠能开始尝试改变自己。克服自己逃避的心理，试着去主动接触小孩们。而孩子们感受到了刘忠能的真诚和热情，很快，他们便像以往一样，每天都叽叽喳喳地围在刘老师的身边，有说不完的话，有讲不完的事情。看着孩子们的笑脸，刘忠能的心，终于一点点轻松起来。

地震后的第五个月，2008 年的 10 月，刘忠能再次打开了自己的网络空间。这一次，他告诉自己要勇敢，要面对。所以，当一家三口的笑脸，在四川雅安碧峰峡游玩的笑脸展现在自己的面前时，即使大声哭泣，他还是坚持一直将目光停留在那张照片上。

但是，他的这种悲伤，只是在自己独处的时候，在父母和亲戚面前，他一直在努力控制着。很多人看到刘忠能，都会觉得他脸上的表情很坚强，他们相信他度过了那个艰难的时刻。

这样沉重的心理压抑，让刘忠能的睡眠越来越不好。整夜无眠的时候也经常会有，而凌晨两三点还毫无困意也是家常便饭。他很想找一个人倾诉，可是，说给谁听呢？周围的朋友自己也都陷于伤悲之中，他如何能让朋友为自己担忧？虽然知道有些东西失去就是失去了，不可能再回来了。可是，他总觉得他们没有走，他们还在自己的身边。

刘忠能的这种幻想，让自己很累，很累，可是，他一时半会解脱不了。

他还记得他刚回到映秀时，他总觉得他们会回来，他听到他们在废墟的角落里呼喊自己的声音，呼喊自己去救他们的声音。

像故事，是记忆，可是，却真实地折磨着他。

3. 心灵重建，让孩子们笑起来

发言的内容很简短，关乎坚强、感恩，以及积极的正能量。

在孩子们的说说笑笑中，地震后的阴霾似乎悄悄地从教室里逃了出去。

孩子们的心理状况，表面上看不出来什么，但是，需要深入他们内心。

他的心活了！他接纳了这一切！

复课后一个月，她坐着轮椅回到了教室，

双腿高位截肢，可她脸上依然带着笑容。

从没有被特殊关爱的孩子，却享受着最特殊的关爱。

孩子们的成长，带来更多的是老师们的成长。

"以孩子影响孩子"，他收到了他想要的效果。

映秀小学的人生，一切从零重新开始了。

*　　*　　*

相较于刘忠能，苏成刚在抚慰孩子的心时，自己的心也在一点点变得温暖起来。

复课仪式上，苏成刚扮演了两种角色，一个是悲伤到还不能走出来的自己，一个是面对着公众必须假装坚强的自己。

作为教师代表发言的苏成刚，发言的内容很简短，内容只关乎坚强、感

恩，以及积极的正能量。学校的阮老师评价他的发言，用到了"语言很有洞穿力，我们都受到感染了"这样的语句。这让苏成刚暗暗有些心安，这是他想要的效果，正向而充满能量的效果。

可是，那个形象里的他，不是真实的他，他仍在痛苦中不能自拔。傍晚时，他总要一个人到山上坐坐，就是晓庆安息的山上。他需要和晓庆在一起，平静自己的心。这样的痛苦，他不愿意讲给董雪峰或是刘忠能听，因为他知道，他们和他一样，也仍在痛苦的漩涡里深深陷着。

复课后，苏成刚的职位有了变化，调到了学校教科室，负责学校的教学改革、科研、校本培训、教师培训、学生的学籍管理，以及学校的心理干预。

因为老师太少了，苏成刚还要任四年级的班主任，教数学。工作量可想而知。他突然有些茫然，不知从何下手。

"经过大地震的孩子们在回到学校后有着怎样的心理？他们在想什么？他们需要什么？由于心理创伤，他们会有怎样的外在表现？我们该怎么做？我们的老师们在家破人亡的状况下该用怎样的心态面对孩子们？"

学校下达了任务，要求所有的老师认真备课，上好第一节课。讲什么呢？备哪方面的内容呢？苏成刚一个人看着空白的教案，不知如何下笔。

映秀小学的心理疏导工作始自 2008 年 5 月 20 日。那一天，当董雪峰和苏成刚带领部分老师在成都各大医院寻找受伤住院的学生时，那些孩子见到老师都非常激动，像见到自己的亲人一样。孩子们排斥记者，喜欢老师在他们的病床前陪伴，这就是心理工作的开始——陪伴。

2008 年 7 月，当苏成刚他们开展对遇难学生家长的安抚工作时，这些没有心理学基础的老师，在实践中慢慢摸索出了实用的心理疏导方法——学会倾听。

后来，在董雪峰的复课方案中，着重提出的便是"要更加重视心理疏导工作"。于是，苏成刚带着 12 名一线老师到了四川大学，认真参加了专业的心理疏导培训。之后的几个月，这样的专业辅导培训也未间断。就这样，理论与实践相结合，在各学科中渗透心理疏导，是映秀小学坚强复课的坚实保障。

可是，面对自己的第一节课，苏成刚心里还是有些茫然，不知道该讲什么。大家都经历了同一场地震，他自己在那一瞬间的感觉都是非常恐怖的，何况这些孩子！究竟孩子们的心里会怎样想？他了解的，或许并不完全准确。

迈着往常一样节奏的脚步，苏成刚推开了四年级的教室。他走上讲台，足足看了孩子们 20 秒的时间。只有 20 多个孩子了，所有孩子的眼神都是游离的，好奇中带着无助，让人看了特别伤心。

"同学们，你们想我了没？"苏成刚开口问。

这样的开场白，让重新回到教室的孩子们新奇不已。"想了。"孩子们拖着长音回应自己的"新"老师。

"今天我是快乐的，你们呢？"苏成刚再次问。

孩子们诧异的眼神中充满了激动，苏老师在震后第一堂课中带给他们的两句话，让他们的心有了一些轻微的飞扬。"快乐。"孩子们回答。

这些孩子对于苏成刚而言，都是陌生的，虽然有些孩子他能叫得出名字，但是，他到映秀小学只有一年，他大部分时间是在做行政，他不知道这些孩子以往在课堂上的表现，也不知道曾经的老师如何教他们。可是，那一节课，他想给孩子们不一样的新感觉。他想让孩子们有被关注的感受。

苏成刚继续说："今天这样啊，大家互相了解、互相认识一下。就向你们的同桌介绍自己的优点、缺点，然后再由同桌向全班同学介绍你。好不好？"

苏成刚的话音一落，教室一下炸开了锅。

在这个问话之前，苏成刚让孩子们玩了一个石头剪子布的游戏。他想调动孩子们的情绪，缓和一下尴尬的问候。

说尴尬，是因为教室里外有许多记者在不停地拍。映秀小学的复课，吸引了太多人的目光，这种废墟上的精神崛起是当今中国需要的正能量。而刚好，苏成刚他们参与了这样的精神传递。

可是，这样的拍摄，苏成刚其实是心里不喜欢的，他怕会影响学生。

于是，在问候了想念之后，他问孩子们："你们会划石头剪子布吗？"

"会。"孩子们不知道苏老师要做什么，但都十分肯定地回答。与此同时，安静的教室顿时变得叽叽喳喳起来。

"那就玩三下。谁输了呢，谁就要先回答苏老师接下来提出的问题。"苏成刚见孩子们的眼神一下子活泛起来，便继续说到。

孩子们觉得这样的课堂很有趣。纷纷站了起来，对着全班新同学、新老师，还有眼含泪花在摄像机后面的记者叔叔阿姨们说道："他的优点是爱举手回答问题，他的缺点是喜欢欺负小朋友。"11 岁的李中飞如此介绍他的同桌杨

成曦。"我一定改正、一定改正。"杨成曦小声回答，一脸通红。

"我的优点是会讲很多很多故事，我的缺点是不爱回答问题。"

……

孩子们在同桌和好朋友的关注中开始了灾后第一节课。在孩子们的说说笑笑中，地震后的阴霾似乎悄悄地从四年级的教室里逃了出去。

有媒体将苏成刚的首堂课定义为"沟通课"。开课的第一周，映秀小学确定的教育主题是——"对学生的心理疏导"。于是，那一周的课表包括以下内容：27 日下午，师生交流，讲述地震中的感人故事；28 日上午，对学生进行感恩教育以及心理疏导；29 日下午，指导学生阅读来自祖国各地的慰问信，并布置学生利用周末写回信……

"老师，我不想读二年级，因为在二楼，到时候我跑不出来。"二年级的一位新生在报到时这样说。

让学生尽早摆脱地震造成的心理阴影，是映秀小学复课要做的最充分的准备工作。因为这些孩子的心理状况，可能表面上看不出来什么，但是，需要深入他们内心。

经历了最开始的犯怵，苏成刚决定沉下心，去亲近孩子，接触和了解孩子。于是，课堂上，操场上，办公室中，总能看到苏成刚和孩子们在一起。和他们一起玩，听他们讲心里话，陪他们一起看漫画、上网……其他的班级似乎也是这样的，在对学生的积极心理疏导中，他们尽可能多地安排学生做游戏，在运动中康复。尽可能地让老师多亲近学生，在温暖中康复。此外，学校还专门开通了 12355 免费心理咨询热线，学生可独自向远方的心理专家倾诉，让孩子们在倾诉中康复……为了孩子们，映秀小学做了自己能想到的、能做到的一切。

初见孩子们的茫然，终于在一节又一节温暖而又幽默的课堂之中，让苏成刚找到了轻松的感觉。

相比课堂，教研室的工作对苏成刚而言，也是不小的挑战。究竟做什么？怎么做？

后来，在学校的副科级集会上，苏成刚说："我们这一学期，不要将主要精力放在科研活动中，我们的重点，应该是改变我们上课的模式。如果继续沿用以前的教学模式，有些地方肯定会做得不到位，尤其是对学生心理的辅导方面。所以，今后的教学，应该重视学生的心理康复，将心理康复的辅导渗透到教学当中……"

为了让老师们尽可能地跟上专业辅导的步伐，苏成刚和他们参加了许多专业的培训。他自己也阅读了大量的心理书籍，以此来提升自己心理知识的理论支撑。慢慢地，他们也就懂得了如何做才能让灾后的儿童康复。这中间包括如何与他们沟通，如何去发现他们的问题，如何采用适当的方式去缓解他们的压力。一点点去做，一点点去渗透，一点点便会取得成效。

那时候接触的心理专家，和一些关心苏成刚的朋友，在和苏成刚的沟通交流中，教会了他太多东西。

比如，该用什么样的语言交流。

比如说，问今天的心情怎么样？如果按平常的问话方式就说，"你今天的心情好不好？"然后回答"好"或"不好"就完了，就不想说了。苏成刚学会了新的问话方式，换成"今天你做了什么事情？""你做这些事情的时候，当时的心态是怎样的呢？"

他将这样的问话方式用到了学生身上。他不会问他们，"玩得高不高兴啊？"他会问他们，"这几天回去玩的什么？是怎样玩的？"这时，学生就会和他说说，不是一句两句，他们会说很多很多东西。

那是苏成刚学会的沟通的最初级内容。

在对学生的心理干预辅导中，苏成刚自己也有了显著的变化。尤其看着孩子们无助而又充满期望的复杂眼神，他开始了自我的疗愈，听励志、静心的音乐，看大量心理修复的书籍。他的心活了！他接纳了这一切！

在自己的班上，有两个苏成刚特别关注的孩子。

周红梅曾经是班上的一名很乖巧的女孩子，可是复课后的她再也没了欢笑，由于地震，这位可爱的小女孩失去了右手的 5 个手指。开学一段时间，她的双手每天从不离开她的衣袋，她与同学的接触明显减少，主动和老师的交流几乎没有，沉默，少言，苏成刚看着她就会感受到孤独的气息。于是，他就将周红梅作为重点关注对象，上课时的语言会照顾她的心理，在课堂上几乎每天都会讲坚强面对人生、走出困境的故事，有意无意地和她说话，下课和她比赛用左手写字，用诙谐、幽默的语言和她打招呼，但是不让她知道他的刻意关注。

"周红梅，我们俩比赛一下，我也用左手，你也用左手，我们比赛一下，看谁写得好？"

苏成刚故意将字写得很丑。

果真，当苏成刚比较后说："咦，老师的字怎么没你写得好啊。"周红梅的脸上便会露出一个得意的笑。

久而久之，她便会经常笑了。尤其是见到苏老师，她便会不好意思地笑着躲开。这导致了周围同学会开她的玩笑说："周红梅一见到苏老师，就会不好意思呢！"

周红梅还会主动找苏成刚聊天了，她会问："苏老师，你在看什么书啊？讲的什么内容啊？"

过了一个月左右，在社工的配合下，周红梅开始和老师打招呼，体育课跑步的时候可以把她的右手拿出衣袋，游戏的时候可以开心地和同学玩耍。虽然依旧戴着白手套，可周红梅有了很大进步。一开始，苏成刚还不敢看她的右手，怕自己的眼神会触动她。可是，她好像根本不在意，无所谓。这样的变化让苏成刚欣喜不已。

章诗琪的情况也是如此。因为有地震那几天的鼓励，所以，章诗琪对苏成刚有一种特殊的亲近之情。震后在成都的医院见到苏老师，章诗琪高兴地直笑。而苏成刚看到病床上的章诗琪坚持画画的样子，表现得那样从容坚定，他欣喜不已。章诗琪留下了苏老师的电话，想老师时就会打一个电话。章诗琪的妈妈说："谢谢苏老师，孩子能活下来，与对老师的信任有关。"

2008年10月，复课后一个月，章诗琪坐着轮椅回到了映秀小学，双腿高位截肢，可她脸上依然带着笑容。回校后可能是见到同学和老师的激动心情掩盖了她内心的伤痛，开始几天时间里，她开心地玩耍，快乐地学习，可是后来她开始变得暴躁，只要有老师在她身边，她就会缠着老师，要老师陪着她，不让老师走。

苏成刚将这些情况仔细分析了一下，并请求社工帮助，让他们在放学后给予诗琪更多的关注，在班上他让同学轮流推着诗琪上课、下课、活动、就餐、上厕所等。苏成刚还利用闲暇时间给诗琪讲故事，陪她聊天……心理引导和心理减压的方法技巧全用上了，慢慢地，诗琪开始接纳环境，接纳轮椅，接纳同学。

让苏成刚特别感动的是，他过生日的那个周六，章诗琪几个竟然悄悄来到他的宿舍，围在他的身边，叽叽喳喳地说着祝福的话。啊，还给他送了礼物呢，一个漂亮的瓷杯、洋娃娃……那个生日，苏成刚永生难忘。虽然简单，却是最单纯的、满漾于心的感动和幸福。

这些受到地震创伤的孩子，让苏成刚感动的事情还有很多很多。老师们聚在一起的时候，他喜欢聊这些孩子。

大家还会一起讨论，怎样用更好的方法去照顾他们。是啊，别的孩子一天到晚都那样开心、快乐，可以蹦，可以跳。可这些身体残疾的孩子怎么办？苏成刚的意见总会让别人认同。他说："平时我们要多关心他们，可是，不要把这种关心表露得太明显，不要刻意地去关注他们，不要刻意地去把他鹤立鸡群、特殊化。那样，反而是在伤害他们啊。"

从没有被特殊关爱的孩子，却享受着最特殊的关爱。这样的力量迸发中，孩子们的成长，带来的是老师们更多的成长。

可是，一个人的精力毕竟是有限的。工作太多了，越来越多了，苏成刚使出浑身解数，也觉得难以应付。

于是，他去找谭校长："校长，你再给我配一个班主任吧，我不能再当班主任了。"

"怎么可以给你配个班主任呢？你教数学，还给你配个班主任？那是不可能的！"谭校长不同意。

"我没有办法工作了，要做的事情太多了，太累了。"苏成刚的情绪蹿了上来。那是他第一次直面校领导，让领导直接看到他的情绪和压力。以前的他并不是这样的，工作无论多少，他都会尽心拼命去完成。可是，在这样巨大的心理悲痛中，一下子承担如此多的重任，他觉得即使是一个机器人，也会罢工。

谭校长深深看了他一眼，用手拍拍他的肩膀说："知道你不容易，很辛苦。我是看在眼里，疼在心里。那这样吧，你帮着雪峰做下教务上的事，还有就是有老师请假时，就帮他们代课，其他的课就不上了。"

那个时候，请假的老师还是相当多的。有外出学习的，有派到外省短暂交流的。给他们代课的苏成刚，一般会充分利用这些机会，给孩子们讲解生命价值，自己的理想，讲怎样学会接纳环境、接纳事件、接纳人物、接纳自我、接纳心情，重塑他们的信心和理想。

这一天，苏成刚正在给六年级的孩子上课。六年级幸存的孩子总共 12 名，都经历了地震，残疾、受伤的孩子有 4 名。这天的课就一个问题。

"我们经历了别人没有经历的事情，我们活着，今天的生活是美好的，明

天，我们的人生将更加精彩，那么你长大了要干什么？"苏成刚问。

孩子们听到问题后的沉默，以及悄悄议论，议论声越来越大都被静心等待的苏成刚看在眼里。终于，孩子们争先恐后地站在讲台上讲自己的观点。

"我的理想你们不要认为我实现不了，我长大了要当一名飞行员，在地震后，飞行员叔叔冒着生命危险天天飞到灾区，把伤员运送出去，是他们及时的救援，给了我生命，虽然我现在没了右手，可是我坚信我一定可以成为一名飞行员，像飞行员叔叔一样，去救助更多的人。"一名左手截肢的孩子说。

"我的理想是当一名记者，当地震发生后，无数记者不顾生命危险，第一时间到达灾区，把情况及时发布出去，让全国人民及时了解灾区情况，无数爱心人士能及时地将爱心传到灾区，帮助我们度过了最艰难的时期，所以我也会成为一名记者，去世界各地将新闻及时传达给每位观众。"

"我长大了要当一名社工志愿者，当我在地震后伤心、孤独的时候，是他们解决了我的心理问题，帮助我快乐面对人生，当一名社工志愿者是我的理想。"

"我长大了要当一名火锅店老板，地震后，解放军叔叔，无数爱心人士及时的救援和关爱，让我们获得了生命，得到了关爱，我今后一定要开火锅连锁店，让所有人都品尝到映秀火锅的美味，来回报他们。"

……

这样健康而感恩的心，让苏成刚感受到孩子们最真诚、最美好的未来，正在一天天走近，带着春风化雨后的温柔，一点点走进他们的生命。

这是一节生命教育课。讲的故事是《被埋压后的自救》。

苏成刚提出了这样一个问题："如果你长大后成为一名救援队员，一名解放军，你如何教导地震自救的方法？"

听了苏老师的问题，孩子们先是自我思索的沉默，接着是与同伴交头接耳，最后，所有的孩子都站起来踊跃回答。

"当地震来临时，你有两种选择，一是跑出去，但是要注意头上方有无物体掉落，注意别砸伤自己；二是在教室内躲避，选择角落里，最好有坚固的支撑物，身体尽量蹲下，双手或者用书包护住头部和眼睛。"

"如果被埋废墟下，那自己要保持镇静，保存体力，如有受伤，可以处理的要自己处理，止血、撕烂衣服包扎等，如果受伤严重，最好不要乱动；尽量不要高声呼救，可以用石块敲打周围墙壁，这样可以保存体力；在没有水喝的情况下，可以喝自己的尿液解渴。"

"当自己极度恐慌时，要想办法处理，可以和周围的幸存者说话，可以回忆美好的事情，可以清理自己周围的废墟，尽量拓宽生存空间。"

……

信吗？这真的是孩子们告诉苏成刚的自救办法。只是，它来得有些迟。可是，毕竟来了，不值得为他们的成长和进步欣喜吗？而在这样的成长里，苏成刚还有更多的期待。

有一段名字叫《洞穴之光》的视频，苏成刚让三年级到六年级的孩子们全部看了，他还将这个视频介绍给了其他的老师。

视频传递了这样一个主题——"以孩子影响孩子"：电视台将几位令家长头疼的城里孩子带到了一个环境艰苦的洞穴村落。让洞穴村落奋发向上的孩子，激励这群让人头疼的问题少年。让他们吃在一起，住在一起，一起上学，以孩子影响孩子，达到锻炼城里独生子女的目的。

这个视频让苏成刚感触颇多，在家庭教育、学校教育、社会教育的问题上，有太多的东西值得他去思考，值得他去实践！孩子是社会的希望，教育好他们，是苏成刚以及所有大人义不容辞的事。可是，如何教育？通过什么方式？采取什么手段？说什么样的话？做什么样的事？相信每个人都会有自己的答案。而在这样做的过程中，相信每个人也会有自己的收获。

"我要学会感恩。"

"我要在艰苦的环境中自强不息。"

"我要帮助更多的同学。"

……

"以孩子影响孩子"，苏成刚预想的没有错，果真收到了他想要的效果。

有一天，四川教育电视台的唐小家记者来到映秀小学，对苏成刚进行第二次采访。那一天，刚好苏成刚要给六年级代课。

这一节课讲的是自然环境。课前的苏成刚，做了很充分的准备，用到了PPT的课件，他从映秀地震后的环境污染讲起，讲到每一个人应该怎么做……

看着孩子们追随着自己的目光，苏成刚如沐春风。

那天晚上，当他独自在宿舍整理近期的思想心得时，突然想起了《与心灵有个约会》中的一段话："认得思维是了不起的，只要专注于某一项事业，

那就一定会做出使自己都感到吃惊的成绩来。正确的思想带来正确的生活，清晰的思想带来清晰的生活，思想决定态度，态度决定人生，播种好的思想并去努力实现，将给你带来美丽精彩的人生。"

　　是的，苏成刚的人生重新开始了。映秀，和这所废墟上重建的小学，也走向重生。

第九章　翻过苦难的一页，阳光洒满大地
　　——震后一年

1. 孩子们，展开翅膀飞向未来的梦想吧

> 他不愿再触动伤疤，也不愿无休止地回忆。

> 铭记关爱，懂得感恩，以更好的状态前行。

> 一周年要到了，每人的回忆各不一样，但总会带有哀伤的味道。

> 复课后首先是对学生进行心理抚慰，其次才是抓学习。

> 培养孩子们的生活学习习惯以及感恩之心，是当务之急。

> 困难是短暂的，有希望就有未来。

> 孩子们，希望你们展开翅膀，飞向你们未来的梦想。

*　　*　　*

　　如果没有那场旷世的灾难，映秀镇，一个213国道边上的小镇，可能永远也不会强烈地牵动这样多世人的目光。几十秒令人窒息的沉重，摧毁了小镇所有的宁静和美丽。

　　地震过去整整一年了，地震留下的痕迹却依旧随处可见。山体上，一道道滑坡，似道道伤痕，深深地刺痛着我们的记忆。百花大桥，一座进入映秀最后的桥梁，此时正静静地残卧着。往前行，一块"天崩石"牢牢地插入岷江之畔，上面镌刻的"5·12震中映秀"，那样醒目。在漩口中学，校园内几幢倒塌的楼房已被封存，这里将作为地震遗址永久保留。进入映秀老城，昔日的映秀小学已不见踪影，在被夷为平地的原址上，一面红旗高高飘扬。

　　时光如流水，一转眼，在苦难中崛起、在废墟中重生的映秀板房小学，也

将迎来它新生的周岁生日。

虽然只是临时的板房小学，无论是板材还是坚固程度，却是映秀镇当时板房区中最好的过渡房。按映秀当时的规划，板房学校后面的直升机停机坪，将建成映秀小学的新校区。那是岷江岸边最平坦、镇上最好的一片区域，是尽揽秀丽风光、激昂少年豪情的地方。

临时过渡的板房小学非常醒目。一进入映秀镇，便能看到大路旁新竖起的崭新的蓝色路牌：映秀大道。大道两旁，一边是曾经的漩口中学，一边便是临时的映秀小学。

只是，和老校址一溪之隔的板房学校，校舍、食堂、篮球场等设施一应俱全，甚至还包括一个沙滩排球场。而老校址，仅余一根孤耸的旗杆。即使这样，董雪峰还是无比想念一瞬间断砖残垣、瓦砾堆积的映秀小学，一瞬间生命不在、生动不在的映秀小学。目光只要瞟到那儿，他便仿佛看到了曾经的映秀小学的模样：巍巍青山映衬下，米黄色的四层教学楼和白色的五层综合楼并肩而立，孩子们背着书包、打着花伞，相互簇拥着走进学校……可是，只能将这一切永久地存于记忆中了。董雪峰知道，他需要打起精神，和映秀小学一起迎接新生。

站在板房学校的操场上，董雪峰和其他人一样，只是想念得厉害了，才扭头去看看学校的旧址。地震后他仅主动到过老校址一次，那天是百天祭奠，去看看亲人们。其他时候他都是被动地陪着各路记者去的。他不愿再触动伤疤，也不愿无休止地回忆。

2009年"五一"劳动节前夕，董雪峰又接受了新的任务，学校要派出锅庄舞蹈代表队参加由镇政府和社工站联合主办的比赛。跳锅庄曾是映秀小学的传统。地震前的许多个课间时间，学生和老师都会统一跳起锅庄和校园舞。

锅庄，又称为"果卓""歌庄""卓"等，藏语意为圆圈歌舞，是藏、羌民族的传统舞蹈。人们这样赞誉锅庄舞内容之丰富，"天上有多少颗星，卓就有多少调；山上有多少棵树，卓就有多少词；牦牛身上有多少毛，卓就有多少舞姿"。

在映秀，每逢重大节日时，各村寨的年轻人总会聚在镇里比赛。

映秀小学也要参加这次会演，董雪峰负责演出时的串联词，他在词中这样写道："翻过苦难的一页，让阳光洒满大地。"

那段日子，每天黄昏前，舞蹈代表队便会在学校操场上进行排练。排练时，董雪峰和其他老师手拉着手，围成圆圈，在音乐声中起舞。按照节奏，他们会时而拍手，击掌声会传出好远。不远处，学校的宣传栏里还挂着地震前全校 47 名老师的合影。操场墙上有几个醒目的大字——"任何困难都压不倒英雄的中国人民"。这些，在 5 月和煦的阳光照耀下，显得格外耀眼。

不仅如此，4 月的板房校园还传来了这样的歌声："感恩的心，感谢有你，伴我一生，让我有勇气做我自己，感恩的心，感谢命运，花开花落，我一样会珍惜……"这是映秀小学"放飞希望、感恩劳动"活动传来的歌声。这是经历了地震磨难的人，在放飞梦想的过程中，告诉自己，要铭记关爱，懂得感恩，以更好的状态前行。

是啊，一场地震损失惨重的映秀小学，能很快复课，离不开社会各界的鼎力帮助：学校中的设施、设备都来自全国各地，光课桌椅就有 700 套，还配有华侨捐助的电视、电视柜、文件柜；深圳一个慈善基金会捐赠了 30 台台式电脑，帮学校建起了多媒体教室；北京一家电子公司为每位老师提供了一台笔记本电脑……

"在苦难中崛起，在废墟上重生，是生者对逝者最大的告慰。生活要继续，乐观审慎、心存感恩和敬畏地对待生活，我们对映秀小学的重建充满了信心。"谈及映秀小学的重建，董雪峰的话变得多了起来，脸上也露出憧憬的神情。

只是，因为临近地震一周年，董雪峰愈发地忙碌起来。除了完成早已制订好的教学安排，做好"五一"活动的统筹，他还要准备周年纪念活动的相关资料。

他将映秀小学以前的图片和文档资料都整理了出来，准备做一个宣传展板。

地震前，校长办公室的一整面墙上，有一幅巨大的映秀小学震前的全景照片。那张照片拍摄于 2006 年，上面有整齐的教学楼，满是学生的操场，整个校园、整洁、宁静，国旗迎风飘扬。另一面墙上，则贴满了奖状，挂满了奖牌。那是全校师生为之骄傲的荣誉墙。就是那间办公室，承载着谭校长履职映秀小学 7 年来的无数回忆。

地震前，一个个笑得灿烂的孩子，将脸都凑到了老师的相机镜头上，争先恐后地想要定格自己成长的那一瞬间。被无意中拍下来的这些笑脸，成为映秀

小学 2007 年秋天最难忘的回忆。地震前，这些可爱的孩子正在校园快乐地学习生活；可是，地震后，他们去了哪儿呢？

啊，这张照片有意思。这是 2007 年 9 月，到映秀小学支教的"泛亚技术中心助学活动"的志愿者，正在为三年级的孩子上一堂名为"让我们聊聊汽车吧"的主题课。当时孩子们各个坐得笔直，都在认真聆听。问到孩子们的愿望时，他们几乎异口同声："我们要考大学，要到城市里学知识、长见识。"

很快，这些山里的孩子就要到城里去见世面了。在映秀，很多居民世代居住在半山腰上，孩子们要读书，就要步行十几里山路，赶到山脚下平地上的学校。这些山里的孩子，跟随着上海泛亚技术中心的叔叔阿姨来到了上海，能歌善舞的他们在泛亚员工大会上还表演了精彩的节目，得到了大家的阵阵掌声。

这是哪个小家伙趴在志愿者刘剑老师的肩上？在所有的志愿者中，刘剑老师是大家公认的"孩子王"。那时，映秀小学的孩子们就像簇拥英雄一样带他去参观教室、宿舍和食堂，还跟他一起到操场上玩弹珠。为"笼络"刘剑，男孩们便趴着刘剑的肩膀，悄悄跟他说："明天给你加个菜！"这可是当地招待客人的最高礼遇哟。

这几张照片，定格的便是这样一个个温馨而欢乐的瞬间。

这一张也满载记忆。地震前一个月，阿坝州烟草公司送来 30 套新电脑。刚接收电脑的那天，学校很多孩子排队鼓掌迎接。原本打算把原来的旧电脑换下，考虑学校条件不好，丢弃旧电脑不划算，所以打算先把新电脑暂存下来，再腾出一间教室，开设一个新电脑教室。孩子们听后，格外兴奋。可是，还来不及打开，就被毁了。这张照片展现的便是对未来的向往。

……

地震后，谭国强曾经语气坚定地告诉幸存的老师们："校舍没了，但学校不会消失，我们还会重建。"

此时，在浏览这些以前的资料图片时，董雪峰用鼠标在每张图片上慢慢滑动，仿佛在用手指抚摸那逝去的一草一木，又仿佛在向照片上那一张张曾经生动的面孔轻声问候。

片刻停顿后，他回过神来，继续专心地整理资料。他知道，一周年要到了，每人的回忆各不一样，但总会带有哀伤的味道。可是，他不能哀伤，因为他需要以管理者的身份，关注老师和学生的心理健康，帮助他们甩掉哀伤，找回昔日的欢乐和微笑。

谭校长也在关注这样的健康，关注新的成长。他觉得自己地震后最想做的，就是要老师们快乐工作、快乐生活。为此，他一直希望有机会把老师送出去培训、交流。

地震后，这样的机会多了。

先是暑假期间，受到各地的邀请，老师们到了北京、上海、深圳等大城市参观、休养。2009 年寒假，又有 3 批老师被邀请去北京、深圳、珠海。回来以后老师们面貌一新，不仅情绪好了，更重要的是眼界宽了，带回很多开放的意识，新的教学思想层出不穷，极其适合亟待再次被开发的小学讲堂。

2009 年 4 月 8 日，董雪峰也作为映秀镇唯一的一名入选老师，参加了中国青基会组织的心理辅导培训。培训的授课地点在上海，经过 9 天的听课和考试后，董雪峰获得了国家中级注册心理咨询师证书，这也是国内等级最高的心理咨询师证书。

4 月 20 日，返回映秀后的董雪峰，和阿坝州其他入选老师建立了一个 QQ群，以方便时常就心理辅导方面的问题进行沟通和交流。

说起老师心理的变化，董雪峰知道自己也是经过了这样的四个阶段：麻木—痛苦—极度痛苦—恢复。

刚开始，学校有一系列的事务要忙，他来不及细想个人的痛苦，处于麻木阶段。复课了，生活逐渐恢复正常，各种伤痛逐步涌上心头。这时有很多外在表现，像暴躁、失眠、酗酒、消极。后来，时间愈久，极度的痛苦呈现出最强烈的张力后，恢复的平静期便慢慢成为他的心理状态。

相较老师而言，学生们也一直在接受心理辅导。从香港来的社工，2008年起就入驻映秀小学，对老师和孩子们的心理康复做出了无可替代的贡献。董雪峰在复课方案中曾经说过："地震后要复课，让学生进课堂是首要任务，学生们把学校的规矩都抛到脑后。复课后首先是对学生进行心理抚慰，其次才是抓学习。"不过老师们觉得，孩子们还是出现了一些问题。

因为地震的影响，学校很长一段时间没有上课，突然开始上课，老师和孩子们都很不习惯。有些学生在家里还养成了很不好的一些行为习惯，比如不讲卫生、说脏话、不按时完成作业等，甚至还经常会出现课堂混乱的状况，这些都表现出孩子们对课堂没有兴趣。老师们也出现一些问题，因为失去了亲人，失去了孩子，失去了班上以前很听话很乖的学生，进入课堂后，他们总会不自

觉地前后进行比较，比较便会产生失望，就难以对现在这些调皮的孩子真心喜欢起来。

不仅如此，地震后，学生们得到的爱太多了。地震中死里逃生的孩子不仅受到了社会上较多的关注，家长们也开始用"溺爱"来对待他们。一些家长觉得孩子只要好好活着就行了。这些学校都可以理解，但长期来看，对孩子们的成长非常不利。

如何培养孩子们的生活学习习惯以及感恩之心，成为学校要攻克的一道难题。

地震前，映秀小学的教育质量，在汶川县数一数二。现在显然不是说分数等硬指标的时候。老师们在逐步改变教育方式，更人性化地去关爱、适应学生。但是，总会经历这样的一个过程，无论是老师还是学生，总要经历自我的修复调整后，重新启程。

所以，董雪峰会有一个强烈的感觉，从 2008 年复课到第二个学期，这两个学期老师和孩子们表现的差异十分巨大。

第二学期，为了防止教学质量下滑，学校对老师进行了严格的考评。按照上面的要求，他们也对学校各个方面的规章制度做了进一步的完善。对老师们提出了要求和希望，从各方面去鼓励老师。经过这样一段时间的调整，老师们也能认同这些学生了，教学情况要比第一学期好很多。

但是，学校内部的情况好了，来自外界的"干扰"却让有些老师怨声载道。

复课的第二学期，因为临近地震周年，很多媒体记者带着他们的爱心来到学校搞捐助活动。老师们一直都在教育孩子要懂得感恩，但是，捐赠来得太多了，学生都不知道要感激谁了，学生们也都很疲倦。对教学的影响也很大，有时候老师们正在上课，就要求他们到操场上集合参加捐助活动，课程就要中断，老师们便很担心完不成教学任务。

可以看出，在老师们的心里，是把教学放在第一位的。与第一学期相比较教学状态是完全不同的。第一学期的时候，很多老师每天到课堂完成了教学任务就行了，至于学生学得怎么样那就是学生的问题了。但是，第二学期的时候，老师们有了很大的转变，他们开始担心孩子们的学习，他们家访十分勤，他们开始寻求在和家长一起管教、关爱的平衡中达成共识。

对于董雪峰而言，遇到课堂中途被打断，或是因为其他事情不能去上课时，他也会很烦，也会有怨气。尤其映秀小学很多的捐助仪式都是董雪峰在主持，虽然他比其他老师更能看开一点，但是，他对这些事件对教学的干扰还是十分担忧。所以，他在会上一边要求"提高教学质量"，一方面又给老师们解释、施压。他对他们说："你们尽力了，我们很理解你们。"

的确，一年来，慈善组织、爱心人士组织的震后公益活动一直没有停止过，只要不耽误教学，谭校长对此并不回避。

对于老师和家长抱怨的"公益活动太多会影响小孩学习"，谭校长有他自己的理解："没有这些活动，校园里会死气沉沉，孩子们何时才能笑起来？"

的确，参与公益活动，从某种程度上而言，抚慰了孩子们受伤的心灵，让他们学会了感恩，这对他们的成长是有益的。"现在，我们的孩子都很阳光。"老师们如今都会这样感慨。

但是，教师和学生过了震后心理的关卡，董雪峰又不得不面对一些更现实的问题。因为8个地震中受伤的残疾孩子陆续回到了学校，但学校却缺少相应的无障碍设施。学校只能自力更生，把校园的台阶变成坡道，把厕所进行了改造。

当然，残疾学生的到来也让映秀小学看到了希望。如今，身体正常的孩子会主动照顾残疾学生，帮他们推轮椅，给他们打饭，在这种互帮互爱中，孩子们学会了帮助他人，学会了感恩，学会了如何让自己快乐起来。

困难是短暂的，有希望就有未来，映秀小学想和大家一直向前走。

董雪峰能做的，也是尽自己最大的努力，把眼前该做的事情做好。他说："我也不想刻意地追求什么。我们的老师们也都是很好、很善良的，他们会把自己的工作做好。老师们也很不容易，很多老师都失去了亲人，但是仍然要回来面对这些孩子，真的很不容易。"

在董雪峰的课堂上，震后一年，地震不再是个避讳的名词。一次口语交际课上，他还给同学们讲了他在地震中的全部亲身经历，"无论是我，还是学生都开始能平静面对这些事情了"。

通过这样的亲身感悟，董雪峰清楚心理波动对这些劫后余生的孩子们产生了怎样的影响，他也知道了如何去面对、解决。因为生活需要继续，所以需要乐观地去对待。

看，映秀小学在操场上举办的集体绘画活动结束了，100多个孩子一同举

起他们的作品面向老师，有的孩子画了想象中的新学校，有的孩子画了映秀美好的明天，还有的孩子画了他们依然怀念着的遇难老师……

"孩子们，希望你们展开翅膀，飞向你们未来的梦想。"这是老师们发自心底的希望。

2. 要从跌倒的地方爬起来

生活在继续，日子在向前，一切都容不得他停下喘息。

把自己的未来规划得美好一些。

那是生活里被浓墨重彩出来的诗意。

不为外人知的一种隐秘的自我解压方式——夜深人静的时候，哭！

活着才是幸福，活着可以享受每一天的生活，可以每一天都幸福地活着。

当灾难过去之后，我们就不再是灾民了。

地震一周年时，他从自己摔倒的地方站起来了。

*　　　*　　　*

地震后的董雪峰，除了在外面东奔西走，便是在学校里忙工作，很少有机会和家人团聚。父亲很想和他聊一聊，可是这样独处的时间很少。2008年10月的一天，董雪峰终于有时间和父亲一起聚一聚了。晚饭后，父子俩在屋子里喝着酒，聊了起来。

地震之前，董雪峰在父亲的心里还是个孩子，他从来没有将儿子当成大人。看到儿子东奔西走去了很多地方，儿子的表现他也都看到了，听到了，那时候，他才真正觉得儿子长大了，是个大人了。

而父亲于董雪峰而言，也有了许多的变化。脾气不好的父亲，根本不能容忍别人对他的"指责"或是"非议"。可是现在，董雪峰可以去劝说父亲了，父亲答应要改了。这在以前，是绝对不可能的，父亲不允许任何人指责他有缺点。他怎么可能有缺点？他一辈子为了教育事业，兢兢业业。

2009年的新年，本来应该在都江堰陪父亲，可是，想到岳父岳母失去了女儿，岳母又有病，董雪峰的心便又疼了起来。于是，他征得父亲的同意后，去了汶川。

"老人们想女儿，我要去陪陪他们。"他对父亲说。他承诺，第二年，他陪父亲过。

可是，难道是缺少了儿子的陪伴？还是对未来的斗志有所减少？2009 年 7 月 14 日，一向身体硬朗的父亲，突然被查出患了绝症。

预感到情况不好的董雪峰，赶紧急急往医院赶。但是，父亲短信告诉他："儿子，没事，不用来看我。我很好。"

怎么可能还很好呢？都住院了还很好？怎么可能不去看他呢？

去了医院，董雪峰直奔 CT 室看片子。医生说 99% 是肺癌晚期。董雪峰不死心，这么善良能干耿直的父亲，怎么会得这样的绝症？他又把片子拿到成都第二人民医院去找专家复诊。专家告诉他，从片子上看，90% 以上是肺癌。后来，他听说北京解放军 307 医院对治疗这方面的病是很有经验的。他带着父亲就去了。在北京花了半个月的时间，把病因、病症搞清楚，知道了怎么治疗后，他带父亲回到了成都继续治疗。

看着父亲已经日渐苍老的面孔，董雪峰的心里说不出来的难受。他觉得为人子，他尽的孝道太少了。地震后，他很少回家陪父亲，偶尔出差路过，也只是停留一下便走，有时候连饭都顾不上吃。一直以来，都是妹妹在照顾父亲。

地震后，妹妹比以前成熟了许多，将父亲交给妹妹，董雪峰很放心。可是，地震后的妹妹过得很不容易。原本在都江堰的一家超市工作，但是地震把大楼震倒了。妹妹没有了工作，便只好在板房里开了一个小超市，卖些日用品，一个月倒也可以赚到养家的费用，日子也还算过得去。妹夫打了两份工，十分辛苦。看在眼里，疼在心里的董雪峰，有时候便会硬塞一些钱给妹妹和侄女，让她们改善一下生活。他说，他能做到的，也只有这些了。

学校恢复正常后，董雪峰除了授课，还被调到了学校的教务处工作。繁忙的工作让他脸上总是写满倦意，"别人有一种误解，认为工作压力可以让我们无暇想其他的事情，其实双重压力更让人感觉疲惫"。

这样的重担压得董雪峰喘不过气来，他有些担心，是否能承担起这个重担。但是担心并不能阻止生活在继续，日子在向前，一切都容不得他停下喘息。

父亲劝慰他说："很多事情，你一定都要想开一点，遇到事情要挺住。你现在和以前不一样了，不论是家庭还是学校工作，都要注意。首先要身体好，心态好。还要尽快——成个家，找个人照顾你。"

父亲将话语的重点放在了最后。"成家？"父亲的直白，突然让儿子有些

不能适应。可是，他也知道，这是所有亲人的希望。

是啊，地震对于董雪峰而言，最大的挑战，最需要克服的，便是突然缺失的家庭的"爱"，以及迫切需要找回的爱的新生。"我这三十多年的生活，感觉就像是一场梦，地震的那一瞬间，我如梦初醒，怎么能一切一下子都没了呢？"

如果不是因为地震，在董雪峰的憧憬里，儿子上大学的时候，他可能还没有退休。可能很快便会抱上孙子。年轻的爷爷领着可爱的孙子，在映秀镇的山山水水里徜徉着，小风一吹，小凳一坐，看满山葱绿，听岷江涛声……那是浓浓亲情里的温馨与惬意。

而退休赋闲下来的他，应该会带着妻子游遍祖国的大好河山，小酒一喝，小菜一吃，看江水滔滔，看斗转星移，看漫天彩霞，看落日入海……那是生活里被浓墨重彩出来的诗意。

可是，地震毁掉了他的生活，35 岁的他，突然没有了家，没有了方向，没有了她，没有了未来的梦。

什么时候才能找到自己生活的起点呢？董雪峰困惑而又迷茫。

不仅如此。都说安居才能乐业，现在的他，又重新回到一穷二白的状态，居无定所。他常对别人讲："我现在走到哪里都可以是我的家，一个人吃饱了全家不饿。"他的心里，其实是渴望有个家的，希望在映秀能有所自己的房子。那么，房子里希望能有个女主人，照顾家，打理家。再有一个可爱的孩子……这样的生活，才是圆满的啊。

想到孩子，他又会哭，他还会经常梦到孩子。

有一次，他梦到儿子五六岁的时候。他一个人在路上走着，突然就在某个地方发现了儿子，他都不敢相信原来他就在这。于是，他抱着儿子就往家走。可是，儿子在路上一句话也不跟他说。他就一直抱着儿子不放手。梦里的家也不是现在的这个家，一个稀奇古怪的院子。自己的爸爸在院子里浇花。他把儿子交给爸爸后说："你的孙儿找到了。"说完，梦里的他就哭了。直到哭醒。

哭醒后他安慰自己："什么都不想，过一天算一天，许多小朋友都已经离开这个世界了，但是我现在还不是过得很好？慢慢就会好的。映秀小学就快修好了，以后自己就可以买个房子，再买辆车。把自己的未来规划得美好一些。生活下去就是有希望的。"

后来，他也一直在想，为什么会做这样的梦？也许是他潜意识里还是希望能有一个孩子来延续他的希望。只是，这个希望什么时候会有呢？

生活中的挑战，董雪峰在闷头面对。工作中的挑战，压力也在慢慢增大。

2009 年新学期开学时，他又有了一个新的角色——映秀小学副校长。

他的大哥对他讲："这个角色不好当，上下关系都需要去协调。"大哥知道董雪峰这个人是看不惯一些事情的，平时也是个直性子的人，有什么就说什么。他怕到时候董雪峰把上上下下的人都得罪完了。大哥的关爱董雪峰都懂，而他自己在这方面考虑的的确不是很多。

正因为工作中的疲惫和压力始终如影随形，挥之不去。董雪峰便自我反思，"自己过得这么累，是不是因为过于认真了？"

刚到映秀时，董雪峰教美术。学校的宣传工作由他一个人负责。每学期他都会更换几次学校的橱窗，每做一次展板，他就会很费神，都会瘦几斤。也都是利用周末休息时间在做，也都是很细致地在做。包括每个学生的作品，他都会细致地给做装饰，做裁边，直到他觉得很美观了，才把它们放上去。

他还记得有次做展板时，还哭了鼻子。

那次是做"六一"儿童节展板。按惯例，他通常会在展出前一天把展板贴出来。已经做好了，就等着上板了，他很满意自己的工作成果。可是，偏偏上板的时候出了问题。橱窗的大小是固定的，他在量宽高的时候把数据弄错了，展板根本放不进去。这个时候，离第二天的展出只有不足 12 个小时了。

哭过之后，董雪峰擦干眼泪，命令自己连夜重新裁剪重新做。终于在第二天学生上学之前，将新展板放进了橱窗。

1997～2006 年，董雪峰一直自己在做这件事情。2006 年的一天，他突然发现他不该再做这件事，应该交给美术老师去做时，他却总不放心，老觉得两个美术老师做得毛毛糙糙的。最初，美术老师知道董雪峰的性格，便会常常来问他："这样行不行？那样合不合适？"董雪峰一开始都是很认真的，每次都会跑去看，并且给他们提建议。后来他想，这样算是放手了吗？他干脆就狠下心让他们去做。虽然说从他的角度去评价，他们做的有许多欠缺，但是，也一直在进步。

这让董雪峰开始反思自己，对于某些事情，是过于苛刻了吗？

地震后，他的这种"苛刻"终于发生了根本的改变。

以前的他，学生写错别字，他会要求他们重复地改；卷面不整洁也要重新

做一遍。现在，只要没有犯知识性的错误，他都能看得过去了。他认为这就是一种改变，一种调整。

对于压力，董雪峰也找到了自我调整的方式——不停地工作，空闲的时候就和同事聊天喝酒。除此之外，他还有不为外人知的一种隐秘的自我解压方式——夜深人静的时候，哭！

是的，哭！

哭对于董雪峰而言，是一种释放。有时候坐在沙发上，想着想着就会哭。

母亲生日那天，从医院陪父亲治疗后的董雪峰，去了母亲的坟前祭拜。回到家里，他便一个人放声大哭了起来。哭的时候，他会想很多事情："我的亲人都走了，爸爸又得了这么重的病，我自己的生活还没有开始……"哭过后他便会觉得心情好很多，至少不再像刚刚那样压抑、烦躁、茫然和疼痛。

可是，思念带来的疼痛就像基因，不可消除，永生难忘。董雪峰自我疗伤的路途，还很漫长。

虽然忙碌的工作可以暂缓疼痛，可以调节情绪，但是，工作压力太重的时候，还是会让人崩溃。怎么办？董雪峰又找了新的解压方式——看电影。老片新片全找出来，反复地看。这样的娱乐，让他会暂时忘记痛苦。

除此之外，董雪峰庆幸他身边一直陪伴着的几个朋友，特别是唐永忠、苏成刚和刘忠能，在他最困难最无助的时候，愿意倾听他的感受，愿意与他交流。而这样，也是他释放内心压力的最好方式之一。

除了映秀小学这个大家庭的朋友，这一年的东奔西走，董雪峰也认识了许多记者朋友。在董雪峰看来，记者朋友对自己的开导，不同于身边的朋友。他们会从自身的经历出发，希望董雪峰能把工作做好，希望他能有所进步，希望他能从地震的阴影中走出来等。而和记者朋友的对话，让董雪峰意识到了自己的差距。所以，为了缩小这种差距，他开始自我充电，只要有时间便强迫自己多看书。看书，也是他缓解压力的方式之一。

"真正的朋友应该是对你整个人生起到指导作用，在你处于困境需要帮助的时候，能给你真正帮助的人。"董雪峰庆幸自己拥有了这样的人生财富。但是，他也知道，内心深处的伤痛需要自我长时间的调整。

在这样的交流和反思中，董雪峰有了地震一年来自己关于生命的新思考。

地震前，董雪峰对灾难的了解，仅限于电视或是广播里看到听到的灾区和灾民，他常常会觉得那样的事情离自己很遥远，觉得自己的生活很好，很满足。但是，地震以后，他突然发现，人在大自然面前，原来是那样卑微和渺小，人的生命既顽强也脆弱，万物都有定时，人未必一定胜天，更不能逆天，而是在天地之间心存敬畏之心，顺天时，致人和，懂感恩。

以前的董雪峰自诩活得很物质。可是，地震后，父亲得病之后，他突然就把钱看得更淡了。那次去北京给父亲治病，看到了很多和父亲得一样病的人，花了上百万元，最后人还是走了。他们遇到了一个老太太，他的儿子准备了1000万元给妈妈治病，结果妈妈花到124万元的时候就走了。"再多的钱也买不了人的命啊，在生命面前，钱算什么呢。"那一刻的董雪峰意识到，活着就要知足感恩，或者就是幸福，要珍惜每一天的生活，有钱有房有车未必就是幸福。

2008年6～8月，当董雪峰在全国各地做报告时，社会各界的爱心人士，从精神上、物质上，都给了他很多的帮助。当时他便想，他不可能永远躺在抗震英雄的荣誉和灾民的境况里。就好像一个小孩子摔倒了，要大人来扶。别人来扶，就应该站起来，走自己该走的路。今后的路，还是要靠自己去走。

对于这个问题的见解，他曾和北川县民政局的局长讨论过。董雪峰说，现在灾区的很多人，都觉得自己是灾民，他们认为国家和社会就应该给予帮助，灾民就理所应当去索取。这都是不好的现象。现在国家发展好、政策好，才能有这样的能力来帮助。假如国家没有这样的能力，那岂不是要一蹶不振了？有的老师也有这样的心理。"我们在受灾后分文没有，那时候的确是灾民，需要别人的帮助。但是当灾难过去之后，我们就不再是灾民了。国家每个月都给我们这些老师发工资，我们有固定的生活来源，就不算是灾民。我们可以靠自己的能力去解决问题，并且努力把生活变得更好。当然肯定有很多人不认同我的观点，他们可能会认为我们在映秀没有家，也没有家人，每天都过着流离失所的日子，但是终究都会变好的，我们不能总是把自己当灾民，这样不好。"

在董雪峰看来，"灾民"是这样变成"灾爷"的："当一个人第一次接受别人捐助的时候，他会觉得非常感激。但是，一旦接受的次数多了，就会变得麻木。最后发展为主动伸手去要，要多要少了，他还会进行比较，得到少了就会不平衡。其实，他们有没有那些东西都是无关紧要的。不断伸手索取的最终结果就会造成攀比，而且会让他们觉得不劳而获是如此安逸，从此就会丧失自己创造生活的能力。但是，一旦这样的捐助停止了，他们肯定会觉得很失落。这种失落感是怎么形成的？就是已经养成了索取的习惯，这种索取在他们看来

都是应该的，就不会懂得感恩。我认为大家还是应该自力更生、自强不息，这样才好。在哪里摔倒就在哪里站起来。"

所以，地震一周年时，董雪峰从自己摔倒的地方站起来了，董雪峰有了真正的改变。

所以，在他宿舍内的电脑旁，终于有勇气摆上了两个新的相框。一个相框内，是年轻时的妻子，身着白裙，站在树下，目光温柔。另一个相框里，是手持火炬的董雪峰，笑容畅快，正在纵情奔跑。

3. 借着苦难，得以重生

他关心的，是这样的成果带给他的成长动力。

他开始尝试去干预受伤孩子们的心理。

他觉得自己更像一个"观察家"。

孩子们想象的世界重新五颜六色起来。

能做一个站在太阳底下的人，他应该是幸福的。

以开放、敞开的态度，接纳这一切给予。

借着苦难，人的生命被重塑了。

过程会很艰难，但他会慢慢地去做，不放弃，更努力。

活着的人在一起，还怕什么？

*　　*　　*

从 2008 年 5 月到 2009 年 7 月，一年零两个月，映秀小学完成了两个学期的教学。

这真是映秀小学历史上最特殊的一年啊，因为地震改变了太多人的人生，改变了太多人的命运。

教学和教务工作已经理顺的苏成刚，又接受了一项新的挑战，重新完成周记课题——"校本教材的开发与运用"。

这本是 2005 年开始的课题，主要关于地方校本的开发，老师们自己编课例，自己上课。课题地震前原本要结题的，就连结题的"献课大赛"也已完成。董雪峰的妻子汤朝香还获得了献课大赛的二等奖。

可是，一场地震，一切都没了，100 多篇课例，100 多篇论文，40 多个课件，以及评课、听课、课后感，全没了。

从 2005 年到地震之后，教研室关于这个课题都开展了哪些工作？地震之后是怎样开展的？为了写结题报告，苏成刚去教育局找了很多的资料。教育局教科室的阎小文老师，地震后便一直驻扎在映秀小学协助学校开展工作。他经常半开玩笑半认真地说，他是董雪峰的助理，来协助董雪峰和苏成刚两个人工作的。

是啊，那段时间真是没少麻烦他。可是，关于结题报告，一开始苏成刚铆足了劲，想自己攻克。但是，第一稿根本没有写成功，需要用于论证的材料缺失太多了。没有办法，他便去找董雪峰，请教以前他是如何做这个课题的？又去阎小文那儿找了开题以来映秀小学上报的所有阶段性总结资料。他还一趟趟去找上过样本课程的老师。

白天是正常的行政和教学工作，晚上便在宿舍里写课题报告。苏成刚已经完全进入新的工作状态中。

"管它呢，做事情吧，忘掉一些事情吧。"苏成刚一遍遍告诫自己。

又是一个月，苏成刚再次完成一稿结题报告。

看了这版的结题报告，教育局领导对苏成刚刮目相看，觉得他用最短的时间完成了基本上不可能完成的任务。认真审阅后，他们建议报告改成两份，一份工作报告，一份结题总结。

接到修改指令，苏成刚改起来已是得心应手了，因为所有的资料在这样的寻找、消化、成文的过程中，已经烂熟于心。更熟悉于心的，是已经逝去的老师，在此课题中担当的重任，付出的心血，完成的成果。这一切，苏成刚第一次真正地感同身受。他为老师们做出的贡献而心生感动。

很快，两份报告同时交到了州教育局。局领导看到后，再次给予了充分肯定，并建议提交参加四川省当时组织的一次课题大赛。具体的结果会怎样？苏成刚并不太关心。他关心的，是这样的成果带给他的成长动力。是的，在这样的过程里，他觉得自己有了新的成长。

很快便进入到地震后的第二个学期。这一学期，苏成刚开始教四、五、六年级的美术课，一星期只有六节，他不用再去替别的老师代课，因为教务上的事情太多太多了。智慧的校长，懂得识人长处，他觉得苏成刚能将映秀小学的教务工作理顺、理出名堂。

这时候，苏成刚开始通过自己培训中学到的各种心理学知识，去干预受伤

孩子们的心理。以他的美术课为例，苏成刚的美术课和以往老师的美术课完全不同。上课模式发生了根本改变。

进到教室的老师，学生们不用起立问好。老师首先表达的是"今天我是快乐的，你们呢？"老师用自己的快乐去熏陶着每一位学生。结果在很短的时间之后，孩子们一见到苏老师，就会争先恐后地站起来说："老师，我们今天很快乐。"

在这样的情绪感染下，孩子们都喜欢上了苏老师的美术课。虽然苏老师不是专业的美术老师，可是，他会在课前五分钟讲一些好听的故事，励志的、幽默的，只要对学生有用的，他都会讲给他们听。

他常常问学生："你们愿意听这样的故事吗？"

孩子们总是一脸兴奋地拖着长音回答："愿意。"

有时候，苏老师突然想到自己以往的经历时，他也会在课堂上与孩子们分享。

不仅如此，他觉得自己更像一个"观察家"。他总是设定一个主题让孩子们自己去画，慢慢观察他们的用色。从心理学上讲，学生在重创之后的心理变化，在用色上面能反映出来。

果真，苏成刚的观察里，那些画得很浮躁的、用色很沉重的学生，那样的沉重还依然存于心里。于是，苏成刚便会和他们去交流，接触。一个学期下来，孩子们便都很喜欢画画了，尤其是一开始不愿意画画的学生会主动找他说："苏老师，我要纸，给我一张纸，我今天回去要画一幅画，我明天给你怎么样啊！"

正好在那个学期，上海二联小学举办了一个四国七校（4 个国家 7 所学校）的美术展，发了邀请函给"手拉手"的映秀小学。

巧的是，映秀小学还是上海泛亚集团的友好单位。那一年，泛亚集团也邀请映秀小学参加"2010 年世博会宣传画的征集活动——美好城市我来画"。

有了这样的目标，苏成刚便将这样的主题纳入了自己的教学计划当中。

究竟怎么画？是不是非要画城市呢？苏成刚告诉孩子们："你们看，地震后的映秀有没有变化？这么多叔叔阿姨关心你们，你们希望今后的映秀是怎么样的？你们希望你们的家是怎么样的？或是，你的心情是怎么样的？你的希望是怎么样的？"

怎么想就怎么画。苏成刚不给孩子们限定框架。

后来，当苏成刚带着孩子们的作品去上海二联小学参展，去泛亚参展时，都受到了热烈欢迎，很多同学还获得了奖项。

有意思的是，世博会组委会一直给苏成刚打电话，他们想要用六年级马杰同学的画来宣传世博，需要征得马杰的同意，要苏老师帮助协商。于是，映秀小学马杰同学，便成为2010年世博宣传画作者中的一员。这真是对震后孩子们成长的一种有力肯定。

看着孩子们想象里的世界重新五颜六色起来，苏成刚打心眼里高兴。他觉得让孩子们充满信心，带着微笑，充满希望地去画画，其实就是他们内心世界的展现。他们需要这样的展现，而这，何尝不是在帮助他，通过和孩子们的交往，一步步地从阴影和伤痛中走出来呢？

地震后不久，苏成刚曾带队送学生去山东日照。

走之前，教育局的领导给他下命令："一定要将孩子们安顿好，将对方怎么照顾孩子详细了解清楚，带着详细资料回来，要给家长一个交代。"

苏成刚一到日照，便感动得一塌糊涂。接收条件真的很好，壁挂电视、木地板、标准化的洗漱用品，不仅如此，他们还请了许多爱心妈妈，就是当地企业的职工家属正在做孩子妈妈的女性，专门筛选出来带着受灾的孩子们一起学习、生活。苏成刚对这样周到的安排，感觉到温暖并心生感激之情。

而他在震后第一次脸上有了笑模样，是在日照海边看到了日出。

太阳就那样红彤彤地从海的尽头升了起来。先只是红，并没有亮光。之后，像负着什么重担似的，慢慢儿，一纵一纵地，使劲儿向上升。到了最后，它冲破云霞，完全跳出海面。一刹那间，这深红的圆东西发出夺目的亮光，射得人眼睛发痛。它旁边的云也突然有了光彩。

站在初升的太阳下，被透过云缝的阳光直射着，苏成刚的脸上沁出一层细密的光泽，那是灿烂的太阳赋予的光泽。

是的，造物者允许苦难发生，也赐下百般恩惠予万物之灵的人类，只是，我们常常只看到阴暗、瑕疵、缺乏、不足，却很少感恩阳光、雨露、土地、空气，很少敬畏天地之大、日月之恩。

此时的苏成刚，面朝大海，心开始暖起来。

在后来的心理培训中，苏成刚学会了接纳。和董雪峰、刘忠能一样，苏成刚也深深被四川大学格桑泽仁的那节课触动。

在这样的心理培训中，苏成刚突然发现，原来朋友很少的自己，其实有这么多的人在关心着。在这样的接纳和给予中，朋友的精神和正面的能量，在他自己的消化和分析中，重新打散聚集，成为自己成长的动力。这种收获对于苏成刚而言，来得很及时。

可是，最初因为一下子接收了太多的信息，他并不知道哪些是真正适合自己的。但是，他命令自己去处理这些信息。在他看来，这些观点都有自己的特质，有些东西很好，但并不见得适合照搬到自己的身上。如何用最合适的方式去做？这是一种感觉上的东西，难以言说。苏成刚需要做的，就是以开放、敞开的态度，接纳这一切给予。

苏成刚有个习惯，培训时从不记笔记。为什么？别人在讲的时候，讲到"一"的那一瞬间，自己印象应该是最深刻的。可别人已经讲到"二"了，自己还在笔记上记"一"。给予和接受不在一个频道上，接受的知识就被过滤和减弱了。在苏成刚看来，讲与听同在一个频道时，听者就会接收到讲者给予的至少60%的东西。而且，这60%的东西接受过来后，他可能永远不会忘掉。反之，笔记记得很好，可能只接收到了30%的东西。想到什么东西时，就要去翻笔记。这效率便可想而知。这是苏成刚自己吸收消化的方式。

有一次，苏成刚去四川民族大学参加心理骨干教师的培训。那一天，他遇到一个美国人，他的双手因为以前工作时发生过事故，导致了截肢。戴着假肢的美国老师，讲起他的经历，讲到他心理的变化。讲到痛苦时，他的表情一下子就进入痛苦的状态。而讲到最终的成长时，表情一下子又放开了。

这位老师给苏成刚留下了深刻的印象，用自己曾经的经历去感染周围倾听的人，原来，听与接受双方的感同身受，会收到意想不到的效果。

有意思的是，培训后的第二天，四川双流棠湖中学在山东日照短暂过渡的学生回来了一批。棠湖中学的心理老师邀请苏成刚和那位美国老师一起，到棠湖中学给学生们讲自己的经历。他们想用这些经历帮助孩子们励志成长。

和美国老师缘分的增进，让苏成刚又学到了更多的东西。就在那堂培训中，苏成刚在进行互动分享时，便开始有意地注意起自己的表情。他在悄悄对比，他在观察孩子们的反应，他因此而改变。

培训结束后，棠湖中学再次对苏成刚发出了邀请，他们说："苏老师，如果你可以的话，能不能再讲给我们更多的学生们听？"那一刻，苏成刚突然就意识到，原来他所讲的内容，真的让听者产生了共鸣，因为他的情感和情绪的投入，以及现场的互动跟进。

那一瞬间，苏成刚的头脑一下子清晰起来。通过培训学会接纳、总结自己，让自己清晰地掌握变化。今后需要怎么去做？苏成刚知道，他有了答案，他有了新的成长。

这样的感悟帮助苏成刚很快地从阴霾中走了出来，他开始用自己体悟到的东西，去影响和改变身边的人，比如自己的学生。但是，学生的心理问题他能帮助解决，好朋友刘忠能的痛苦，他感同身受，却无能为力。正如他的成长是经历了自我的消化和顿悟一样，他只能希望刘忠能如他一样，尽快走出生命中的沼泽。

地震后，苏成刚还有一个明显的变化，那就是更加喜欢学习，更加喜欢读书了。

地震前的他，读书从来没有目的性，什么都看，有兴趣时会去看，可有时候又连续几个月连书都不翻一页，更不会去思考整理看到的东西。而现在的他，突然便有了想要看书的欲望。虽然还不能坚持每天看，但是，一个星期、一个月看完一本书，或者是把一本书看了一遍又一遍，去感受书中那些奇妙的东西，将那些值得记住的、重要的东西消化吸收，从而去影响孩子们，是苏成刚读书的目的。

这是一个好的开端，苏成刚的内心开始填充更多的智慧。像《羊皮卷的智慧》《心态决定命运》等，他几乎手不释卷。尤其是《心态决定命运》中有很多故事讲的就是处于绝境如何生存。他喜欢将书里的故事，一点点讲给学生们听。学生们最盼望的，也是在苏老师的课堂上，学习和感悟到书本之外的智慧。

《心态决定命运》有这样一句话苏成刚感悟很深："过去的是一些美好的回忆，活在现在的才是真实的我，未来是充满希望的，我们要活在当下。"

是啊，只有活在当下，活在现在，才是最真实的，过去的是心灵里最美好的回忆，我们可以不忘记，但我们要继续。所以，苏成刚便会对学生们讲："这场灾难你不要把它当成是一场灾难，我说它是你人生当中最大的一笔财富。"

"当经历的灾难成为生命的财富，就是苦难给予人最好的馈赠，被人正面接受了。虽然最初的困难带着苦涩的记忆，痛苦的气息来到人的面前时，所有的人都是拒绝的，不愿意接受的。但勇敢地面对苦难，忍受并承受走过苦难的

阴影，最终人的生命的品格和价值便会有所转变，人生的目标便会重新得到调整，生活的力量和热情便会更新和被调动，这或许便是苦难给人带来的新生吧！因为借着苦难，人的生命被重塑了。"这是苏成刚的理解，在他的身上表现得也最强烈。

这样的变化，的确带给了周围人太多的影响和感触。同事们都觉得苏成刚真的很了不起，孩子们也相当喜欢这个苏老师，不管是低年级还是高年级的，他们总会经常跑去问："苏老师，你什么时候再给我们上课啊？"孩子们有了变化，苏成刚便觉得自己做的一切有价值、有用。这些变化，让他心动。

就这样，重塑了生命的苏成刚，萌生一个新的理想——他要把自己所有接纳到的知识，用在学生身上。他要结合自己的经历，学会去做一个真正的心理工作者。因为他发现，心理培训的工作，如此有价值，如此重要，能够帮助人们解决迫切需要解决的棘手问题。当然，这个过程会很艰难，但他会慢慢地去做，不放弃，更努力。

还有生活中的一些点点滴滴，苏成刚也有了自己的思考。

医生对他讲，他的父亲只能活两年。母亲说："你爸现在这个病情是这样的，我都不气了，也不急了。反正现在就是让他过得好一点，吃得好一点，把他照顾得好一点，能活多久就活多久吧。"

有时候他回家看到父亲情绪有波动，父亲会说："哎呀，我都这个样子了。"其实他有感觉，他肯定在怀疑自己的病情。苏成刚就会跟父亲讲："你看地震死了的人，死了就什么也没有了。现在你还可以吃饭，可以看电视，可以和我们在一起，你还怕什么呢？"

太阳每天依然会升起，四季依然会顺序更迭，万物也依然会茁壮成长。我们还活着，还能见到美景，听到笑声，经历感动……活着的我们还在一起，我们还怕什么？我们什么也不怕！

4. 精神没垮，所有的东西都可以再生

> 他将一切旧有的幻想全都抛开了。
>
> 对岳父岳母的爱，不会因为妻子的离去而终止。
>
> 人不同，时间不同。生活只是从零重新开始了。
>
> 如果因为这样的争抢而失去真心，太没有必要。

218

　　　　亲情对于每一个人而言，比钱更重要。

　　　　人健康了，活着才能有幸福。

　　　父亲希望儿子从悲痛中解脱出来，每天都能开心快乐。

　　　　在这样灭顶的灾难面前，社会的力量太强大了。

　　　一个人的精神在，精神没垮，其他东西都可能再生。

　　　平平淡淡就是生活的真谛，幸福就是简单地、好好地活着。

＊　　＊　　＊

　　翻过日历，地震后的映秀顺畅滑入 2009 年的春节。

　　本是热闹喜庆的日子，刘忠能却把自己弄得狼狈不已。并不是家人怎样了，而是他自己，因为幸福的一家三口变成孤家寡人守岁祈福，他心里的怪异和酸楚泛了上来，他给了自己消沉的理由，他忽然变得一蹶不振。

　　刘忠能的状态让谭校长有些着急，也让他的朋友董雪峰、苏成刚有些着急。可是，着急能解决问题吗？几个好友情急之下，想到了解决问题的办法——在这个春节的假期，董雪峰、刘忠能、苏成刚三人在一名社工和另外一名同事的陪伴下，准备到外面的世界去透透气，社工想让这三个命运跌宕起伏的男人，在外面生活的朝气和生命的五彩中，重新振作，重新找回精气神。

　　要坐火车离开这个伤心的地方了，刘忠能的心里突然有着说不出来的轻松，一种迫切想要逃避终于得逞的轻松。

　　在云南一家青年旅行社，晚上，在这里住宿的所有"驴友"齐聚大堂酒吧，一杯酒或是一杯咖啡，认识的、不认识的，都带着同样逍遥的面孔，有一搭没一搭地聊着，说着各种各样的闲情，消磨着日落后的单调时光。在这里，还有许多寻找第二天出游玩伴的驴友，"你坐在那儿，就会有人主动上前问你，明天去哪里？可不可以一起结伴租一辆车？"陌生人的信任和关注，让刘忠能暂时忘记了自己"灾民"的身份。

　　可是，很不幸，在去往丽江的旅途中，刘忠能感冒了，而且很严重。

　　他不想扫大家的兴，他坚持和大家一起继续往前走。但是，走着走着，他便再也坚持不下去了。就像地震后一直假装的坚强，在那一刻突然土崩瓦解了一般，他终于病倒了。

　　这可吓坏了一路同行的董雪峰和苏成刚，他们和社工一起，赶紧将刘忠能送往附近镇上的医院。可是，三瓶点滴注射完，并没能止住感冒带来的浑身酸

痛无力，近乎嘶哑的咳嗽声还引发了呼吸的困难，高烧也一直退不下去，嘴唇干裂着，脸膛像火似的红着、滚烫着，身上还一阵接一阵地犯冷……高原人的感冒可不是儿戏。一时情急的董雪峰们，又连夜将刘忠能送到了丽江市第一人民医院就诊。在医院经过治疗后，刘忠能的病情终于有所缓解。

那几天，他们几个人哪里也不去了，就在异乡的医院，彼此陪伴，彼此温暖。刘忠能事后说到此事时，他用得最多的词是"感动"。谁会不感动呢？朋友们衣不解带地、无微不至地照顾着他，陪伴着他。就算一晚上都要输液，他们也是陪在他的身边，守护着他。他们想尽办法弄来各种各样的美食，期望病重的刘忠能可以吃下一点。能吃东西了，便有力气去抗击感冒病毒了，他们像哄孩子一样哄着这个三十多岁的大男人。他们还找到各种各样有意思的笑话，讲给病床上笑不出来的刘忠能听。虽然刘忠能的真心大笑总会引来咳嗽，但是，开心是健康的法宝。终于，被呵护着的刘忠能身体完全康复了，又健健壮壮地站在那儿了。好朋友的手交叠在一起，那是大家共同患难后，又一次深刻体悟到的深情厚谊。

接下来的云南大理之行，让他们收获了震后第一次无所顾忌的大笑与大闹。

董雪峰在进行巡回演讲时，认识了驻扎在大理的一个部队的师长。那天晚上，师长接他们去部队参观，并热情留下共进晚餐。

白酒、红酒、啤酒，喝了一肚子酒回到宾馆时，苏成刚已经醉得一塌糊涂了，躺在床上，叫都叫不起来。一直陪着他们的社工小聂、董雪峰和刘忠能三个人，每个人摆出不同的 POSE，拍出一张又一张夸张的照片。

服务员过来打过三次招呼，叫他们不要吵了，影响别人休息了。可是，他们醉得太厉害了，心中压抑了半年多的不痛快、不快乐太需要这样的宣泄了。在人前，他们一直表现得那样坚强，可是，他们心里的苦，他们心里的痛，不敢轻易让别人看见。每当夜晚独自舔伤时，那样的无助和茫然，谁能懂？

就让他们尽情释放压抑在心里的苦与痛吧！酒醒以后，他们或许便能回到真正的生活中。迎着太阳时会笑，面对月亮时，也会笑。

第二天酒醒之后，刘忠能好像突然间便明白：自己怎么还能再沉浸在地震的阴影中不能自拔呢？走的人毕竟走了，没办法挽救了，活下来的人，应该好好活下去，因为以后的路还得继续走。怎样走？只得靠自己坚强往前走。在这样的坚强里，要面带笑容，要面带能迎接一切得与失、悲与喜的笑容。

那趟旅程之后，刘忠能还去过珠海的一所大学，听了几天心理培训的辅导课。

心态不一样了，能接受的事物便多了起来。刘忠能终于能够坦然面对自己了。那几天的培训也不是纯粹意义的讲与听，而是讲者与听者围坐在校园的操场上，一起做游戏，一起讲故事，一起听音乐，一起疯狂地玩着、肆意地笑着、大声地讲着……

此时，刘忠能已经可以真正面对抽屉里封存的照片和遗物了，能上网浏览全家福的照片了，能和别人谈起自己的爱人和小孩了，在夜里，也不再让自己不可自控地突然泪流满面了……

他将一切旧有的幻想全都抛开了，将以前未能及时救出孩子的自责抛开了，他认清了这个事实，他当时尽了最大的努力去救每一个人，但是，没有办法，他救不出自己的儿子。但是，作为父亲，作为丈夫，他亲手送了他们一程，亲手把他们送走，将他们安葬在山上。不管将来有多久，他对他们的爱，永远都不会变，永远都不会被替代。反过来讲，这是天灾，不是人为的，不是因为他造成的，他做了一切该做的事情，尽了自己最大的能力去做这件事情，他对得起妻子和儿子的爱。他只需要永远记住他们。包括岳父岳母，他们永远是自己的父母。他会永远尊重并照顾他们。

在经历了许许多多的残酷和无奈后，一切从零重新开始的刘忠能突然发现，自己虽然是一个大男人，但是一直走不出来的根本原因，其实是自己的脆弱，被"宠爱"过多导致的脆弱。

刚参加工作时，遇到难事，父母和家人总会将一切安顿好、处理好。这是尚未长大的刘忠能，可以肆无忌惮享受着的"宠爱"。

遭遇地震这样的灾难，每个亲人都在关注他，关爱他。事实上，刘忠能打给他们的电话极少，一般都是他们先打来关切的电话。

比如父亲，总会问他这段时间过得怎么样，工作忙不忙，有没有时间回家看一看。父亲的话里话外都透着小心，避口不提已经去了的人。几个侄女也极其懂事。她们喜欢给自己的三爸打电话。问三爸过得怎么样，问三爸在学校里有什么烦恼或是开心事，问三爸啥时回家，她们不想错过与三爸的相逢。有一个在吉林长春读书的侄女，更是挂念自己的三爸。每通电话都长得不得了。而这些亲人里面，母亲对他的关心之情最为深切。挂了电话的母亲，总是会哭许久。可是，电话接通时，她的语气里却不能透露丁点儿悲伤，只是叮嘱儿子要

少喝酒，要将工作干好，要常回家看看。她担心自己的儿子走不出阴影，她很着急，可是她不能表现出来，她心疼自己的儿子，想尽各种办法，想要通过"妈妈做的饭菜""妈妈买的新衣""妈妈爱怜的目光"……来"宠爱"自己的儿子。

相比母亲，岳父母豁达许多。虽然他们和刘忠能一样，同样失去了自己至爱的人。而白发人送黑发人那种心痛到碎的凄凉，也不是刘忠能可以完全体会的。但是，即使这样，在刘忠能面前做的每一件事情，他们都会很小心，生怕触痛了女婿悲伤的心。岳父总是安慰刘忠能说："他们走了，不是你的错。人走了现在已经不能复生了，那么你现在该干吗就干吗，你还得继续生活下去，你还是我的女婿，永远都是我的女婿。"每通电话，岳父都会劝刘忠能少抽烟、少喝酒。可只要刘忠能去看他，他却又早早地将烟酒和饭菜备好。当从地震阴影中终于走出来的刘忠能，戒掉了酒，只是烟还抽着，还需要时间去戒时，岳父的亲情储备里，烟便一直都在。孔丽的姨妈也纷纷打电话给他，叫他去成都玩，给他带各种各样的生活用品。她们总是说："你在映秀辛苦了，我们出去吃一顿好的，我们给你买衣服和鞋……"这是这些体贴的亲人温情的"宠爱"。

这样的爱一直都在，刘忠能总觉得自己还是个孩子，还是一个可以在亲人的宠溺下，自由悲伤、不愿振作的孩子。

"反过来想想，活下来也不容易。真的。既然活下来了，就要好好地活下去，走下去，不能老是生活在自暴自弃的情绪里面。"为了这些关心他、帮助他的人，刘忠能告诉自己，必须好好地活下去，不管以后的路怎样，他还得走下去，好好地走下去！

周年祭的时候，父母到映秀来看他，到山上去看儿媳和孙子。在墓碑前，母亲哭成了一个泪人。只是在走的时候，依然是那句话："少喝酒，干好工作。"父母是地地道道的农民，没有更多的语言，只是用行动支持儿子走出阴霾。

终于能微笑平静地回顾过去，平静面对曾有的伤痛，平静面对曾经深爱却失去的亲人，从伤痛的阴影中走出来的刘忠能，面对亲人们的关切，也终于能敞开自己的心扉，去说以前不会说的一些话，去做以前逃避做的一些事情。

比如再回到父母家，他的脸上有笑了，会逗小孩子玩了，会到亲戚家串门了……他对父母说："你们放心就好了，我以后的路怎样走，我自己会慢慢走，会走好。"

当然，以前的生活，以前的爱和记忆，不是说忘记就能忘记的，但至少刘忠能敢于勇敢面对现在的生活，敢于勇敢面对将来的路了。现在假设他要去成立一个新家庭，他可以去做。当然，要在地震一周年之后，这是他给自己的承诺。作为老人的儿子，他还有义务去承担血脉延续的责任。当然，即使再婚，他也会对另一个她说明白，对岳父岳母的爱，将不会因为妻子的离去而终止。这样的爱，将会持续一生，因为他是他们永远的女婿。

说实话，地震后，许多人给刘忠能介绍过对象，包括岳父岳母。可是，因为他一直走不出来，一直都没有同意。地震周年后，已经走出地震阴影的刘忠能，终于想要敞开心扉接纳别人，所以，再有人给他介绍对象时，他便不再像以前那样排斥，他愿意去尝试接触，去了解，去亲近。因为他知道，孔丽和刘旭思宇在心里的位置谁也替代不了。但是，新位置，他们也一定希望有人驻扎，因为他们爱他，希望他快乐和幸福。可是，他不会去做比较，那样不公平，因为人不同，时间不同。生活只是从零重新开始。

终于走出地震伤痛的刘忠能，是让人欢喜的，朋友欢喜，学生欢喜，领导欢喜，自己的家人也欢喜。

他们开始期待刘忠能有更大的转变，比如真的勇敢面对未来中更重要的一件事——成家！

肯定要成家对吧！他不可能一个人一辈子这样，一辈子孤孤单单地走下去。他的爱人和孩子如果在天有灵，也不希望他这样孤单下去，他们也希望他过得好一点吧！

虽然刘忠能告诉自己，要勇敢面对成家这件事情，可是，他却迟迟没有行动。

岳父也对刘忠能表达长辈的关怀："现在的你，该接触一个朋友。我们不反对，我们坚决支持你。"

岳父岳母的支持态度，让刘忠能的心里面一暖，他知道自己该怎么去做才会让老人宽慰。所以，关于再婚这件事，他终于决定行动。

地震已过周年。有一天，父亲突然又专门从水磨跑到映秀住了两天，似乎没有什么事，似乎就是突然想儿子了，来陪陪儿子。

就在这个时候，刘忠能的弟媳妇悄悄对他说："给你介绍个朋友，你去看一下吧？"

"是哪个地方的?"刘忠能因为决定了去做这件事情,所以,他需要用心去做。

"水磨的。"弟媳妇回答。

刘忠能苦恼地皱皱眉头说:"我是计划去做这件事情了。只是,心态还没有调整到最好,还没有去见人家的心思,更没有心思去接触、相处。再给我一些时间吧。"

这时,父亲便有意无意地说了一句这样的话:"差不多了就可以了,还是可以去看一下。"

这句话在刘忠能看来,是父亲的一种态度,他希望儿子真正从悲痛中解脱出来,每天都能开开心心、快快乐乐,这是为人父的心。

这样的爱,最终给了刘忠能勇敢行动的力量。

除了亲人的关怀,对刘忠能起到关键作用的,还有社工和朋友。

他一直感慨,在这样灭顶的灾难面前,社会的力量太强大了,如果没有那么多人的帮助,他根本没有办法那样快从阴影中走出来。当然,这样的调节都是环环相扣的,如果只用哪一部分进行调节,也是不能完全达到理想效果的。

当然,这里面自我调节的力量还是最主要的。但是,如果没有外部力量的正确引导,一步步过来肯定要走很多冤枉路。

地震后不久,刘忠能参加过学校组织的心理培训。可是,第一堂课听下来,他反感极了。相反,他很喜欢和社工、记者朋友交流。因为有些东西,他不愿意说时,没有人会强迫他。只是像朋友一样,开导并倾听。这让他感觉舒服并愉快。

教育台有一个年轻的男记者,纯正的东北爷们,不知道怎么打听到了刘忠能离了酒没有办法睡觉的事情。那天他来看他,自我介绍和寒暄后,便从包里掏出了一瓶酒。

他说他和刘忠能是哥们,是哥们就边喝边聊。

他对刘忠能说:"你的情况呢,我知道,但我不知道你现在的心情怎么样了?"说完,他不等刘忠能回答,他就开始讲自己的过去,讲他经历的许许多多的事情,讲他跌跌撞撞的成长。一晚上,他没有多问刘忠能的心情。

第二天晚上,他又来了,又递给刘忠能一瓶酒,两个人又边喝边聊了起来。

这时,他才问他:"你是不是觉得他们还没有走啊?"

　　"是啊。"刘忠能回答，"我现在就觉得他们还没走，我觉得他们还会回来。"一晚上的熟悉，记者哥们的坦诚，让刘忠能有了打开自己心门的勇气。

　　"刘老师这样不行啊，这是地震的阴影啊，你要走出来啊。"记者说。

　　他劝刘忠能将以前的照片拿出来看看，强迫自己走出来。刘忠能说："这个，有点不行，有一点难。"

　　"这件事情已经是事实，怎样说呢，必须面对。"说完，记者又给刘忠能讲了许多故事。这些故事的道理都只有一个，那就是人在灾难之后，如何重生，必须重生！

　　这样的友谊并没有因为采访的结束而终止。之后，这位记者会经常给刘忠能打来问候的电话，或是发来关注的短信："刘老师怎么样了？心情好起来了吧？工作忙吗？班上的学生们听话吗？该找对象了哦，谈了对象一定要告诉我啊。"

　　当然，对于社工，刘忠能一开始还有过误解。

　　震后没有多久，广州的社工、香港的社工便到了学校。刘忠能不知道社工是做什么的，就听到他们在讲一些道理。刘忠能便对苏成刚讲："又开始说这些东西了，我们不接受。"直到社工走时，他们才对他说："我们不是专门来给你们搞心理辅导的，你们搞错了。"

　　其实刘忠能喜欢的，是大家坐在一起聊天的活动，比如座谈。在四川大学辅导时，格桑老师便不讲地震中的事情，只是以自己的人生为案例，用间接的方法去辅导，就容易被接受。

　　当然，刘忠能不是否定专家的理论和实践经验，他只是觉得针对灾区的心理辅导，更要针对差异性进行个别辅导。因为同上一节课的人，大家的情况和想法不会相同，反应自然也不同。这两种差异之间便会产生一些矛盾。说句实话，他自己的感觉就是："他家没什么事，他在课堂上很活跃，他在笑话我们呀，或者……"实际上他们不是这样的，但是，那些在课堂上能笑出来，能开玩笑，很活跃的表现，无意中便伤害了受伤的人。

　　这和国外的训练方式是不一样的。国外的模式是把一个人经历的东西、当时的场景不断地去打开，让人去面对，面对就可以了。可是，这不适合刘忠能他们，他不能接受。在当时的情境下，任何揭开伤痛的行为都是往伤口上撒盐，短时间摆脱疼痛是不可能的。因为疼痛的摆脱或是遗忘，总是需要一个过程。

刘忠能感谢这些听他讲话、陪他讲话的人。不同的人，对刘忠能说过的不同的话，给予了他不同的劝慰，让他有了勇气慢慢打开自己的心结。

说句实话，如果一个人始终沉浸在"5·12"地震的阴影中，始终一个人去想，这样他可能永远都走不出来。可是，正是有这样多的热心人关注他、帮助他、亲近他，他才想通了许多道理。受灾的家庭不只是他一个，成千上万的人都是像他一样的，人家也不是挺过来了吗？

不把自己陷入回忆里，刘忠能的睡眠也慢慢好了起来。之前，曾有朋友建议失眠的他临睡前听一段催眠的音乐。结果，他越听越清醒。干脆不听，起来看电视。看电视也不行。他就坐在那儿看书，看书也不行。想想明天还要上班，就躺床上吧。后来又爬起来上网。熬到四五点钟，有点困意，眯到七点钟时，才终于迎来新的一天。而如今，晚上十二点，刘忠能便有了困意。

有人说时间是最好的药，心灵疼痛与肉体疼痛的医治有相似之处：一个人身体有疾病的时候，医生的帮助大多不是把有病的肢体换成一个新的肢体，而是帮助病人提高身体内在的免疫力，提高身体的自愈能力。同样，心灵伤痛的痊愈，需要好的生命信念输入进去，如同增强机体的免疫力一样，让良好的免疫力帮助他康复。这是一种自我调控。

总结下来，震后走出悲伤，震后学会"自我调控"的刘忠能，对这样的改变有太多太多的东西可说。

做事方面。上课之前，刘忠能开始会去想：怎样去面对学生——表情、语言、态度。比如给学生们看照片的时候，他告诉自己："看了自己不要哭啊，不要流眼泪啊！"算是三思而后行吧。以前的他不这样，想到就立马去做，很多事情做了后便后悔。而不像现在，总是先想，这个方法对不对，好不好，怎样才更好，有没有可以改进的地方？

但第一学期的刘忠能不是这样的，虽然有调皮的学生敢直面对他说："刘老师，你好歪哦！"四川话"好歪"就是好严肃的意思。可是，刘忠能依然不能像以往那样幽默风趣或是瞬间阳光灿烂。因为他的心情沉重而严肃，他还不知道怎样去解决自己的问题，他找不到感觉去让自己成功修复。

可是，一个学期的亲密接触，孩子们清澈、纯洁的活力与友善，慢慢地引导着刘忠能去改变。就在这样的改变中，刘忠能不再宿舍教室两点一线，不再害怕与孩子们接触、聊天，他尝试着调整自己，他开始在教室里面批改作业，开始和孩子一起在教室里搞班级文化建设。他是指挥家，几个孩子在他的指挥下，将整个教室布置得氛围十足。学生们很快便感觉到了刘忠能的变化。有调皮的学生竟然又敢直接面对他了："刘老师，你应该这样，应该那样……"有的孩子竟然还敢在他的背后说他的坏话："哎呀，你知道吗，刘老师……"说完，几个孩子便捂着嘴偷笑起来。还有的孩子，碰到了伤心事或是快乐的事，也愿意第一时间告诉刘老师，他们觉得刘老师亲切。虽然刘忠能并不是他们的班主任，可是，只要一有什么事情，他们总是马上跑到他这儿，大声地说，刘老师，我们班上怎样怎样了。

工作的意义之一是帮助人走出阴影，重新面对生活。学生们的亲近，不知不觉中、点点滴滴里给刘老师的生命注入了鲜活的活力。无论是上课质量，还是班级文化，还是对家庭作业的重视，对差生的主动辅导，刘忠能都花了许多心思，想要做到最好。

在这样的改变中，有三个学生必须提到。

这三个学生都是刘忠能的同学的孩子，三年级的小同学。因为和其父母有这样的关系，再加上地震后自己是孤家寡人，所以，他的同学们总叫他去家里坐一坐，吃顿饭。

去别人家里做客总不能板着脸吧，再加上同学们在一起，免不了态度便随意起来，脸上的笑容也能经常浮现。这三个学生回到同学们中间便说："其实啊，刘老师很随和的，一点都不严肃。"有同学不信。这三个学生就急了："你们不信？信不信我们敢和刘老师开玩笑，他绝对不会生气啊。"起哄的学生越来越多，有些叫板似的就等着刘忠能的课到来。

下课铃声一响，他们几个便把刘忠能堵在了讲台，一个个叽叽喳喳地说着："刘老师，刘老师，你……你真的还会笑吗？"

看着一张张纯真的笑脸，刘忠能怎么忍心冷脸相拒。他便回应他们说："是啊，是啊。"他的笑在脸上绽开，那些赌赢了的同学脸上便现出得意的神情。而那些不相信的同学，也"啊啊"地惊叹不已，纷纷站到刘忠能的身边大声说："刘老师啊，原来你会笑啊，你笑起来多么和善可亲啊！"

这样的"试探"验证，给刘忠能带来了孩子般的意趣。这样的意趣于他，是久违的，渴望的。这样的改变，是孩子们与他在一起，他收获的最宝贵的财富。他开始真正面对一切，将灾难停放在心里的某个角落。

在自我掌控方面，刘忠能也有了明显的改变。首先便是生活习惯的改变。以前心情不好的时候，刘忠能总有种特别想摔东西的冲动。现在的他，再

227

遇到这样的情况，便会叫上几个老师说："走，打球去！"奔跑一会儿，回家冲个凉，什么都没了，该干吗还干吗。

听音乐也是刘忠能实现自我掌控的一种方式。心情稍微好一些的时候，听一些舒缓的。边听音乐边做事情，也是一种调节。

现在的他，要的是健健康康和幸福，他不再喝白酒了，高兴了还是会喝点啤酒，但是，完全可以自控。他接受了喝酒对身体不好的道理，因为酒喝得太多，肝脏会出问题。他害怕身体出现毛病这种事。因为一旦有了问题，不只是给自己，还会给自己的亲戚、朋友、父母带来负担。他需要健康，人健康了，活着才能有幸福。

可是地震后几个月的他，不是这样的。尤其是喝白酒，想喝多少就喝多少，从不节制。火爆的脾气上来时，几个人一起喝酒，说着说着便会不高兴，不高兴就要乱发脾气，赌酒。你喝一瓶一口干，我也喝一瓶一口干。喝酒的麻痹作用，却让他产生了依赖之情。酒喝多了，头一晕了，一上头了，什么事情都不用想了，几个人便可以无话不谈了，不去想那些不愉快的事情了，可以暂时忘掉痛苦了。哪怕只是暂时的忘记，那种感觉也很好。

这样的转变，还包括刘忠能整个人变得比地震前豁达。

以前，不仅是他，很多人都很容易为一些小事情去争，特别是工作上的一些奖励。地震后，刘忠能突然意识到，该是你的就是你的，不该是你的就不是你的，不需要去强求，也不要去争这些东西，顺其自然去发展就好了。而在这样的纷争中，最容易伤到的，便是亲情或是友情。人生在世，结交几个知己朋友很难。如果因为这样的争抢而失去真心，他觉得太没有必要。

"人的一生不可能是一帆风顺的，肯定是磕磕绊绊走下去。如今，因为经历了这么多东西，我知道了有些东西应该怎样去解决。比如说，有些东西实在是你不能得到的，该放弃肯定要放弃，做不到的事情不能说大话，空许诺。能做到、办到的事情，一定要去做，认认真真地去做，不能半途而废。"

这样的感怀，的确是一种豁达。

他的豁达也表现在了对金钱的态度上。

地震之后，刘忠能总能听说因为抚恤金分配的事情，许多家庭的关系一下子恶化起来。人都不在了，一家人还反目成仇了，多个两三万元又有什么意义呢？

拿到了妻子和儿子的抚恤金，刘忠能对岳父说："爸爸，这个钱都给你。"

岳父拉着他的手说："儿子啊，我不想多问这个事，你自己看着分配吧。"

只有 11 万元，并不多，可是，刘忠能想把这个全给长辈。长辈再分给他，他没有意见。

岳父看出了刘忠能的心思，他说："你现在是一个人，交给我，我也不拿。"

见此，刘忠能说："那我们就平分。"妻子的这一份，他和岳父、岳母三人平分。儿子的这一份，因为孩子是老人一手带大的，也是一人一份平分。

岳父岳母想得比他周到，他们说："儿子，这样，你父母也拿一份。"

听了老人的话，刘忠能心里很感动。从法律的角度来说，自己的父母是没有权利来参与分配的，所以，他不同意老人的方案。

因为岳父、岳母还在成都给妻子买了保险。保险公司让刘忠能签字领钱时，他回复人家说，直接给老人就行了。保险公司不同意，必须家属签字领取。

没辙，刘忠能便去了一趟成都。可是，这钱一拿到，他便直接通过银行转到了老人的账户上。钱虽不多，但是，他和孔丽已经成家了，父母给买的保险，受益人就应该是父母。相较而言，钱是身外之物，没了可以挣，但是亲情对于每一个人而言，更重要。

这样一系列的转变，也使刘忠能的性格更沉稳，不再像以前那样直来直去。包括许多帮助他的话，他也会分析，说得对不对？好不好？有没有道理？道理在什么地方？然后，自己分析明白了，就能按照这个方法去做。而不是人云亦云，人言亦言。如果那样，听了东再听西，永远都不可能将事情做好。

有人问他："孔丽老师如果还在，她会喜欢哪个他？"

刘忠能说："她会喜欢现在的我，因为以前她经常会说，你说话稍稍注意一点，不要太直了，有些话你要婉转一点。"孔丽是一个很会说话的人，在学校里面碰见任何人、任何老师的她，每天都是开开心心的，哪怕是家里面两个人刚刚吵过架，她出去了还是一样，绝对不会把家里的事情拿到同事面前去讲。她是特开朗的一个人，能说会道，这点刘忠能很佩服。

怎样去综合解释刘忠能的转变？

地震给了刘忠能太多的感悟。他常想，如果没有那样多的好心人，没有那样强大的国家机器，震后的映秀能否这样快走出来？这样的帮助，不光是物质上的，虽然物质上的东西可以解决很多现实的问题，但灾区精神的重建更

重要。

　　一个人的精神在，精神没垮，其他东西都可能重生。而最初他之所以坚守在废墟之上，也是一种精神上的慰藉，想要看妻子和儿子一面，想要为他们做好最后一件事。他常想，如果他当时走了，不光他，想念孩子的老人，找不到孩子在什么地方，相信也会活在自责之中。

　　现在看来，那种没有办法调整的心情，其实也是一个人的成长必须要走过的路，一个人的精神重建必须走过的历程。

　　关于自己的改变，刘忠能有这样的一段文字表述：

　　　　生活平平淡淡、健健康康、快快乐乐就行了；有吃、有穿的就行了，真的，不需要去追求很多的东西。那些走的人，走了就走了，什么都没有了，想想也没什么意思是吧？没有意思！我想很多东西都是没有意思的。做自己喜欢做的事情，只要自己高兴就行了，没必要去做一些自己不愿意去做的；自己认为对的事情我就去做，不对的不想做的事情我就不做，现在就可以不去做了。我现在的一个目的就是自己快乐、健康就行了，其他的没什么了。

　　刘忠能顿悟到的、简单的话里透出来的，也正是中国人平凡生活的况味。

　　这与《圣经》中那段著名的经文不谋而合："敬虔加上知足的心便是大利了。因为我们没有带什么到世上来，也不能带什么去，只要有衣有食，就当知足。"

5. 一周年后，她要成为他幸福的未来

　　　　　路要继续往前走，他需要有一个人陪。

　　　　　记忆里的爱，会永生都在。

　　　　　尝试对他而言，是一个很重要的决定。

　　那种感觉好像一下子回到了从前，他只需要站在那里，等着爱就好了。

　　　　　父亲相信儿子选择的爱，是可以给儿子幸福的未来。

　　　　　父母爱他的心，再次落到了实处。

＊　　　＊　　　＊

　　在刘忠能的老家，有这样的一个风俗，年轻的爱人走了后，活着的人要为

其守孝一年。

所以，迎着山风站在孔丽墓前的刘忠能承诺，一年以内，他绝对会坚守。

怀着未能救出妻儿的深深歉意，地震一年后，刘忠能终于从伤痛的状态中康复过来。路要继续往前走，他需要有一个人陪。他相信，妻子的在天之灵会祝福他的。

那段时间，他依然保存着这个习惯。隔几天，便会在晚饭后买一些孩子喜欢的东西，坐到妻儿的墓前，点燃两炷香，和他们说心里话。这样的倾诉，他深信，他们是听得到的。有时候，他也会一言不发，用心想自己的事情，那些让人怀念的事情。

很多东西失去了才懂得珍贵，才知道珍惜。对于妻子，也是在失去之后才意识到，她有多么好，多么重要！

妻子的遗体还没挖出来时，还不知道在什么地方的时候，刘忠能就跪在他们住的那个地方，哭泣着和妻子说话，说自己做得不好的地方，说对不起她，说现在更对不起她，因为这么多天了，他连她在什么地方都不知道，连孩子在什么地方都不知道。

亲自将妻子和儿子送到山上，立好碑；去云南买回身为藏族的妻子喜欢的祈祷金幡挂在碑上；只要去都江堰，他都会买回妻子喜欢的鲜花，如果在映秀，也会带几束菊花给妻子；儿子喜欢吃的东西，他也是买了带过去……妻子、儿子，这样的凭吊中，寄托了太多刘忠能的哀思，他舍不得离开他们，虽然明知道他们不会回答他的问话。但是，他还是要去陪他们。其实，他们也一直陪着他。

认识了新的她，他告诉她，他之前有妻子，有儿子，有一个和睦幸福的家庭，是"5·12"地震使他们阴阳相隔。现在他认识了她，她愿意接受，他们就交往。他不会将两个人做比较，因为是天灾让曾经的爱人离去，而记忆里的爱，会永生都在。

新交的女朋友叫柴永丽，是映秀幼儿园新调来的老师，很善解人意，她各方面都做得很好，十分理解他。

认识她是在2008年的10月，或许有意，也或许是无意，幼儿园的几个女老师经常带着她到小学玩。一来二去，便认识了。但是，刘忠能没有往那方面去想。

直到2009年6月，幼儿园的老师将此事捅开，正式地做了一次介绍牵线

后，刘忠能和柴永丽才真正接触。

他们的第一次敞开心扉式的聊天是在 QQ 上。之前，岳父已经不止一次地对刘忠能说："交朋友要慎重，要尽量找一个好一点的女孩。"岳父担心什么？担心刘忠能为了再婚而结婚吗？

好吧，认识快一年了，感觉柴永丽应该是一个不错的姑娘，刘忠能决定去尝试一下。这种尝试对他而言，是一个很重要的决定。

"你好。"刘忠能发送过去一句话。

"你好。"对方回应同样的一句话。

"你最近好吗？"刘忠能又发送过去一句话。

"我喜欢你！你能过来看我吗……"对方突然发过来整屏情意绵绵的话。

刘忠能一愣，觉得有些诧异。将那一屏话看了半天，他决定给自己一个机会。

"好，没问题，我去看你。"刘忠能回应这样的一句话。

后来才知，这是女友的好友用她的 QQ 号试探刘忠能的态度。相当于设了一个"陷阱"，让刘忠能跳了进去。如果刘忠能不回应，那么，她们便会劝柴永丽别再单相思了。

正好那周与柴永丽同住的好友去了成都学习。一下子孤单起来的柴永丽便经常主动给刘忠能打电话，或是到小学的宿舍找他坑。

交流的时间一长，两个人聊的事情一多，彼此加深了相互的信任。刘忠能知道了柴永丽哪年毕业，工作得怎样，家里又是怎样的情况，而柴永丽也在刘忠能的叙述中，清晰地看到了他的过去，让她羡慕的过去。同时，也切身体会到了一个男人失去妻儿的心痛。

一来二去，两个人便建立了一种新的关系。柴永丽开始喜欢陪着他，支持他。

那时候，因为一直吃食堂，刘忠能在生活上过得有些苦。家里也是乱七八糟的，没有心情好好收拾。因为他总是在收拾家的时候，想到孔丽带给他的舒适和整洁。

和新女友在一起，并不是刻意回避这个话题，但是，说得最多的，却是今天要做什么，明天做什么，明天到什么地方去，今天吃什么，明天又吃什么……就是这些琐碎而平常的事。可是，生活的本来面目不就应该这样吗？

那段时间的他们，相处得十分融洽。她很理解他，体谅他，觉得他不容易，觉得自己需要给这个男人温暖和爱。那个时候的刘忠能有一个不好的毛病，坏情绪上来时，谁也不想搭理，哪怕是自己的女友。可是，柴永丽却很擅长观察，这种情况下，她绝对不会逃避，她会开导和劝慰刘忠能，主动和他说话，宽慰他，陪伴他，直到刘忠能像以往那样，笑脸相对。

时间再一长，刘忠能的生活便全由柴永丽打理了。一天三顿饭吃什么，穿什么衣服，穿什么鞋，柴永丽俨然一个家庭女主人，成为刘忠能的坚实后勤保障。

那种感觉好像一下子回到了从前，刘忠能只需要站在那里就好了，便由心爱的女人替自己打点一切。其实，正是这种平淡而不激烈的感觉，吸引着刘忠能往前走。他知道，对于爱情，他没有过高的期望，他只是希望两个人相处时，是平淡的，快乐的，满足的，就好了。像他们以往那样。而看着柴永丽像只小鸟一样，在自己的眼前笑着、唱着。刘忠能的心慢慢地就暖了，他想和她结婚了，他想有一个新家了。

可是，他适合她吗？

他有些忐忑，他怕自己曾有的经历对她不公平。

可是她说："我就需要这样的人，可以实实在在地生活，不需要什么荣华富贵，或是做些其他的什么事情。我就是想安安稳稳地生活。而你，恰好就是这样的一个人。"

"可是，我心情不好的时候会经常发脾气。"刘忠能依然忐忑。

"发脾气很正常啊，只要不无理取闹就行了。"她这样回答他。

这样的温柔体贴让刘忠能心生感动。更让他感动的，不仅是柴永丽理解和支持自己，她的家人，也支持他们的交往，没有提出任何反对意见。这让刘忠能决定正式确定两个人的恋爱关系，并带她去看望自己的岳父岳母。

可是，真的要带着一个女孩去自己前妻的父母家，即使岳父岳母一直支持和鼓励自己这么做，他的心还是有些忐忑。他决定先打一个电话。

"爸爸，我交往了一个朋友。"

"做什么的？"

"是老师，幼儿园的老师，她没结过婚。"

"可以，挺好。只是，她家里面同不同意？"

"她父母没什么意见，挺好的。"

"你觉得可以交往你就交往，我们也没什么意见。什么时候你把她带过

233

来，我们看一下。"

岳父的话让刘忠能的心又踏实了许多。他要当面承诺给岳父，不仅他的女婿没有走远，他们的女儿又帮他们找回一个新的女儿。女儿和女婿会永远孝敬他们，永远爱他们。

接下来的一关，便是告诉自己的父母。刘忠能同样需要知道父母的态度。

"我交了一个朋友。"周末回家见父母时，饭桌上的刘忠能一脸平静地告诉父亲。

父亲脸上的表情并没有太多变化，夹了一口菜，用平常的口吻说："交了就可以了。"

两个人关于"朋友"的话题就此再没有延伸。父亲相信儿子的判断，相信儿子选择的爱，遇到的温暖，是可以给儿子幸福的未来。

刘忠能知道，双方父母的态度，对于他即将展开的新的人生而言，是一剂定心丸，因为父母爱他的心，再次落到了实处。

第十章 生活总是在大悲大喜间继续

—— 震后三年的董雪峰

1. 灾难过去了，一切要重新开始了

震后三年，映秀小学新校园终于敞开大门迎接师生的回归。

映秀公园，保留了那根没有被震倒的旗杆。

两所学校，一新一旧，相隔两公里。

只是两公里，在他的心里，却成为咫尺天涯。

小学旧址，仍是他们刻意回避的地方。

从孩子们的表情看，地震的影响可能将伴随他们的一生。

重建校园只是一个开始，呵护孩子幼小的心灵、

授予他们独立生存的能力，才是接下来的重任。

温家宝总理来到了映秀小学。

*　　　*　　　*

又是一年的春天。

春天的新映秀镇，空气清新，万物复苏。这个曾被"5·12"特大地震化作废墟的地方，已经看不到太多3年前的伤痕。

川西民居的院落、羌式建筑的外观、仿古风格的客栈……这是一座经过精心规划的小镇，街上不时驶过的电瓶旅游车，悠闲散步的居民和孩童们嬉闹的身影，都让人感叹映秀灾后重建的力量。

只是，抬头望望四周，云雾缠绕着周围的山，半山腰还有一些白色的板房，它们在倒春寒的劲风中有些凄凉；渔子溪和岷河交汇于小镇，河道中堆积

的乱石预示着下一个雨季又有一场艰巨的考验。这就是劫后重生的映秀镇，它以坚强的姿态豪迈地站立了起来。

除了建筑，重新站立起来的还有映秀的人们。

经过在水磨镇的短暂过渡后，映秀小学整体搬回映秀镇后，董雪峰和他的同事们、学生们找回了和地震前一样恬淡的生活：上课、活动、放学、回家。这种伤口渐渐结痂后的恬淡，有着更丰富的层次和难以言说的珍贵。

让我们目光回望。

2009年5月9日，映秀镇重建规划获得国务院批准。一个全新的映秀镇将在两年内全部建成。规划中，漩口中学成为地震遗址博物馆，映秀小学旧址则改建为公园。

2009年5月11日，映秀镇举行了灾后恢复重建项目开工仪式。在备受关注的映秀小学开工建设之后，映秀居民安居房、映秀幼儿园、中滩堡大道、渔子溪大桥项目4个主要重建项目也陆续启动。所有的灾后重建项目都将加强抗震设计，房屋建筑的抗震能力都比以前大大提高。

2009年6月，因映秀镇封闭施工重建，已在板房小学复课一年的映秀师生整体搬迁到水磨镇的八一小学，与八一小学合用一个校园。在水磨一年多，映秀小学的老师们住在集体宿舍，周末和孩子们一样搭车回家。那一段时间，生活充满漂泊之感。

2010年9月1日，原定搬回映秀新镇复课的100多名学生，再次在八一小学借校开学。迁回新校的计划暂缓并延后，因为"8·14"山洪泥石流突然来袭，学校的建设工期被迫延误。

2011年3月3日，作为映秀镇重建示范样板工程，新映秀小学终于在岷江岸边落成。映秀小学的师生们接到了"可以回家了"的喜讯。

在度过一年零八个月的异地时光后，震后三年，映秀小学新校园终于敞开大门迎接师生的回归。

新映秀小学位于映秀镇中心区西横路以南，为映秀板房小学背后的一片宽阔地带，与地震中毁于一旦的那所"映秀小学"一样，新学校也紧邻穿越映秀镇的滚滚岷江，只不过一个在"河东"，一个在"河西"。学校由深圳市证监局捐建，总建设面积10446平方米，楼高6层，12个教学班的规模，学校运动场作为临时避灾场地。

按照抗震8级10度设防标准建设的新映秀小学，校园内打了99根深10

米的桩基，建筑物采用"轻钢薄壁墙"材料。教学楼、办公楼都使用了世界最先进的"隔震支座"，即使地震来袭，建筑物可由隔震支座来释放压力。用设计规划者的话来讲："足以抵御破坏力为9级的地震，小震不坏、中震可修、大震不倒。"

不仅建筑标准一流，新映秀小学学校的设备也是一流的。每间教室配备了国内最先进的"电子白板"。这种教学设备甚至在大学校园也不常见。它不仅可以当作电脑触摸屏，还可以作为课堂教学的辅助工具，比如要教一个汉字，它能调出这个汉字的书写笔画顺序、发音等。

离新的映秀小学不远处，便是漩口中学旧址，映秀镇唯一一座保持着震后面貌的大型建筑——地震博物馆。在它周围，汇集着十多个国内外著名建筑大师的作品。它们组成一组防震建筑群，供来往的游人参观。

在映秀小学旧址上建成的映秀公园，保留了那根没有被震倒的旗杆。旗杆下面的空地，还保留着原来篮球场的样子，水泥缝中，长出一些绿色的小草。公园里还有一条如彩虹一样的铁桥，五根水泥立柱也被保留了下来，立在一片稀稀落落的树林中。

映秀小学的那根旗杆连同国旗，已成为映秀人的精神寄托。地震后，汶川县文化馆曾把国旗取下来入馆保存，结果，映秀居民一致反对，后来不得不换了一面国旗重新挂上去。

两所学校，一新一旧，相隔两公里，一个在镇东，一个在镇西。

可是，只是两公里，在董雪峰的心里，却成为咫尺天涯。

此时的他，就站在新学校的门口，像重新站起来的映秀小学一般。

新学校大门上方有十个大字——"大爱映春秋，生命秀风采"，进入校门的影壁墙上，有"奏响生命最强音"字样。校园内，一片宽阔的操场被红、黄、蓝、绿、白五种色彩的崭新教学楼环绕。正是上午10点，校园广播响起，孩子们跑出教室，聚集在操场上。"做操了，大家排队站好。"升旗台前的老师招呼着，却总有些调皮的孩子还在嬉戏打闹。"所有的生命都精彩"既是口号，也是事实的印证，镌刻在新映秀小学的操场上。

此时的董雪峰，已担任映秀小学的副校长。经过三年的心理恢复，他又娶妻生子。不过小学旧址，仍是他刻意回避的地方。他渴望从地震的伤痛中走出，重新过上新生活。但哪怕一丁点的触碰，可能还会让他彻夜难眠。

三年中，映秀小学没组织过学生去公墓扫墓。老师们会在每年清明和受灾

日去祭奠。2011年的清明节，学校20多位教师又一起去公墓献了花。当他们再次看到墓碑上先前同事和学生的名字时，他们的心里还是会翻腾出疼痛、压抑和悲哀。"去多了，对活着的人精神还是有影响。"

曾有老师建议将原小学的物品放进重建陈列室，但这引来多数人的反对。他们甚至都不愿将遇难者的遗物和照片，放进新的校园。他们说，"往事勿回首，重要的是展望未来，那才是我们的生活"。

映秀小学要建一个让学生感恩奋进的陈列室。任务始于2011年3月，四川省灾区全面推进"三基地一窗口"建设：建设开展爱国主义教育的基地、建设社会主义核心价值体系的基地、建设开展民族团结进步教育的基地和展示中国发展模式、发展道路的窗口。映秀小学陈列室要做的，是反映学校灾后重建的历程，展示抗震救灾先进人物和事迹，给学生一个永久性的教育场所！

为了把这一工作做好，董雪峰到汶川县一中、威州小学、北川县的几所学校进行了学习、参观，拿出了建设方案。他和同事们一起，写文字说明，做PPT、展板，寻找当年抗震救灾的物品……现在，只要有来访、参观的人都会到陈列室了解映秀小学的历史。

回到映秀后，随着职务的变化，董雪峰的职责也发生了变化，除了分管教育教学工作外，他还带领学校老师做课题研究。

新校园，新设备，除了要把教育教学工作搞好，如何使用新设备，如何把管理工作做得更好，也是董雪峰考虑最多的问题。

可是，望着面目全新、重新崛起的映秀小学，董雪峰却常常会陷入沉思。

他想到了曾经的简陋和艰苦。刚工作那几年，教学条件和现在完全没有办法比，没有像样的教室，教学材料也是少得可怜。但是，学生们专注的神情，清澈的眼神，总会让董雪峰油然而生一种责任感，孩子们多认了一个字，又学了一册书，便会让他觉得快乐无比，干劲十足。他觉得天底下最好的职业便是老师，没有什么是比做老师更好的人生。

如今，他也依然爱自己的学生。下课铃响起，操场上一片欢腾。站在办公室外的走廊上往下看，这些学生中，哪个成绩最好，哪个是捣蛋分子，他都可以一一道来。对他来说，全校168名学生，没有哪个名字，哪张面孔是陌生的。因为他亲眼看着他们成长，而自己也在与他们一起成长。

可是，那种失而复得的感觉，总觉得如鲠在喉，有说不出来的一种疼痛。

如今的董雪峰，工作任务更加繁重，罗列他一天 24 小时的工作即可说明：由于"5·12"三周年临近，不少关注映秀小学的单位个体陆续前来，看看新校区，关心一下孩子们。前一天下午董雪峰和谭校长在汶川县与他们交流；晚上回办公室，加班赶写材料，直到凌晨 1 点才回家；次日早上 8 时，他又准时出现在学校，开行政会、教师会，安排教务内务，会后继续赶写材料……

"学校知名度很高，所以要求也很高。"董雪峰看着整齐排列的文件，有些疲倦地自我安慰。

但是，董雪峰知道，重建校园只是一个开始，呵护孩子幼小的心灵、让他们树立正确的人生观、价值观，才是接下来的重任。因为教师的责任不仅仅是"传道、授业、解惑"，教孩子们做人更是第一位的，先教做人再教做事，这是震后映秀小学老师的职责所在。尊重生命，感恩社会，也成为映秀小学今后的办学理念。

不仅如此，在这位映秀小学副校长的心中，还有另一个放不下的牵挂。

地震虽然已过三年，但是，提起地震的事，谈话还是会立即变得沉闷压抑。相对大人脸上的沉重，地震对孩子的影响，显得要轻一些。不过，那个恐怖的时刻，其实也深深刻在了他们的记忆中。本以为平时打打闹闹的孩子已经淡忘了地震的情景，但有次发生余震，正在吃饭的孩子们赶紧放下筷子，脸上神情紧张。从孩子们的表情看，那次的影响可能将伴随他们一生。

一转眼，地震时一年级的班级，也将在 2011 年 9 月升到五年级。这是幸存者最多的一个年级，他们几乎没怎么受损，因为当时正在操场上上体育课，再加上年纪小，他们失去伙伴、失去老师的心痛感觉，和其他的孩子不太一样，或许在时间推移中，他们便慢慢把它淡忘了，因为他们一直在接受新东西。

最受创伤的，是刘忠能教的班级，幸存的学生人数很少，只有 16 个。

董雪峰教过这个班的美术，他明显感觉到学生们整体气氛的沉闷、不活跃。为了纪念，映秀镇设立了震后公墓。一个叫马金明的孩子，现在还会经常到墓地去看永远离去了的小伙伴和老师。孩子们是用这种方式在纪念。董雪峰他们看到，没有一个不心疼、不动容。

但是，这个班的学生整体是最听话的，学习最好的，语文成绩最低都要

90 分，全校都在向他们学习。他们自己定的班规是：排队要排得最快、最整齐，吃饭碗里面的饭粒一颗都不剩，不说话，吃得干干净净。大扫除的时候，虽然人手少，但因为是高年级，所以分的任务也最重，没有一个有怨言，女厕所打扫得干干净净，而且根本不用老师操心，就已经全部做好了。

可是，这样的过分自律、沉闷以及懂事，却是董雪峰最担心的。每个孩子对地震的反应都不一样，有的很快能走出来，有的可能始终走不出来。

为此，学校在常规课程的基础上，新增设了《生活·生命与安全》课程，并开设心理咨询室，请来专业心理医师。

在这样的课堂上，每个班每两周进行一次沙盘游戏，由专业心理老师利用沙盘游戏，发现孩子们不健康的心理问题，在经过科学分析后，对学生进行恰当疏导。

但是，董雪峰知道，心理健康教育不是一朝一夕的事情，更多的时候是一种"隐性"的教育，一种潜移默化的教程，其效果很难立竿见影。但是，不管怎样，他们都要去探索，去研究，去实践，因为学校除了担负教育孩子们的重任，还要成为孩子们的心灵港湾。

在这样一系列重建的行进过程中，有一件事让董雪峰终生难以忘怀。

2011 年 5 月 9 日，温家宝总理来到了映秀小学。

"温总理之前多次来过映秀，但是都没有走进映秀小学，这让我们很遗憾。"董雪峰回忆道，"地震三周年之际，温总理又一次来了。在校门口，师生们自动为总理让出了一条路，总理走到升旗台。陪同的省委书记刘奇葆告诉他，抗震救灾的时候，这里是停机坪，映秀的伤员从这里运出去，救灾物资从这里运进来。总理点点头，几乎没说话。整个过程，他始终面带微笑。"

那一天，董雪峰这样感慨："如果没有我们的努力，没有地震后坚强的自救和坚持，我们得不到今天的一切。我幸存下来了，尽全身心的力量为学校、学生做事，我问心无愧，因为我是如此热爱这个工作，如此珍惜今天的生活，珍惜我还活着。"

2. 历史没有如果，也不会逆转

> 教师的工作是良心的工作啊！
>
> "荣誉不会迷惑我的双眼。"

"我幸存下来了，但是我活得不自私！"

这个奖，却非得用酒的形式才能表达内心的喜悦。

这个奖，是对映秀小学老师们的最大肯定。

*　　*　　*

2011 年暑假开学后，映秀小学有学生 168 个，教职员工 35 个，包括一位心理干预老师。

搬到新的小学，面对全新的教学设备，董雪峰要求老师们在两个月内学会使用高科技的"交互式电子白板"来辅助教学，这不仅导致备课量绝对成倍增加，对于教师自身业务素质的提高也有更严格的要求。

董雪峰语重心长地对所有的老师讲："国家花了那么多钱重建学校，不能因为教师业务素质跟不上而造成资源浪费。不管怎么说，教师才是学校之'魂'！"

是啊，教师才是一个学校的灵魂！

还记得 2005 年起董雪峰担任学校教科室主任时，着手研究的那个州级课题"映秀地区校本教材开发与运用研究"吧。原本应该 2008 年 9 月课题结题，但让人痛心的是，地震把一切都化为乌有，老师们编写的校本教材、课例、反思以及各种资料都没有了。

按照董雪峰的设想，如果那些资料还在，他会把所有老师的丰硕成果制成精美的教材，做一个大型成果展示、师生作品展览，邀请州、县、兄弟学校来参加结题活动……

幸好 2009 年 9 月起，接任教科室主任的苏成刚，接受了继续做完课题结题工作的任务。前文也讲过，苏成刚最终完成的报告，送交到阿坝州进行教育成果评审。在缺乏资料的情况下，该课题被评为"州级一等奖"。

这样的荣誉让董雪峰和苏成刚都有些意外。更让他们惊喜的是，2010年 5 月，教育部中国教育发展基金会来函，要求学校准备课题资料，"映秀地区校本教材开发与运用研究"课题被评为全国"十一五"教学研究优秀成果一等奖，映秀小学被评为教育科研先进集体，董雪峰和苏成刚也被评为教育科研先进工作者。2010 年 6 月，苏成刚到北京领回了这一堆沉甸甸的奖牌和奖状。

那天晚上，董雪峰和苏成刚以及部分老师，破天荒地聚在一起多喝了几

杯。地震一年以后，他们很少这样敞开地喝酒，可是，这个奖，却非得用酒的形式才能表达内心的喜悦。因为他们都十分看重这个奖，因为这个奖是对映秀小学老师们地震前3年教学研究工作的最大肯定。

2010年9月，董雪峰又接到一个喜讯，教育部邀请他到北京参加教师节庆祝活动。阿坝州只有一个名额，整个四川省仅有4名。

回忆起在北京的那一刻，董雪峰至今仍然十分激动。作为"全国教书育人楷模及模范教师"，董雪峰受到了胡锦涛总书记的接见。

董雪峰知道，自己之所以能受到这样多的关注和得到这样的荣誉，其实和地震分不开，是地震让他获得了这一切。可是，如果可以用这一切荣誉去换回曾经的生活，他愿意，他迫不及待地想要换回。可是，历史没有如果，也不会逆转。

当然，如果没有地震后坚强的自救和坚持，没有在艰苦条件下的无私奉献，没有在教育教学工作中做出有目共睹的成绩，他和映秀小学也得不到今天的一切。

"我幸存下来了，但是我活得不自私！"董雪峰自我如此评价，"荣誉不会迷惑我的双眼。因为事业上的追求才是无止境的，我的追求就是一切从零开始，脚踏实地把工作干好。"

可是，如何在零的基础上重新开始？

地震后，主管教学的董雪峰深深地忧虑着，"教师的工作是良心的工作啊！"

董雪峰知道，经历了地震重创的映秀小学今非昔比，震前师资力量较好，教学质量也位于全县前列，但震后极有可能会严重滑坡，对于如何重续成绩，他心里没有太大的把握。虽然2010年6月，映秀小学在汶川县灾后第一次全县教育教学质量监测中，除去县城的第一小学和第二小学，映秀小学总体评估还是名列全县乡镇小学第一名。但这个结果，董雪峰是暗暗苦笑的，这只能说明，"即使教学常规工作我们不曾放松。但我们下滑的幅度相比之下只能还算比较小"。

在教务工作会上，董雪峰掏心掏肺地与老师们交流："作为老师，最大的愿望就是自己的学生能够健康开心地成长。灾难既然发生了，孩子们还小，不能让他们被伤痛包围。灾难过去了，一切要重新开始。自己的伤痛不仅不能影响到孩子，在课堂上，还要把最活泼、最阳光的一面呈现给孩子。课堂下，更要和孩子多沟通、多交流，带给他们快乐和希望。"

董雪峰期望通过一种"约之以规、动之以情、晓之以理、导之以行"有机集合的方法，和老师们一起找回昔日最棒的映秀小学，也走进未来会更棒的映秀小学。

在2010年10月举办的汶川县校长论坛上，董雪峰代表映秀小学作了"如何加强常规教育"的报告。在报告里，他这样说："灾难的确改变了一切，首先是家长对教育的态度变了。他们多数认为，学生好好地活着、吃好、穿好、玩好就行了，其他要求都降低了。甚至有家长给老师打电话：我的孩子成绩不好、作业没有完成没关系……我们的老师都是地震的幸存者，大多数老师都是忍受着心灵的剧痛在搞教育，个中滋味常人难以体会到……在这种情况下，学校工作以德育为首，安全工作第一，卫生工作为重点，教育工作为核心。这四项工作无一不牵涉到对学生的常规教育。"

作为副校长，作为教育管理者，董雪峰对学校发展的思考也越来越多。

"比如说教师结构失衡的问题——如何做好教师专业化成长的工作？"董雪峰认为，"教而优则仕"制约了优秀教师的专业成长。"一个在教学中有业绩的教师，往往提干当领导，这对学校的发展是不好的。我们就应该让教学好的教师走专家型道路，让组织能力强的教师去当干部。"董雪峰又说："树名师，才能建名校。我们就是应该把名师树立起来，让他们成为骨干，成为专家，成为大家学习的榜样。"

"比如学前教育的问题——因为映秀小学没设学前班，所有的学前教育都是在幼儿园，那么幼儿园和小学教育是脱节的。"在董雪峰看来，幼儿园是孩子的幼乐园，孩子在那就是玩，就让他快乐地玩，健康地成长，学习和小朋友相处，学习怎么去融入这个小社会、小集体，这是孩子在幼儿园开始学到的东西，至于知识方面呢，他能够学一点是一点，就以启发学生为主。学前教育就不一样，就得把小学最基础的东西教给孩子，让他学规矩，学习生涯一些常规性的东西就得放到学前教育里面去，然后他进入小学一年级以后，就能顺顺利利地适应学校生活。

……

思想决定态度，态度决定人生。这是董雪峰作为一名小学管理者的教育之道。他之所以如此尽心地去做、去思考，因为他热爱自己的工作，热爱学校这片热土，热爱在这里一天天健康成长的孩子。

时间仍在前进，新生的映秀小学，以及这些新生的老师，已经像上紧了发条的时钟，开始滴滴答答地进入生命的又一个新的年轮。

3. 活着就是幸福，生命在，什么都在

什么是幸福？活着就是幸福。

"我们终于结束了漂泊的生活！"

好好的一个人，怎么说走就走了？

生活总是在大悲大喜间继续。

儿子的诞生是对他心灵创伤的治愈。

平淡无奇的生活，对他而言，珍贵无比。

*　　*　　*

什么是幸福？

只有活着才是幸福，生命在，什么都在。

生活能改变的东西太多了，唯一不变的是自己，以及将要面对的一切。

震后三年，董雪峰这样感慨。

2011 年 4 月，重回映秀的老师们搬进了崭新的、简单装修好的教师周转房。董雪峰分到了一套两居室，他买了新家具、电视，把爱人、孩子从都江堰接回了映秀，小家庭其乐融融。"我们终于结束了漂泊的生活！"董雪峰开心地说。他甜蜜地揽过妻子白雪，这位不顾一切从黑龙江远嫁过来的东北姑娘。

之前的每个周五的下午，不管天气炎热还是寒冷，董雪峰都会站在水磨镇山坡上的汶川县八一小学操场，对已经列队集合好的映秀小学的孩子们，进行每周放学之前的例行讲话。

"穿暖和点……注意安全……"那天刚刚下过大雪，董雪峰大声讲话的声音被风吹得时断时续。

把学生和老师送走，董雪峰收拾一下，走向那辆才买了不久的蓝色摩托车。穿戴好护膝，再将一件厚厚的外套套在羽绒服外面，最后戴上手套和头盔——在这么冷的天气骑几十公里山路，是一件很艰难的事情。然而，有一点毋庸置疑，董雪峰的心此刻是暖和而急切的。在都江堰的家里，妻子白雪和刚出生的儿子小松岷在等着他。他挥挥手，摩托车一溜烟儿地消失在刺骨的寒

风中。

寒风中疾驰回家的董雪峰，让人温暖地感受到——生活在乐观地继续！

可是，幸福与痛苦，是不是总是如同生活的双行线，从来都是交替编织进每一个人的生命？工作已逐渐有了起色的董雪峰，生活上却接连不断遭遇着新的痛苦。癌症带给父亲的病痛在一天天加剧。

2010年1月25日，董雪峰和妻子白雪举行婚礼。两人其实早领了结婚证，白雪也已经怀孕数月，两人本不打算搞仪式。但为了罹患癌症的父亲，两人依从父亲之意愿，在这一天大宴宾客，将婚讯周知邻里乡亲、亲朋好友。那一天，亲朋们看到了董雪峰与妻子白雪在婚礼上拥抱时，白雪潸然泪下的那一幕；看到了董雪峰开心的笑容，他们相信那是这个坚强的男人从"心"开始的人生拐点；也看到了董雪峰的父亲眼中流露出的满足感……

婚礼那天，董雪峰在给父亲敬酒时，竟然忍不住抱着父亲"呜呜"哭了起来，全不顾这是应该欢笑的婚礼。他的脸贴着父亲的脸，就像小时候那样，像个委屈的孩子依偎着父亲，任泪水流下来，表达自己的无限依恋。养育之恩，骨肉至亲啊！

生病以后的父亲，变得很瘦小，印象里那个一直是个硬汉的父亲已经老了。经历了地震的董雪峰，面对生病后的父亲，那样怕失去，怕失去他至爱的亲人。

董雪峰趴在父亲的怀里说："爸爸啊，我们一天天都会好起来的，您的身体也会一天天好起来的。现在您的儿媳妇肚子里也怀有孙儿了，您又要当爷爷了。"

听了儿子的话，父亲拍着他的后背说："傻儿子，今天是你结婚的大喜日子，要高兴，要高兴。"可是，这样劝慰着儿子的父亲，眼睛里也是闪着泪花的。那种泪花，是喜极而泣的幸福的泪花吧。

新婚的第二天，董雪峰在医院拿到了父亲的检查报告。报告显示父亲的包块比原来缩小了三分之二，一切情况有了好转，而父亲的精神状况一直很好。这让董雪峰暗暗庆幸，上天待他并没有太薄，还在眷顾他的心愿，还可以留父亲在身边更长久一些。

那个时候，接受完几个痛苦的化疗疗程后，父亲已经选择了用中医来治病。这份检查报告让全家人都很高兴，父亲更是对自己的健康充满信心。

可是，谁能想到会这样快！婚礼刚刚过去10天，父亲病情突然恶化。

2010年2月4日，这一天，董雪峰和新婚的妻子白雪在水磨的过渡学校值班。阿姨突然打来电话，说他父亲不行了，让他赶紧想办法来见最后一面。

心急如焚的董雪峰，找了一辆车便往都江堰赶。可是，走到半道，阿姨便又打来了电话，她说："雪峰啊，你爸爸，他走了。雪峰啊，你别哭啊。雪峰啊，你要坚强啊。雪峰啊，你别这样啊，你这样，你爸爸会走得不安心的……"

赶到医院，董雪峰见到的，是已经停止呼吸的父亲，那一刻，他再一次泪如雨下。

父亲去世的那一天，红原县委办公室的几个老同事还到家里来看望了父亲，父亲还和人家聊了许久，还将同事送下了楼。可是，来看父亲的人还在从郫县回成都的路上，父亲就离开了人世。打电话到红原县委办公室，接电话的，正是来看父亲的同事。他怎么也不相信，说走的时候还好好的，怎么说走就走了？

父亲的去世，对董雪峰而言，是一个极大的打击。他不明白，为什么亲人们一个个地离去，怎么都是那样的突然？包括跟他关系一直很好的、唯一的舅舅，年仅44岁。

父亲和舅舅的去世，让董雪峰的心理承受能力达到了极限，那种一下子蒙了的痛，深深自责的恨，又回到了董雪峰的体内。

董雪峰知道，划在手上的伤痛，总是很快会愈合。可是，划在心上的伤，将一生难以愈合及遗忘。从地震到现在，这些痛便是一刀一刀地划在了董雪峰的心上。可是，如果用"坚强"二字来诠释，似乎有些牵强。这怎么只是"坚强"二字这样简单？没有办法去抗争的灾难与死亡，却这样轻易地烙进无力反抗的生命里，让人不得不面对，不得不坚强，不得不迎向太阳而重生。

正是因为又一次经历了痛彻心扉的永别，经历了亲人们的突然离去，无数次对命运诘问和不甘的董雪峰，因为无力改变这一切，他只能去顺应并坚强地面对这一切。

所以，父亲去世的那天，即使哭得一塌糊涂，他还是对妹妹讲："爸爸这个人啊，这一辈子啊，强悍了一辈子，最后还是被病痛折磨着。所以，要把我们各自的家庭建设好，要好好活着，只有这样，才能对得起爸爸一辈子的高心气啊！"

这样的生离死别让董雪峰对生命再次有了更深的敬畏与思索，原来脆弱的个体在坚韧的生命链条中，一代代传承，便是已故的亲人留在生命深处永远抹不去的烙印啊！这样安慰妹妹的董雪峰，其实也是给自己鼓劲。

是啊，这样再次突然离去的生命，也让董雪峰再次生出珍惜生命之感慨，"现在我常常在想，什么是幸福？只有活着才是幸福，生命在，什么都在。每个人能在世界上走多久、停留多久，谁也不知道。亲人一个个离你而去，但你还得努力工作、你还得养家糊口。生活能改变的东西太多了，唯一不变的是自己，以及面对的一切。"

是的，活着就是幸福，我们谁也无法预料自己还会在这个人世间走多久。就像有一天董雪峰抱着孩子过马路。绿灯时他才往前走。可偏偏就有骑着摩托车的人逆行，人车相碰的那一刻，孩子脱手而出，董雪峰也摔倒在地。他一爬起来，最急的就是抱起孩子，看有没有问题。孩子吓哭了，还好，没大事。骑摩托车的早已跑了。这样飞来的横祸，谁能事先预料得到呢？如果不是摩托车，是辆大车呢？董雪峰会只是擦破腿受点轻伤那样简单吗？

生活总是在大悲大喜间继续，老天爷不动声色地让人在悲痛之余得到继续生活下去的理由。

2010年7月22日，失去儿子、妻子两年多以后，董雪峰又当上了父亲。这一天，儿子董松岷在都江堰的板房医院出生。

于是，他的许多朋友在那一天都收到了这样一条短信——"雪峰托大家的福，白雪于今日中午十二点半剖腹产下一子，六斤八两，母子平安！"短信那端的朋友们，一定能体会到重新当上父亲的董雪峰的喜悦。儿子取名"松岷"，松，代表的是妻子老家的松花江；岷，代表的是流经映秀的岷江。

对董雪峰来说，儿子的诞生对他心灵创伤有治愈作用。抱着他、看着他，心中那种爱无以言表，甚至他在担心自己以后会不会溺爱这个上天厚赐的儿子。

董雪峰希望这个儿子和他第一个儿子董煦豪一样优秀而出色。每天晚上，他都会在空间里把两个儿子的照片点击出来看看，先含泪快速地看看遇难的儿子董煦豪仅存的3张照片，然后细细品味小儿子董松岷的大量照片才能入睡。

有了新生活的董雪峰，不管有多疲惫，只要回家看到妻子和儿子，他的眼神一下子就会温柔起来。回到家，他便哪里也不想去了。

这样平淡无奇的生活，对于董雪峰而言，就是幸福的全部。

4. 在生活的琐碎里，他变成一个感性温柔的男人

怎么平衡家庭和工作的关系？

灾难再次来临的那一刻，他心里首先想到的，还是学生。

丈夫没有抛弃或是忘记她们。

如果她对丈夫有一点不好，她就会内疚。

因为她在，儿子在，他们的家才完整。

苦难中建立起来的友谊，是很难改变的。希望它今后也不要变。

*　　*　　*

又是一天早晨，董雪峰轻手轻脚地起床穿戴、洗漱完毕，看了看熟睡中的妻子和儿子，轻轻地关上房门。

走出充满羌式建筑风格的教师周转房，他来到街边一家面店，见同事刘忠能、苏成刚在吃早饭，很自然地加入他们。吃完饭，他们说笑着走进色彩明丽的校园。

新的一天就这样开始了。

震后三年，再次回到映秀小学采访的记者，曾问过董雪峰这样的一个问题——怎么平衡家庭和工作的关系？董雪峰笑笑，给记者讲了刚从水磨异地过渡回到映秀那一年临近暑假的一段经历。

2011 年 7 月 4 日，映秀涨洪水。之前的 6 月 30 日，董雪峰才结束在外地的培训，回到映秀。

那几天，白雪因为生病一直在打点滴，风尘仆仆地回到学校的董雪峰便被谭校长赶回了家："你在家里帮帮吧，明天周五，不要来学校上班了。"那该是一直以来，董雪峰连续陪伴家人最长的几天。

7 月 4 日是星期一，因照顾孩子和家庭过于劳累造成身体虚弱的白雪，健康有了明显的改善。8 点 10 分，董雪峰准时来到学校。

一进学校，董雪峰便听到几个老师正在那儿聊洪水和泥石流会不会来。董雪峰接话说："我昨晚没怎么睡，就听见岷江水哗哗地流，包括二桥的水，又黑又高，有点吓人。"一抬头，看到谭校长正站在二楼接电话，好像是在向县

里领导汇报情况。他刚想上楼和谭校长商量，是不是把作业发给学生，就不要上课了。刚想到这儿，警报就响了。谭校长电话一关，从另一边楼梯就跑了下来。一边跑一边喊："赶快组织学生。"

董雪峰也马上往一楼跑去。当时学生的反应很快，很快便全部跑了下来，迅速跑到了集合的地方。苏成刚已经站在那儿组织学生排队。这时，听到谭校长在喊："开后门。"好像是钥匙没有带，又改口喊："走前门。"话音一落，学生们队也不排了，呼啦一下子，便全跑了。

100多名学生，不多，很快便撤到公墓附近的渔子溪处，那里是学校指定的避灾逃生点。

学生在前，老师在后。食堂的杨阿姨一眼看到了董雪峰，她连声惊问："你家白雪呢？你儿子呢？"

白雪？儿子？董雪峰心头突然一慌，连忙答："还在家里面呢。"

听了此话，杨阿姨便开始训他："还不赶紧带她们出来。还不赶紧的，多危险了啊。"

这时，董雪峰才想起可以打电话。电话一接通，他便急急地说："白雪，白雪你赶紧的，我们这边开始撤离了，你快点把孩子带走。"

急急地说了一大通话，在家里什么情况还不清楚的白雪，很快也意识到了问题的严重。可孩子还在睡着，顾不得了，一把将孩子从被窝里拖出来，用被子一包，挎上包，鞋子也没有穿，抱起孩子便往外跑。

刚跑到二楼，就碰到了刘忠能，他也是送完学生赶到家接老婆和儿子。这样，白雪和他们一起，坐刘忠能的车撤离到了二台山的最高处。

到了二台山，刘忠能给董雪峰打电话，说把她们都接上了，现在安全了，让他放心。

刘忠能的电话让董雪峰的心落到了实处。可是，妻子待在二台山上，也不是一个长久之计。想了想，他还是回到学校开上了车，将妻子和儿子接到自己的身边。

从渔子溪跑下来，接到白雪的董雪峰，本意是再回到渔子溪，和学校的师生们会合。可是，当时已经戒严过不去了。没有办法，幸好还有都江堰的路是通的，是可以走的。这样，董雪峰向校长请假，将她们送到都江堰后，才安心回到学校。

这件事情的处理，让董雪峰意识到，灾难再次来临的那一刻，他心里首先

想到的，还是学生。是啊，当时情况多紧急，许多学生吓得书包都掉了。一开始董雪峰还想帮着他们捡一下，后来干脆就不捡了，把书包堆在学校的拐角处，带着学生急急地往外跑。在中学的拐角处，如果不是食堂的杨阿姨问他，他不会想起白雪和儿子还在危险的板房里。虽然刘忠能最终帮他接到了她们，可是，每次想起来的自责和内疚还是让他觉得抱歉极了。

白雪倒觉得还好，还觉得很幸福，因为丈夫一直开车将她和儿子送到了安全的地方。后来董雪峰问白雪："你没有听到报警声吗？为什么不跑啊？"白雪一脸无辜地回答说："我不懂啊！"

那时候的她，从来没有经历过这样的灾难。她不知道应该怎么处理，可是，当董雪峰着急地去与她会合，并且还试图回家给孩子拿一瓶牛奶时，白雪心里的害怕才涌了上来。她不停地给丈夫打电话："不要去啊，不要去啊，快点回来啊！"

涨洪水这一天，董雪峰最初是没有害怕和恐惧的，他觉得不会有事。当时学生们跑的时候，他还在想，不能乱跑。后来意识到这个想法是错的，排队重要还是逃命重要？当然是逃命重要！包括捡书包的事情。

但是，涨洪水引来的泥石流，对于整个映秀而言，其实是一件非常恐怖的事情。2010 年 8 月 14 日的泥石流，便将映秀医院冲毁了。所以，当 3 日晚上传来消息说"会涨洪水！会有泥石流！"时，董雪峰便让白雪准备好了挎包，提醒她说："情况可能会比较严重，挎包里要装好撤离后孩子吃的和用的东西。"那天晚上的董雪峰其实也没有睡好，一直在透过窗户看河对面。从他住的楼上看得见高速路入口的桥，一直有个警灯在闪。警察就在那儿来回地走。整个映秀到处都是灯火通明的。

可是 4 日早上醒来，却发现什么事也没有。他才稳稳当当地迈着以往的步子，去了学校。

也是后来才知道，夜里 5 点多有过一次警报，两个正在映秀采访的记者，还把当地居民叫醒，一起撤到了山上。

有人曾问董雪峰，如果再给他一次机会，再发生当时的事情，他会怎么做？

董雪峰回答："如果能都照顾到，那是最好。但是，如果警报一响我就直接回家，我也会内疚，毕竟我是一名副校长，在学校里面要有担当。当然，家里面也要有担当。还好，在我把学生送上山时，还是及时通知了家里。只是幸好没有什么事情。现在想想，应该在学生撤离的时候，便给家里面打电话。毕竟她也是成人啊，知道抱着孩子跑啊！但我不知道为什么，当时脑袋就空白了，就光想着学生了。"

正如那次地震，他只是本能地去救学生。估计妻子会在办公室的位置。可是，所有人都将救援力量集中在教学楼，太多的学生等着他们去救，他的本能亦是如此。

这天的洪水，冲毁了岳父岳母的房屋。

7月5日两位老人坐着冲锋舟冲了出来。得到消息的董雪峰，当天晚上便赶去找老人。他着急，因为老人的手机一直打不通。在汶川出不来的哥哥，更是担心得要命。

老人已经睡了，董雪峰把他们叫醒后才知道，老两口被人骗了，买的新手机，充了电话费，却一直没有信号，根本拨打不了电话。

第二天，气愤难平的董雪峰便去替老两口打抱不平。之后，他又重新买了一张新的电话卡替老人安好，并将情况向在汶川的哥哥讲明白后，这才放心回到映秀。

董雪峰看得出来两位老人见到他的依赖之情，他也愿意去做老人的依赖，只是有时候，他有工作要忙，有家庭要照顾，他没有太多的精力去疼爱老人。但只要有空，他一定会买一些吃的、用的，去看老人，逢年过节的时候去陪老人。

一转眼，便是2011年的4月，董雪峰搬回映秀小学的第二个月，岳父住在都江堰大哥买的房子里，与刘忠能住在同一个小区。岳母的身体依然不好，依然需要定期透析。可是，从他们住的地方到医院，每次都需要走很远的路。路一断或是路一堵，他们便要断一次治疗。所以，为了方便岳母看病，大哥贷款为岳父买了这套新房。

因为刘忠能住得近，董雪峰便经常拜托刘忠能去岳父家看一看，预交费的天然气还有没有？老人们吃得怎么样？有没有下楼来晒太阳？他们的女儿不在了，他们的外孙也不在了，好像从血缘关系上来讲，这种亲情已经断了。可是，董雪峰却仍愿意做他们永远的女婿，永远牵挂他们，永远不忘记他们。

可是，搬了新家不到一个月，岳父摔了一跤，摔出了脑血栓。接到消息的董雪峰，连夜带着白雪和儿子便赶了回去。下着很大的雨，着急的董雪峰，手被自己的妻子紧紧握着。她是在用这种方式给自己的丈夫传递力量。

曾经有段时间，董雪峰太忙了，忙到没有时间去看老人。刚好手机又坏了，存的电话号码一个也没有了。他只好借着去汶川开会的间隙，绕了很长的路去看望了一下老人。

老人正猜测女婿是不是将自己忘了，他们有些心酸和委屈。可是，一见到女婿风尘仆仆地出现在自己面前，女婿没有忘记他们，只是因为太忙了，电话号码又找不到了，所以……两位老人竟像孩子一样，不好意思地拉着董雪峰的手，笑了起来。

这样难以割舍的牵挂，是董雪峰告慰已故前妻的方式，他要尽自己的力量去照顾他们，因为妻子是一个孝顺的人，妻子不在了，该做的他还得做。虽然没有做得那么好，但是他会努力去做。

这一点，白雪很支持。每次去看望老人，她都会主动跟着一起去。亲热的称呼、真心的笑容、牵挂的表情……有时候，她还经常提醒丈夫："是不是该去看看两个老人啊？是不是该打电话问问人家啊？"没有了女儿的两位老人，好像自己疼爱的女儿又回来了，他们很高兴，真的很高兴。

董雪峰的父亲在世时，也很认可这个新的儿媳妇，觉得白雪心地善良，对老人非常有孝心；人也非常勤快，将屋里屋外弄得干干净净；更重要的是，她很心疼自己的丈夫，丈夫做点事，她就害怕把丈夫累着。

没有和董雪峰结婚之前，白雪的爸爸、妈妈几乎都由她一个人照顾，给他们买吃的、穿的、生活日用品，几乎都是她在照顾，虽然她有个弟弟，但是不太懂事。可是，刚生了孩子的白雪，却接到了母亲生病的消息。但是，母亲远在东北，她和董雪峰都没有时间回去看望。虽然白雪没有抱怨，但这件事情让董雪峰十分内疚。白雪反而宽慰丈夫说："你也不容易啊，你要工作，地方那么远，你也回不去的。"她劝慰着丈夫，自己心里却着急得不得了，每天都要给家里打电话，问母亲的病情。董雪峰劝她回去，可是，她又放心不下丈夫。在她心中，总觉得丈夫很苦，总觉得她应该多照顾丈夫一点。她觉得丈夫很难，如果她对丈夫有一点不好，她就会内疚。

这样善良的女人，竟然成为董雪峰的妻子。董雪峰觉得无比幸福。

就这样，从来不给丈夫压力的白雪，赢得了丈夫更多的体恤和心疼。可是，丈夫工作实在太忙了，他常常身不由己，他不得不将整个家甩给妻子。

白雪有时候也会轻描淡写地说："你看你，人家没有上班你就去了，人家下班你还没有回来。"当然，她只是这样说说，没有指责的意思。

可听了妻子的话，董雪峰的心里总会有些内疚。他便会很担心地问白雪："你行不行啊？我中午要晚回来哦。"或者说："今天晚上我有接待应酬啊，你行不行啊？"

白雪给丈夫宽着心说："哎呀，没事。"可是很多时候，董雪峰回到家便发现，白雪连饭都没有吃，好多时候都是在吃快餐面，吃面食应付。但是，她从来都是说："没事，没事，我喜欢这样吃，你放心出去就行了，该干的事你去干你的。"

比如这一天，她不知道丈夫中午回不回家，便将孩子的饭做好了，将孩子喂饱了。等到丈夫回家时，她已经带着孩子在楼下玩了。

丈夫问："你吃饭没有啊？"

她说："光把饭弄好了，还没弄菜。"

丈夫说："回家吧，我简单弄点吃的你吃。"

吃过饭丈夫又问："今天中午如果我不回来，你是不是就不准备吃了啊？"

她说："要吃啊，孩子睡午觉的时候我就吃。"

丈夫又说："那孩子如果三四点钟才睡觉，你早饭也没吃，那是不是不吃了？你早饭也没吃，午饭也没吃，那怎么行？"

她说："没事的，没事的。我能行。"

有了孩子的白雪，就这样一个人在家里带着孩子，经常吃不上饭，也休息不好，让董雪峰心疼不已。

董雪峰常常感慨，自己找到了一个理解自己、支持自己的好妻子。妻子包揽了几乎全部的家务。尤其是他出差时，一走一个星期，妻子一个人待在家里。他放心不下，也只能每天一个电话问候妻子。其他的，他给不了太多，因为他太忙了。

东北那边对粗心大意的人会叫"大虎"，所以，白雪经常叫丈夫"大虎"。董雪峰笑着说："我本来就属虎的嘛，我们家儿子不是也属虎的嘛，他是小虎，我是大虎。"

因为孩子有时候哭闹，总要吃着妈妈的奶才能安稳。喜欢素食的白雪，为了奶水充足，饭量比以前大了许多。她知道如果她不吃，孩子就没有奶水。孩子是她的全部，她要将全部身心都扑在孩子身上。所以，有时候，家里的"大虎"带"小虎"她其实也很不放心。

白雪经常也会说："我的孩子以后就受不得半点委屈。"每当这时，董雪

峰便会说："你不要这样说。"其实他自己也曾这样说过："娶了聪明贤惠的白雪，是我重新获得幸福的起点，松岷的诞生重新给了我幸福的支点，我会把全部的父爱倾注给他，惯着他，宠着他，让他幸福，给他快乐！"

这已经折射出一个社会现象，地震后的这些孩子，家长们肯定会如他们一样的心态："我的孩子是好不容易来的，我以前失去了，我现在必须……"

白雪三十多岁才嫁给董雪峰，又只有这么一个儿子。董雪峰是失去后又得到。是否真的会走到另外一个极端？他有些诚惶诚恐。

对于儿子董煦豪，亦师亦友的教育方式，是董雪峰的得意之处。可是，这个小小的孩子，看着他从襁褓中一天天带大，他真正体会到了为人父母的不容易的同时，他的心里也生出深深的担忧："会不会是完全的另一种态度，会不会过分地去溺爱？"

想想董煦豪，自小在爷爷奶奶身边长大。读到幼儿园时，才来到了父母的身边。那个时候，他已经十分好带了，生活也很规律。早上送晚上接，读读诗，唱唱歌，像做游戏一样，很有乐趣地便把他带大了。可是，这个儿子，是一张空白的纸，需要董雪峰和白雪一起去描绘。他会将他描绘成什么样呢？他不敢想象。

怎样再次当好爸爸？

父母对自己的严格可以借鉴和吸取。该严时一定要严，该爱时便要放开。想想自己的父亲，对自己的严格要求里，有着期望出类拔萃的希望。但是，他为人父母，他要保证的，是给儿子快乐的童年、少年。只要儿子快乐，思想健康，身体健康，在董雪峰看来，便是莫大的满足。

所以，他便常常劝白雪："以后不要让孩子有太大的压力。不必要求他回报你什么。像我们父母，都没有向我们要求什么。我们现在看到他一天天长大，就感觉很幸福了！我们在人生上做个向导，这就足够了。"

说出这些话的董雪峰，突然发现自己在地震后，变得"感性"和"温柔"了。

作为一家之长的董雪峰，真的开始变得温顺起来。以前的家里，是完全以他为中心，大情小事，妻子、儿子，都得听他的。而且，动不动便板起一副面孔。尤其胡子留得很长时，整个人一副少年老成、老气横秋的感觉。那样的他，以为自己很有威严。包括在学校里，那么多学生说董老师厉害，可能也是从满脸胡子的表象得出的结论。

现在的他，头发很短，胡子两天便会刮一次。如果母亲在世，对儿子的变化她将如何欣喜呢？以前她便十分不解儿子的不修边幅，她总批评儿子："你爸爸很懂得收拾，你怎么就不懂得收拾？"

以前的他，还经常在家里莫名发火。这种脾气可能两分钟就过去了。有时候汤朝香跟他计较，他便一脸无辜地反问妻子："我的火过去就过去了，我都不火了，你怎么还跟我计较呢？你想计较你就生气吧，反正现在我已经不生气了。"经常弄得汤朝香哭笑不得。有时候，他还会和妻子大吵一架，有一次吃饭的时候，脾气上来，他把碗都摔了。可是，他很爱自己的妻子。他不知道这样的脾气是否影响了自己在妻子心中的感觉。可是，他一直都很爱她，很爱家。只是，脾气难以自控。

如今的他，又有了新家，他和白雪便从来就没有为什么事吵过架。夫妻两个，从来没有面红耳赤过。之所以这样，是因为他对另一半更宽容，更珍惜。而白雪也是那样珍惜他。

关于这样的火爆脾气，董雪峰现在还总结出自己的一套理论："发火这个事情，两三分钟就过了，就证明这个火没必要发。这样的性格和脾气可能会犯很多错误，对家庭来说，影响夫妻和睦，影响家庭和谐，在单位，不利于工作开展。"

他也不是刻意去改变，只是突然有一天，就这样了。"可能就像岷江河里的石头吧，磨磨磨，就没有棱角了。没有棱角了，就圆了。圆了好，圆了不伤人。"

这样的感性和温柔也体现在了工作上。

以前工作时，他不高兴时可以不理惹他生气的人。而如今，他的脸上总有笑，"整个人感觉很温和的"是所有同事对董雪峰的新评价。

现在的他经常会想："今天我怎么做才是幸福的，今天我和哪些老师该怎样去沟通、我的这种管理思想怎么和他们交流。"以前的他可是我行我素的，说什么就是什么。

董雪峰的感性和温柔，也集中体现在了与朋友们的友谊上。

董雪峰十分怀念最初在水磨的日子，虽然只是板房，虽然条件很艰苦，但他和刘忠能、苏成刚、唐永忠，从地震后的救援，到后来的复课，再到过渡，他们几个都没有了自己的家，他们如亲兄弟一样在一起，无话不说，形影不离，亲密无间。那是他们彼此都感受到的"存在感"。

有一次，董雪峰到汶川培训了一个半月。他想映秀，想家，想自己的这些弟兄。回到映秀，他们几个便一起在篮球场上大汗淋漓了一场，聚到一起聊了半宿的天，那种感觉愉悦而又舒服。

有时候白雪就会问他："你怀念什么呢？"

是啊，他怀念什么呢？是因为大家都住在板房里，老师和朋友们都走得那样近，茶余饭后总能聚在一起，像弟兄姐妹一样亲热地聊天，大家一起相互帮助，相互照顾的感觉让人怀念吗？

随着时间的推移，他们几个人各自都找到了新的幸福。其实这是生活走向正常轨道的过程。如今，董雪峰是副校长，苏成刚是教务主任，刘忠能是教务副主任。他们刚好和董雪峰在工作上都有非常紧密的关系。所以，即使他们的聚会次数少了，但每次聚会谈论的内容依然丰富。朋友会站在他们的角度，帮董雪峰分析问题。董雪峰也会从管理者的角度，理性地帮朋友看待一切。这是他们的成长。当然，谈家庭的话题，内容就更丰富了，甚至会谈到如何喂养孩子，如何教育孩子。

"不管我们几个人的家庭如何变化，事业如何变化，在一起，内心是相通的，苦难中建立起来的友谊，是很难改变的。希望它今后也不要变。"这是董雪峰的心愿。

女人们似乎也有了一些新的变化。

董雪峰的爱人白雪，刘忠能的爱人柴永丽，苏成刚的爱人赵陆飞。她们经常会聚在一起聊天。作为妈妈，包括即将成为妈妈的赵陆飞，她们之间似乎有一种特殊的语言，彼此之间好像也是多了一些互动，多了一些支持。

有时候董雪峰在楼上看到女人们在院子里一起聊天的情景，脸上便会由衷地浮出笑容，只要她们在一起高兴，怎么都好。他以前经常对白雪说："你要多带孩子出去，去多与人交流，我上班，你一天就在屋子里面待着，没有朋友也不好，你老在家里一个人待着，会憋出病来。"

最初，因为担心映秀危险，生了孩子后，董雪峰便安排妻子和儿子住到了都江堰。可是，没有亲朋的城市，很少上街和人接触的成长环境，让儿子极其害怕陌生人。一看见陌生人，尤其人家想要抱他时，他觉得要离开妈妈的怀抱了，要离开妈妈的视线了，没有安全感了，他就会"哇哇"大哭。后来，白雪坚持要跟丈夫住在映秀。因为她在，儿子在，他们的家才完整。所以，一家人才重新团聚。

而如今，白雪经常抱着儿子串串门，这个姨妈抱一抱，那个老师抱一抱。儿子依然会害羞，人逗他的时候他还想要躲，但是一会儿，他便可以打招呼了，就要"啊啊啊"地说话聊天了。

在董雪峰触手可及的琐碎生活里，他的心是暖着的、知足的、幸福的。这样平淡而又琐碎的生活，对于董雪峰而言，是一种感恩、知足里的幸福。震后三年，他最大的心愿其实是照顾好家庭和孩子，不去追求名与利，平平静静地生活。可是，工作上顺理成章的进步还是将他推向了一个新的事业发展阶段。

5. 只有在映秀，他的人生才有意义

根本就没想过离开映秀，他的心里对映秀是深深爱着的。

他要在新教室站一站，才会心安。

他的价值在这样的递进中，得到了实现。

只有在映秀，他的人生才有意义。

亲人们映射给他的东西，不知不觉有了继承，并成为习惯。

这样的完整，于他而言，是震后最宝贵的财富。

他感恩这样的完整，感谢繁忙的人生，没有一刻停止。

*　　*　　*

站在今天，回头看"5·12"。

说实话，董雪峰之前的人生里，也通过电视、报纸看到过一些让人痛心的灾难。可是，成为当事人，不管过去几年，对他的影响，都会是一辈子，因为走过灾难的心，会一辈子疼痛。

但是，灾难也带来了新的收获，比如对生命的认识，对世界的看法。正是因为经历了"5·12"这个大地震，再回头看人生中的困难，好像都不算什么困难了，都只是一些小问题了，都是能够解决的。不像"5·12"，它突如其来，它不容抗拒，它不让人喘息，根本没有办法去应对，或是思考。灾难无论过去多久，都会记在心里。更重要的是，开辟自己的新生活，才是他往前走的全部意义。

面对自然灾害频发的映秀，有人曾问董雪峰："是否愿意离开？"

事隔三年，董雪峰的答案依然是"不愿"。

地震后，董雪峰有过离开映秀的机会。父亲觉得他留在映秀肯定会很伤心，就极力地劝他离开。当时第一选择就是马尔康。和父亲私交很好的马尔康第一小学的校长，也是董雪峰马尔康师范学校读书时的老师，他也很希望董雪峰能到马尔康第一小学，同样做教务工作，甚至还主动和他联系，面对面谈过。可是，董雪峰回绝了。他说："我现在还不想离开，谢谢您的好意。假如有一天我董雪峰过不下去了，您不用给我什么职位，我做个普通老师就行了。"

其实，不去马尔康，还有一个原因就是，他想照顾自己的父亲。父亲在都江堰，离映秀很近。但是，更重要的原因，是他根本就没想过离开映秀。

工作以来，董雪峰一直在映秀，他的心里对映秀是深深爱着的。

2009年3月，董雪峰又有了新的机会。县委宣传部车副部长来映秀小学检查工作，给董雪峰带了本《精神的力量》的书，上面有董雪峰的一篇文章，反映的是映秀小学抗震救灾老师的事迹。车部长发现董雪峰文章写得不错，很有高度，想把他借调到宣传部工作。可是，董雪峰想到映秀还没有建好，他心里不舒服，他要看着映秀小学建成，要在新教室站一站，他才会心安。所以，他拒绝了。

谭校长和苏老师也都很支持董雪峰离开映秀，他们觉得换一个环境，对董雪峰或许是好事。还是2009年，州教育局让谭校长推荐人，到教育局做文秘方面的工作。谭校长就来征求董雪峰的意见，说他现在还年轻，上次宣传部也没去，要把握机会啊，让董雪峰认真考虑考虑。那天晚上，两个人谈到了晚上12点。最后，董雪峰对校长说："我所有的东西都留在了映秀，这里是我的家，我的家就在这里。不管怎样，我都要留在这里啊。"

是的，董雪峰就是不愿意离开，他就是要坚持到底。

董雪峰常说："尽管大家都说这个地方很不适合人居住，但是我不怕。虽然余震很多，也没有人敢在这里住，但是我不怕。好几个晚上的余震都把我从床上摇醒了，我也不怕。可是今天，我怕了。因为我不再漠视生命，我已经懂得要珍惜生命。而且，我的新家已经植根在了映秀这个大家中，这里不仅有我鲜活的记忆，还有兄弟间的深情厚谊！"

这是董雪峰的映秀情结，有时候他自己也解释不清的情结，就是骨子里想在这个地方扎根。或许，是因为想到了父亲对他的期望。父亲觉得自己没有给映秀做贡献，他希望自己的儿子毕业后能回家乡，能为家乡做贡献。

是的，只有在映秀，董雪峰的人生才有意义。想想当年从"一人一校"

到如今的映秀小学，他的价值在这样的递进中，得到了实现。用他自己的话说，是已经从人生追求到追求人生了。

如今的董雪峰，人很忙碌，他说"整个人生没有一刻停止"。对于人生，他有了太多新的思考。

因为忙碌，董雪峰失眠的状态有所好转。睡前的他，喜欢看书。对，就是《故事会》。白雪常常不理解地问他："你现在怎么还看这种书？小孩子才会看的啊？"

董雪峰没有告诉她，这本书，父母以前很喜欢看，他也喜欢看，包括他儿子董煦豪也喜欢看。对这本书的情有独钟，一直难以割舍。如果有时候想找这本书，没有找到，不知道妻子把它收拾到哪儿了，他甚至会叫醒她。

他还爱看《文摘周报》，这是父亲以前最爱看的，他也坚持在看。

亲人们映射给他的东西，不知不觉有了继承，并成为习惯。

很多时候想起亲人，董雪峰的心里便会很痛。可是，他却不敢表现出来，他怕影响妻子白雪。毕竟人家女孩嫁给他，是想和他安安心心地过一辈子。她一定是不希望自己的丈夫长期陷入痛苦的状态里的。所以，董雪峰拼命压抑自己，将这种疼痛藏在心里。只有到了忌日的时候，他才可以肆无忌惮地想念。

这种想念，这种回望，董雪峰觉得已成为自己的心病。因为想得越多，自己越迷惑。地震前，他其实便有过类似的迷惑。

有时候在失眠的状态下，当脑中又清醒地想到这些时，突然把眼睛睁开，把灯打开，喝水后，再重新躺到床上，他又会感慨："原来活在这个真实的世界里，很美好，活着就好。"

这几年反复纠结于内心的东西，董雪峰从来没有告诉过任何人，包括自己的妻子。他怕给她一种压力。他想给她的，就是为人夫的安全、温柔和包容，以及疼爱。

事实上他也尽量这样去做。

后来，他开始命令自己，每当这个念头再起来，他就命令另一个念头去压制它，否定它，回避它，告诉自己，不要去想。因为那种感觉别人永远体会不到，他甚至对自己说："你没有死过你怎么知道？"

于是，地震后，董雪峰这个曾经的想法不见了，取而代之的是，是一种意念的转移。

他开始想："当地震来临的时候，如果我是我的儿子，在那一刻，我在做

什么？当他被压在废墟下，他心里面在想些什么？"他还会想到他的妻子汤朝香，"地震来时，她在干什么？如果我处于她的位置，我在想什么？"他还会想到自己的父母，"当时我的妈妈在医院提着包包下楼时，楼都垮了，她在想什么？我爸爸把客人送走了。楼都上不了的时候，他是怎么想的？"

一想到这里，他的心就会扑通扑通地跳，好像死亡一下子离自己很近似的。他还在想，"如果这一刻我就要死了，我还会想什么？我会做什么？"他曾和自己的表哥聊过这个问题。表哥也会经常想到这个问题。他常常迷惑地问董雪峰："我们这样的，是不是有心理疾病呢？这些问题，为什么白天我们都不会想，晚上就会这样清醒？"

是啊，每个人最终都会离开这个世界，这是必须面对的。每个人在这个世界上要停留多久要走多远，谁都无法预料。人肉体的生命是多么有限，多么不可预知啊，人的精神或者灵魂会不会永在？人有没有永生？一想到这些，他的心里就会"咯噔"一下。他告诉自己："别想了，想不清楚。"可是，心里的酸楚，很痛、很难受、很压抑、很无助。他便又劝自己："想想现在吧，现在还活着，日子过得还不错，又有了她和他，别去想那些事了。"

对于董雪峰的痛苦，心理工作者有自己的分析：

> 生死相隔的痛苦是人的正常反应，需要有一个正常的宣泄的过程。地震发生后不久，董雪峰就被宣传部安排作讲座，被各样密集的工作占据，很多时间他被工作塑造为一种形象和代言，但他内在的痛苦一直没有完全地释放出来。婚姻是至亲的关系，喜怒哀乐的表达需要爱人的陪伴，但董老师出于对爱人保护的顾虑，不能完全地敞开，夫妻共同一起缅怀面对或许更好。当两人共同接纳过去生活在他们中的投影，一起谈论他们，接纳他们曾经的存在，而不是故意地忽视和压制，可能这种痛苦反而淡去了。可恰恰是董雪峰自己的焦虑和紧张，反而让妻子不敢就此问题讨论，没能让他有一个更好的释放和表达的通道，这样这种痛苦和焦虑反而是挥之不去了。
>
> ……

是的，心里面的那些想法没办法处理，思想深处的痛，没有办法划出专定的区域来安放。如果那样，记忆可能会越来越深，会在那个区域不停提醒，不停刺痛。很多东西分区对待后，就会放大。放大就会刺激。

　　董雪峰可以控制醒着时自己的意念和状态，可是，梦里的他，完全没有办法自控。

　　临睡前，他会亲亲儿子胖嘟嘟的小脸，握握儿子胖嘟嘟的小手，然后幸福地睡去。可是，睡着睡着，就会梦到已经去世的亲人。像是一种细胞里的记忆，不仅挥之不去，反而时不时地会跳出来，让他痛苦难耐。

　　那天，他又在梦里见到了亲人。他梦到自己出生的地方，梦到了和父母在一起的情景。他觉得他没有办法忘记他们。有时候他恨自己管不住自己的嘴巴，明明说了不做比较，可是，还是忍不住会拿以前的儿子来说，说以前妻子说过的话。还说"如果妈妈在的话，孩子该怎么教育……"说了他便后悔，不知道妻子白雪会不会介意，会不会难受。但是，她从来没有反驳过他，也没有因为他说这个而生过气，至少表露出来的神情没有生气。

　　董雪峰知道，冥冥之中，三十多年生活里的点点滴滴，父亲母亲、妻子儿子带给自己的点点滴滴，都还一直在内心深处陪伴着他。即使他走入了新生活，可是，意识里，那些东西一直都在。在别人看来，董老师的状态很好，工作和生活都处理得很好，活得很坚强。可是，在他看来，坚强可能就是一种表象，更多的是内心深处一种微妙的调节。这种调节可能他自己都说不清楚。一方面他在想念自己的亲人，无限怀念他们。一方面也想把他们放下，过正常的生活。

　　地震三年后，董雪峰的心还有许多焦躁挥之不去，这与他认真的性格有关。

　　这个认真的人，有着严谨的作息规律。每天很早就到了学校，布置工作、检查工作、落实工作……一转眼，又到下班时间了。周而复始，不停忙碌。

　　因为认真，自己做事的时候，便想做到最好。对别人也是，总希望别人把这个事情做得更好。很多时候因为各种原因而达不到自己的心理预期时，他便会睡不好。有时他就劝自己："想开点吧，算了吧。"可是，事到临头，他的认真却又占了上风。

　　为此，有些老师觉得董校长太严格了，对他有意见，希望他能更多一些理解和包容。

　　意识到这个问题的董雪峰，认认真真地反思了自己之后，与谭校长有了一次深入的沟通。谭校长分析："是压力过大导致的要求过严，焦虑心太重。"是啊，压力能不大吗？突遇泥石流洪水，紧急转移学生和家人；刚刚搬到新学

校，温总理来，"5·12"三周年纪念活动，又办了"三基地一窗口"……搬入新校区，董雪峰竟然有一个没有出息的愿望，就是他能躺在新买的沙发上，看看新买的电视。可是，他没有这样的时间，学校里总有做不完的事，电脑面前的他总有加不完的班，还想帮妻子带带孩子，别说看电视，往沙发上一坐，他就打瞌睡，疲累感便涌了上来。

因为担任了副校长，工作担子愈来愈重。董雪峰便常常会怀念当班主任的轻松。将语文教好，将学生管好，将作业批改完，再没有其他的事情。而且，班上的孩子都很听话，很多事情一开始定好了规矩，就可以按部就班地往前推进着。比如登记操作分，有学生在算，评比有学生在做。月底的时候，班干部就把东西拿出来，说老师该发奖了，然后他就发奖。学校给每位老师留了很多空间，只要把该做的事情做好就行了。

再者就是工作环境的变化带给他的焦虑。最初在水磨校区过渡。那时候，所有人都是住在板房里。居住环境十分不好。再加上妻子白雪怀孕，学校的所有物资都在山上，他也没有办法带着妻子离开。盼着搬到新校区，老师们都有了敞亮的安置房。可是，又担心房子的甲醛，影响孩子的健康。

是的，这种环境的焦虑，是因为他重新找到了自己的新幸福。妻子白雪能从东北远嫁而来，这是他最大的幸福。地震后失去了儿子，现在又有一个儿子。这更是他的幸福。只是因为家里没有老人帮忙照看，这让两个人疲惫不堪。

……

可是，这种种的焦躁和心中难以排遣的痛苦，并不影响董雪峰继续在新的生活轨道里往前奔跑。一个平凡而普通的男人，经历了这样多的灾难和痛苦，总是会经历这样的心理波动过程，不是吗？

今天的董雪峰，已经想象不到自己如果有一天无事可干的样子。白雪说他："是不是偶尔没事情，你还不适应啊？"

是的，有事情做，一天便会过得很充实。

事实上，他的每一天都很有规律，都知道要做什么。"累肯定会很累。可是，人在这个位置，稍微有点疏忽，便有可能会酿成错误。错误酿成，便不可挽回。所以，每一天的每一件事，都必须做好做完。"这样，董雪峰才会觉得自己的"今天"完整结束。

这样的完整，于董雪峰而言，是震后最宝贵的财富。

他感恩这样的完整，感谢繁忙的人生，没有一刻停止。

董雪峰个案点评

四川大学华西医院　杨彦春

我带着对生命和幸存者的敬畏，走进那段从汶川"5·12"地震灾后生命极限中康复的董雪峰老师的故事，在他的陈述中，仔细搜索和发现每一个细节，力图重构人在生死应激及复原过程中的内在心理机制和动力特征，希望能为灾难救援和促进受灾人群的心理复原提供可借鉴的经验。

一　地震灾难发生后大脑的反应

（一）认知反应

1. 认知休克

灾难发生瞬间，人们通过感官发觉严重的晃荡，头晕、不能直立，趴下都不稳。董老师从过往经验中迅速判断是地震，逃生成为唯一的行为命令。地震瞬间发生的一切及现场的情景，使人处于极度的恐惧中，在灾难面前以及感到死亡逼近的恐惧时，头脑中只有"完了""不能活下来了"这样的反应。孩子的哭喊声，教学楼的消失，周围一切建筑瞬间被扫平，这些使人"傻了"，这种大脑在突然遭遇严重灾难性应激时正常理性思维过程的中断就是"认知休克"。认知休克的特点是：在曾经的认知活动的一切线索瞬间消失的时候，大脑高级认知活动完全中断，复杂的理性思维停止，不知该干什么，平常习以为常的行为找不到对应的环境线索，自我定位和知觉也失去了参照物。当时董老师的唯一参照物就是校长，校长做什么就跟着做什么——是一种自动行为。地震在摧毁生命的同时，也冲击了我们的认知工作系统。高级认知活动被阻断后，认知活动退行到最基本的习惯行为。因为与情感体验相关的认知评价系统暂时中止，人会出现情感呆滞、木讷的状态。"不知悲伤，没有哭。校长本能地清点孩子人数"，董老师也本能地开始找本班的学生。只有一个念头救孩

子，还没想到自己的孩子。此刻，无从理性思考儿子会在哪里，如何才能尽快找到。所有人受同一个大脑命令——救命——控制。灾后24小时所有人只做一件事，就是救命。自动本能地启动各种可以运用的措施和工具"疯狂"、机械地救人。"疯狂"意味着不顾一切，每个人头脑中只有一个命令要"活"，要命。只有这个指令，这时的救援是自发地、本能地、从个人到集体与死神争夺生命的抗争，充分体现生命高于一切，无论是哪一个生命。可见，在威胁生命的情形下，大脑自发的思维活动的目的是生存。这也是生命的最基本认知，生存下来是大脑的最基本功能。

2. 认知复原力

地震后复学上课的董老师的状态反映了认知康复的过程。他写道："突然发现自己不知道该怎么讲了。地震前给大班上课的时候是很有激情的，但是，当我看到眼前只有十几个学生的时候，激情一下子就没了。"这是创伤线索引发的情绪反应对认知的抑制和干扰。认知受影响还表现在"经常出去东转转、西站站，注意力难以集中。排课是我最困难的工作"，因为排课需要高度的注意力和理性思维。在援助老师的帮助和支持下，经过慢慢地调整就好了，体现了认知的弹性和复原力。

（二）情感反应

1. 灾后情绪反应的三个阶段

灾后最初24小时情感反应可分为恐惧、绝望和盼望三个阶段。

恐惧：在短暂的情绪抑制后，现场伤亡的残酷，久久不见亲人的出现使老师们感到"完了"，绝望感侵袭着所有的老师。"5·12"特大地震瞬间所留下的恐惧性记忆深深停留在大脑中，表现为对灾难有关信息的高度敏感和恐惧反应。但是随着余震的反复发生，恐惧性反应逐渐下降，老师们后来不顾余震争分夺秒救学生就是证明。在恐惧性应激的同时，亲人遇难的应激使丧失性应激与恐惧性应激叠加在一起。恐惧性应激提高身体警觉性和创伤性记忆的闪回，丧失性应激降低身体的觉醒水平，抑制脑的过度兴奋，二者叠加在一起可能部分抵消了发生创伤后应激障碍的风险。

绝望：灾后24小时，面对儿子死亡的事实及那么多学生的遗体，与自己有关的一切瞬间都毁灭了，自我失去了存在的载体，没有了任何希望和意义，被绝望所笼罩。这是每一个人在面临如此境况的时候所出现的早期反应——绝望。绝望源于"家"的破碎，亲人的离别，爱与幸福的断裂，家族兴旺的梦想破灭，个人存在的价值、意义和使命感的丧失。地震发生的顷刻间，家族的生命之根，连同它维系着的中国人的幸福和梦想几乎被连根拔起，情感上的痛苦使董雪峰完全感受不到身体上的疼痛。

盼望："灾后第一夜，没吃的，没地方住，又冷，天下雨，漆黑，加上震后的山体垮塌，轰鸣声，人们期盼着救援人员马上出现，所有人最大的希望就是救援队伍的到来。"及时救援何等重要，它能帮助受灾的人尽早获得希望，摆脱绝望。灾后最初 24 小时，恐惧与无畏并存，绝望与希望并存，一切为了生命，每一个生命。人们只做两件事，救命和在废墟中活下来，每一个生命都在希望与绝望的博弈之中。

（三）灾难性创伤记忆

灾难性创伤记忆包括：感官记忆、情景记忆、情绪记忆和毁灭性灾难激发的追忆。灾难性创伤的感官记忆是强烈的、深刻的，常伴随着恐惧和痛苦情绪。认知心理学中的"闪光灯"记忆指的就是突然遭遇持续短暂的强烈感官冲击所留下的记忆。可以是单个感官，也可以是多个感官同时受到刺激。这种记忆成为创伤应激障碍"闪回"症状的基础。"闪回"是大脑自发释放创伤发生时储存在神经元突触上长时程电位中的能量。董雪峰地震救援期间所闻到的遗体气味的嗅觉记忆就是一个例子。救人以白酒抵挡尸臭与遗体混杂记忆持续了一个月，以致当事人有一段时间不愿喝白酒，这是创伤应激障碍的"闪回"表现。但随着时间的逐渐推移，局部的感官记忆的"闪回"是不需要特别处理的，随着时间的推移会自动消失。

"我想我对母亲、对妻子以及对儿子的思念这一辈子都是不容易消除的，这是忘不了的"，"这一辈子我都会想念他们的，这是别人劝不了的事情。"董雪峰的这种刻骨铭心的记忆属于毁灭性灾难后的追忆，大脑对亲人丧失留下的记忆空白试图从过去的记忆中寻找回来，力图维持内部的情感联结，保持自我的连续性，这或许是一种心理代偿机制。

二 哀伤反应及内部工作模式

（一）哀伤的心理过程

显然，灾后哀伤反应成为灾后救援和关怀的重要部分。正常的哀伤反应是

指当事人在亲人离去后的一段时间内的情感反应过程，一般为 6 个月。因为丧亲不仅是经验的记忆同时也是现实。地震发生后的哀伤基本过程包括：希望与幻想、否认、思维反刍、悲伤、接受事实五个阶段。这与一般的哀伤反应有所不同的是有一个对离去亲人的希望与幻想。例如，在灾后一定时间内没有见到妻子和儿子，心存希望和期待，没有见到遗体，觉得亲人有生还的希望，"希望抬出来的是自己的儿子又希望不是自己的儿子"。由希望变成幻想。董雪峰"不停地向办公室地方喊，希望妻子能听到，一直到第二天早晨"。当见到儿子的遗体时，希望彻底破灭。否认：如"希望儿子是昏迷过去，不停地做人工呼吸"；思维反刍："如果再给他 5 秒，他就跑出来了……"思维反刍是对灾难后丧失性信息的认知加工，表现为对亲人遇难情景的主动构建，围绕丧子的事实出现思维反刍。悲伤是对丧亲事实的接受。丧亲的悲伤情绪不管是否直接表达，悲伤是不可避免的过程。哭和独自流泪是悲伤的最直接表达方式。这是丧亲的基本反应，如"多次晚上哭醒"；"从梦中哭醒的时候比较多。哭后醒了躺在床上，眼泪就不停地流"；"我常常在想起他们的时候，我心里就有一种痛，揪心的痛，就想哭"。哭及流泪是悲伤情绪的皮层下原始加工过程，声音和眼泪释放大量的哀伤情绪，哭后会感觉轻松些，及时地释放负性情绪有利于大脑理性思维的复原，重建新的生活。因此，想哭就要哭，压抑会增加内部的负性情绪的张力，阻止心理复原的过程。只有不再有哭的冲动时，理性的认知才开始恢复。

（二）哀伤的认知加工过程

董雪峰的哀伤反应典型地表现出突发灾难性事件的认知加工：大脑抵抗与自己愿望不符合的信息，虽然明知不能改变现实，但仍控制不住要假设一些亲人避免死亡的理由和条件。因为丧亲之前保持的记忆与灾难后的现实之间无法连接，大脑力图构建这段空缺，使灾难前与丧亲之间的认知过程得以完成。董雪峰反复细致地去构想和体验儿子遇难时的状况，包括他在什么地方、在做什么、与谁在一起，地震发生时是如何逃生的，在遇难的瞬间他的身体感受和想法如何，虽然这个过程异常痛苦，但仍然一次又一次地重复思考和体验这个过程，在这个反复的主动认知过程中，大脑无意识地构建和弥补了对亲人灾难前后时间和空间记忆的空白，这对于哀伤的心理康复有作用。每一次构建不是简单的重复，也是对亲人离世这一事实的确认，把悲伤的情绪通过认知加工过程而渐渐消化和吸收，从而，这突然的噩耗伴随而来的哀伤情绪就会一点一点地重构在新的认知体系中。对妻子离去的伤心也是同样的认知过程。董雪峰的故事还使我们看到，在几个亲人同时遇难时，与当事人血缘最近的亲人更易成为主要的哀伤对象，数个亲人遇难增加了哀伤处理的认知负荷，需要花更长时间进行内部认知加工。最后不得不接受亲人离世的现实，并把这一事实纳入未来的生活中。亲人离去所带来的情感联结的空缺转变为构建新的亲密关系。比如，董雪峰又找到妻子，又有了儿子。我相信，这是认知能力高的人的哀伤认知过程。在处理哀伤时，当事人经常不愿意主动谈及痛苦的心理活动，即便谈出来也只愿意对自己十分信任的亲人或朋友。经历了同样伤痛的同事之间相互的倾诉是最重要的，也最能让当事人从哀伤中走出来，这一点对灾后救援的启示是：尽可能让有同样经历的人在一起，鼓励他们相互倾诉和支持，让他们有足够的时间维持新的患难与共的同胞样情感，彼此疗伤。强迫他们对心理干预者谈出来是不恰当的，除非他们有足够的安全感和出于自愿。如果女性、老人、儿童不一定是理性地去思考和认识，非理性的认知可能更突出，如幻想或宗教寄托等。因此，对遇难者的哀伤处理不可照搬技术，需要根据不同对象、当事人不同的认知发展水平和文化背景开展。

（三）灾难后共生体的形成及功能

灾难后的共生体指经历同样灾难和丧失的个体，出于生还、复原与重建的希望彼此依靠和支持，相互倾诉自己的想法和情感体验，共同面对生存的困难，一起努力克服困难，维持生命和生活，重建家园。董雪峰与苏成刚、刘忠能等几位患难与共的同事有一段灾后共生的经历。"住在一个房间，一起上网，一起打牌，无话不谈，很喜欢那种感觉。我们经历了灾难之后，大家的心都往一处想。"他们彼此倾诉自己的哀伤以及有过的绝望、痛苦。每一个人的倾诉就是其他共生者的心理反应，从同事的感受中释放了同样的情绪，这种相互的心理反应十分有助于彼此负性情绪的释放和表达，不只是自己说，每一个人都在说，在这个兄弟般的关系中，倾听别人内心的想法就是释放自己的情绪，倾诉也使别人的情绪得到释放。共生体中还包括灾难后的行为互动，如聊天、喝酒、打篮球、在 QQ 空间写日志、哭、看电影等。这样的心理互动不增加个人的耻感，也不存在个人尊严的丧失，也没有什么个人优越感，四个人变成一个人，彼此感受着内心的伤痛，支持着每一个人的希望和信心，减轻每一个人的恐惧、孤独和无助感，共生体能汇集集体的智慧共同

应对灾后的绝境。随着灾后的康复和重建，每一个人开始复苏、发展，直到他们又有了共同的事业以及各自的家庭和孩子。这种共生体将随着灾后的康复而逐渐解体。但这段时光将给每一个人留下美好的记忆，因为这种兄弟般的情谊给了他们新生。大脑更容易记住生死攸关的体验。共生体不仅可以是几个人，也可以是一个集体，如映秀小学。董雪峰把灾后的映秀小学称为"快乐的大家庭"。为何为"快乐的大家庭"？体现在"快乐"和"大家庭"上。同为天涯沦落人，此地何处无朋友。一样的悲伤，一样的希望和梦想，一样的灾难经历。做着同样的工作、喝同一壶酒、唱同一首歌、吃同一锅饭，诉说着同样的伤痛，怀抱着同样的希望。这种大家心灵上的最大相容性使他们彼此联结和支持着。每一个人都让别人看到自己的一部分，彼此体谅各自的苦与伤。每个人身上的哪怕是一点信心、勇气、智慧都会很快传递给大家。不需要过多的语言彼此就能相互理解。灾难后的共生体就像处理哀伤的大熔炉。快乐源于心灵之间的相依相抚。每一个人的资源都属于这个共生体。这种共生体犹如机体创伤后的组织反应，自发形成，具有稳定和保护受伤组织的功能。这样的共生体也经历了发生、发展到消退的过程。灾后心理救援如果能促进和稳定这样的共生体就可以促进灾后心理康复，如果破坏这种共生体会破坏灾后心理康复。用一个医学术语来比喻灾后救援人员的工作，叫作"心灵清创和包扎，促进自拟合，创造愈合的条件"。

三　灾难对个人价值观的影响

当灾难使一切荡然无存的时候，人才猛然发现：原来人最需要的是亲情，家人的平安和团聚。物质并没有那么重要。物欲与名誉并非是最重要的。"活着就是幸福"；"活着可以享受每一天的生活"。幸福原本没有那么遥远，只是平常没有珍惜对生命的拥有。经历了死亡的人，享受生命本身就是幸福。生死攸关的灾难性应激对个人核心价值系统是一个冲击，毁灭性灾难摧毁的不仅是物质和肉体，也摧毁原来坚固的核心信念和价值系统，使每一个人必须在生死问题上重新审视自己的价值观，使生命价值最大化。

四　灾后的心理康复力

（一）社会支持与心理康复

灾后董雪峰从教师变成灾民，原来的自我不再存在，成为需要救助的灾民。积极的社会支持包括提供安全住地，基本生活保障，生活帮助，再就业等，这些都会促进灾后心理康复。消除恐惧，释放悲伤，构建希望。灾民不是被动的索取者，而是主动的赈灾者，灾后的利他行为能提升个人的存在价值，有利于阻断灾难性思维。

因为失去所以拥有。地震中失去一切使董雪峰拥有了独特的人生资源——与死亡擦肩而过的经历，生命存在极限体验不仅属于董雪峰个人，也属于全社会，它不仅是个人的故事，也是对人类生与死、人与自然、生命极限及生存意义的考问。刚刚脱离死亡绝境，又步入火热的社会支持和关注中，董雪峰成为媒体关注的热点。董雪峰物质上虽然被地震洗劫一空，但在对生命存在极限的挑战上却成为屈指可数的最富有的人。在一个月20多场的报告中，在专业人员指导下从比较生硬地报告到个人情感自然释放，董雪峰的生命意义和价值得到极大提升。这种短时间内各种社会资源的汇集，使董雪峰无暇处理内心深处的哀痛，一个又一个的报告、各地的巡讲、各部门领导的慰问和关心、关爱如丰富的营养，修复和滋养着这个精神濒于崩溃的人，使他获得巨大的能量，重新点燃生命的火炬。不仅是一般的营养，更是剂精神良药，所唤起的愉悦感、价值感、积极情绪足以抵消因地震而激活的恐惧反应。地震中的记忆在巨大的社会支持和积极的正性情绪的帮助下很快得到不断的重构和刷新，这种社会支持对灾难记忆的重构足以促进一个新的自我诞生，"英雄教师"、"抗震救灾英雄"、"火炬手"、成为预备党员、入党，一系列不平凡的社会角色转换和价值提升使董雪峰看到了希望、意义和价值，重新建立起积极的生活信念。地震后的恐惧阴影慢慢消失，唯有亲人离去的伤痛不能在短期内抚平。现代神经生物学研究显示：社会支持能够降低与应激相关的神经递质和应激激素，促进大脑前额叶的活化，使负性情绪得到缓解，大脑的理性思维和认知记忆得到恢复。

社会支持虽然能够消除恐惧感，但丧亲之痛却难以消除。"在独处和安静的时候，内心深处的丧亲之痛便会涌上心头。过一段时间我又觉得自己特别需要安静，就把自己一个人关在屋子里，我哭也好、悲伤也好，谁也不知道。"独处让内心的真实体验能自发释放。自然灾害所致的丧亲是比较单纯的悲伤，因为人无回天之力。相对于恐怖主义或社会心理应激所致的丧亲而言，没有耻感、罪感、屈辱感，虽然会有内疚。单纯的悲伤比伴随耻感、罪感的悲伤要易于恢复，丧亲固然痛苦，但比丧亲应激更可怕的是丧亲后幸存者的罪感或屈辱感对自我的毁灭性冲击。罪感和耻感对个人道德感的冲击可能是幸存者心理康

复的最大内在阻力。在社会工作或心理救援中，如能帮助幸存者消除对遇难亲人的耻感、罪感、内疚自责的认知会有利于他们的心理康复。

新的角色并不能很快代替丧亲的悲伤，悲伤引发的内部认知情感的再加工需要时间完成。"有的时候我就上网浏览妻子和儿子的纪念馆，和他们说说话，或是去同事、朋友的纪念馆看看他们。"哀伤处理是一个心理认知加工过程，需要时间慢慢吸收痛苦的情绪。哭和梦是大脑处理大量负性情绪的方式，梦境中无意识的各种哀伤信息碎片可越过意识的阻抑呈现在各种情景中，让情感得以进一步释放。梦境作为痛苦情绪的隐性暴露对悲哀情绪的释放和处理是有价值的，减少了白天压抑的负性情绪张力。丧亲后一段时间更爱做梦可能来源于哀伤过程的内隐加工机制。

（二）环境因素对心理康复的影响

"我对家庭的希望放在映秀小学建好之后"。董雪峰有很多机会离开映秀，但最终都放弃了。可见，一个人在长期生活的环境中已经与当地的一切建立起了联系，这也成为一个人文化身份的部分。最有利于心理复原的环境因素是尽可能保持与灾前文化环境的相似性，这种相似性使个体能较好地维持自我的连续性和稳定性，并最大限度地运用自身的资源，重新找到生活方向。顺应灾后心理与文化与生态环境的自拟合过程是有益于心理复原的。

（三）早年亲密关系与灾后心理康复力

早年的安全依恋关系奠定人的一生对生命和生活的基本态度，也是成年期应对灾难性事件、预防心理疾患的有力保护因素。神经生物学研究提示：早年的亲密关系促进大脑在出生后进一步的发育和神经及的联系，是良好的认知与人格发展的心理学基础。早年充满爱的家庭给家庭成员观摩学习爱和支持的机会，对个体道德发展和积极的自我概念具有重要影响。董雪峰父母亲的做人原则，道德品质在早年就开始内化于他的人格中，成为以后董雪峰勇气、自信和积极价值、态度和亲社会行为的基础，这也体现在后来选择教师职业和对学生的感情中。在经历与死亡擦肩而过及多个亲人离世的重创下，董雪峰的心理行为反应及积极的生活态度一定程度上也是他早年获得爱和温暖的家庭成长环境的写照。早年的安全感和自尊自信是对灾难后创伤应激障碍的保护因素。

笔者认为，灾后的反应及心理康复涉及灾难性应激伴随的神经生物学、神经认知科学、创伤心理学、灾后救援社会工作及心理复原力多个环节，需要各学科专业人员共同研究和探讨。个体遗传素质、早年生活环境、认知发展水平、人格成熟水平以及获得的社会支持和救援与灾难性事件的复杂相互作用可能是影响每一个个体的心理复原过程的重要因素。

第十一章　我所有的一切，都在这里

——震后三年的刘忠能

1. 新起点，透出生活里的新气象

> 真正的学校本该如此。只有这样，天底下所有的母亲才不会失去希望。
>
> 这里是我的家，流浪三年，回到这里才踏实。
>
> 河东河西，似乎是这个小镇的前世今生。
>
> 那是生活的味道，让整个人慢慢松弛下来的味道。

* * *

一所学校的建成，包含和承载着许多的责任和希望。

在映秀小学教学楼后面的那排橱窗前，墙上抗震技术的介绍，让所有人真正明白，学校完全可以建得如此完美，它完全可以建成世界上最美丽、最结实、最安全的地方。真正的学校本该如此。只有这样，天底下所有的母亲才不会失去希望。

不会失去希望的，还有这些为了映秀小学的新生，在重建的责任中忙碌了三年的老师们。

"这里是我的家，流浪三年，回到这里才踏实。"震后三年，刘忠能和学校一起，终于再次走过转折点，也是走进新起点。

搬入新学校，刘忠能明显感受到，大家的精气神完全不一样了，"心情开朗，着装也不一样了，言谈举止也透着一股新气象。"

三年里，老师们在努力调整自己，心态渐渐好转。

刘忠能还发现，当初像祭奠亲人这样的"敏感"话题，老师之间也能够谈起了。

只是，他自己，搬回新学校两个多月，也没有去过两公里之隔的老校遗址。"心里特难受，一看到旗杆，脑子里就会放电影。"

可是，回到新小学的当天，他便带着遇难妻子喜欢的鲜花、儿子喜欢的牛奶，去了地震公墓。

地震公墓的碑两边，两行文字让人感伤：

> 山河同悲，共缅汶川逝者举国垂泪雨；
> 天地共咽，同祭国殇亡灵华夏断肝肠。

许多和他一样看望亲人的人与他擦肩而过。刘忠能知道，这样的缅怀和想念，恐怕永远烙在映秀人的心上了！

来到妻儿的碑前，碑上写着——

> 痛心伤永逝，长泪忆妻儿。
> 故爱妻孔丽、爱子刘旭思宇之墓，孔丽生于 1979 年 8 月 8 日，刘旭思宇生于 2002 年 7 月 26 日。母子在汶川"5·12"大地震中遇难

刘忠能把碑前的残花、饮品收拾一遍，用纸细心地擦着墓碑上的污处，像是为妻儿擦拭着脸庞。地震中，刘忠能最大的安慰，是他一直守在学校救人，坚持到最后，终于在清理废墟时，找到了妻儿，并为妻儿选了这样的安息地，为她们立下了永远的墓碑。可是，这一切不够，远远不够，他们一起生活了那么长时间，他总觉得对不起他们，总觉得放不下他们。

在这里，在妻儿的墓前，刘忠能裸露着内心深处最真实的情感。

此时，天渐渐晚了，公墓下面的映秀镇依然人来人往，重建的街道已经恢复了华灯初上的繁华。从前映秀小学的红旗也还在飘扬。河东河西，似乎是这个小镇的前世今生。

刘忠能知道时间差不多了，他该回家了。路上有两个孩子从身边跑了过去，谁给他们的百合和白色蝴蝶兰呢？花香如此扑鼻，那是生活的味道，让整个人慢慢松弛下来的味道。

头上忽然有细雨开始纷飞，刘忠能加快了回家的脚步。他知道，只要踏入映秀小学的新校门，他便能看到自家教师宿舍公寓已经亮起来的灯。那是已回到柴米油盐里的生活，最温暖的守候。

2. 梦与疼痛都留在了这个地方，他不走

他失去的一切，都在映秀，他不走。

越享受工作，心情便会越好。

地震让他变了一个人。

他果真会为了家庭选择离开吗？

没有回应本身也是一种回应。

这便是他想要的生活，而这样的生活，正在他爱着的映秀，生动地存在着。

*   *   *

当这个壮实的羌族汉子，成了新家，立了新业时，岁月在他的脸上，雕刻了更多的宽厚、朴实，以及亲切。

2011年7月，儿子刘俊熙已经十个月。他在都江堰买了新房，映秀小学还有学校分的教师宿舍公寓。在学校里，他不仅是映秀小学的工会主席，同时负责一部分教务工作，也兼做班主任。

工作缓解了他的疼痛，新家给他带来了新的幸福和希望。

2008年5月25日，灾后受到重创的刘忠能，在和谭校长完成自己的坚守后，离开映秀。

离开映秀的那一刻，他将满目疮痍的映秀甩在了身后，他暗暗立誓："映秀，别了，你的孩子，再也不会回来了，因为你毁掉了他的一切，无情地毁掉了他的生活，他的希望。"

可是，滞留在成都只有一个星期，他却如此想念同样被无情毁掉的映秀。他想念映秀，想念那个见证了他的青春年华，给予了他的喜怒哀乐的映秀。从读书到参加工作，从成家立业到憧憬生活，他的一切都在映秀。他失去的一切，都在映秀。他的一切，都留在了映秀。

是啊，一个人，在映秀生活和工作了近20年，映秀早已成为他的第二故乡，他对它有着很深的感情，看不见，触不到，心里的空虚感便会让他怅然。而"5·12"又让他的亲人永远地留在了这个地方。所以，他不能离开映秀。

虽说这是个伤心地，可是，离开了这个地方，他会更伤心："我执意要待在这个地方，因为我的梦，我的一切都是从这个地方开始的，又从这个地方结束了，所以说我的一切都留在了这个地方。"所以，他不能离开映秀。

哥哥曾想把他调离映秀。他不走。

朋友劝他："兄弟，你换个地方吧。"他不走。

谭校长也问他："愿不愿意到其他学校去？愿意的话你可以走。"他依然说，他不愿意走，他一辈子就待在映秀。

每次从外面回到映秀的第一件事，他都要到山上看自己的妻儿。一眼看到迎风沉默着的墓碑，他的心便会莫名地安静下来。他像离家的孩子回到了母亲的怀抱。看到妻儿安息长眠于映秀，而他也在映秀。他会觉得，这也是生活的一种希望。

震后复课的第一个学期，最初的悲痛和压抑，让他控制不住地想要逃避。后来，和学生们交流多了，他才突然意识到，这个世界上悲伤的人不止他一个。事实上，表面上看起来活泼可爱的孩子，内心和他是一样的，也是疼痛的、无助的。

刘忠能常常感慨，地震让他改变了许多。

以前的他，说不上工作多么认真，只是完成职责，该上课就上课，上完课也很少和学生交流。现在的他，开始尝试面对学生，去接触和了解学生。他告诉自己，要做一个负责的老师，有多大能力，便要将多大的能力放在学生身上。在这样的过程里，他突然发现了一个乐趣："工作做得越多，想得就越少。越享受工作，心情便会越好。"

不仅如此，以前的他，对家的概念也是模糊的，家给予他的，远远多于他对家付出的。至少在对妻子和孩子的关心体贴方面，他做得不够。说出去玩，扔下家便跑了出去。如果回家很晚，也不管妻子儿子有没有休息，打开电视便看，还会把音量调得很大。回家看父母，也只是来与走时，与父母打声招呼而已。很少会嘘寒问暖。

现在的他，就会特别注意这些事情。回家晚了，他就会在沙发上睡觉。因为他担心老人小孩被吵醒后很难再入睡。而如今，因为孩子小，现在的岳父岳母又和他同住。他会沏好茶端给老人，会亲亲热热地叫着，热热乎乎地聊着家常，会关切地问家里怎么样，小孩怎么样，会在离家的时候，告诉妻子和老人，他要去做什么，要到哪里去，什么时候回来，这是震后才养成的习惯。不仅如此，孩子的状况很好，他离家工作便会很安心。可是，如果孩子有一丁点

不好，他的心里便会挂念得不得了。

朋友评价说："刘忠能现在心里会想着别人了，不像以前那样率性了。"

可是，刘忠能自己用的词却是"心机"。说他做任何事，开始讲究"心机"。心机在震后刘忠能的心中，是一个褒义词。地震前，面临事情，他会冲上去。可是现在，他会考虑这个事情该怎么做，怎样做才比较好。他会去想很多，会想用最好的方法去把事情完美解决。

2008 年地震后调到映秀的妻子柴永丽，也想与自己爱的男人一起，留在映秀，经营映秀。

"渔子溪和岷江的河水、泥石流不可能翻过来。如果真的翻过来，不知道都江堰和成都平原会怎样？所以，想那么远干什么呢？至少我们两个现在都在映秀，两个人在一起很好，互相有个照应。说句实话，两个人真的有一定距离后，对家庭就会有一定的影响，首先这个小孩，一天到晚妈妈带的话，你也会累会烦，所以两个人在一起就很好，你累了我可以带，我累了你可以带，可以互相调剂一下……"刘忠能揽过妻子的肩头，还在襁褓中的儿子憨头憨脑地睡在眼前。刘忠能知道，这便是他想要的生活，而这样的生活，正在他爱着的映秀，生动地存在着。

当然，历史不是说翻过去了，便会全忘了。历史是应该记住的，只是怎么去区别对待的问题。何况，刘忠能又成立了新的家庭。曾经的爱人、儿子会永在生命里，在记忆里。但是，更重要的，是和爱的人一起，经营好新家，经营好新生活，经营好新梦想。

3. 家的感觉终于找回来了

工作是最好的减压方式。

能帮孩子们将那些残破的梦重续起来了。

那种感觉很不好，借了别人的学校住着，是寄人篱下的感觉。

回家的感觉就是不一样。

只要他回去看老人，妻子必定同去。

先不管结果，享受过程的乐趣。

两个人在一起，心暖了起来。

他们之间不是没有关系，是以他为纽带组成的，一个可以和谐相处的大家庭。

＊　　＊　　＊

震后学校复课之初，虽然刘忠能还在人前拼命地压抑着内心的伤痛，但他已经开始将全部的精力用于工作之中。他一个人，带着 16 个小孩，努力地经营着那个残破却必须仍有梦的班级。虽然每天都是教室宿舍两点一线，但是，这样的忙碌是刘忠能减压的最好方式。

震后的接待特别多。每次重大接待，刘忠能的班级都是第一个布置好教室文化氛围。为此，董校长经常带着其他老师前来参观学习。

2009 年，谭校长对刘忠能说："兄弟，这届班主任你来当吧。"

是的，工作是最好的减压方式，刘忠能应允下来。

做班主任，是一件十分麻烦琐碎的事情。每天早上要带着孩子们一起打扫卫生，要检查家庭作业完成情况，要早早到校看已到学校的孩子们在干什么。可是，许多孩子总是不自觉地沉浸在教室外的广阔和自由之中。一日之计在于晨，刘忠能需要将他们带回不可浪费的时光中。每个早晨，他都要带着孩子们一起读书。在琅琅的读书声里，一天的蓬勃朝气才能真正开启。

在水磨过渡复课的一年零八个月，刘忠能的班一分都没有被扣过。但因为班上学生少，刘忠能付出了许多，却很少有"优秀班级"的荣誉。但他从来都觉得无所谓，只要能把班级管理好，能帮孩子们将残破的梦重续起来了，他便觉得自己是一个合格的班主任了。

可是说句实话，班主任真的不好当。小孩子需要引导，需要监督，刘忠能可以胜任。但学生之间、老师之间、班与班之间、班主任与班主任之间的摩擦，却不能不小心对待。

的确，总有人喜欢比较。比如他班的学生怎样，我们班的学生怎样。有时候，班与班之间交流不好的话，班主任之间便会产生矛盾，特别是女老师，计较起来就会说："你班的学生怎么这样？"

每当这时，刘忠能便说："没问题，你叫我去批评嘛，我去！"所以，震后三年，刘忠能还养成了一个习惯：不管是不是自己班的学生，只要看到违纪，他便会叫到跟前批评，要求改正。

这是刘忠能的为师之道，许多人都了解和感同身受。正是负责，让他找回了工作的乐趣和幸福所在。

生活中呢？他又是怎样找回了幸福？

三年的时光转瞬即逝。从悲伤中走出来，回头望，那些失去似乎都能坦然面对了。可以谈了，可以面对已经逝去的人了，过去的那页翻过去了，成为历史了。那么，从头再去画人生这张白纸，便可更用心地去描绘五颜六色的未来。

能这样走出来，前妻孔丽的亲戚，对刘忠能的鼓励很大。如果没有他们的默默支持和爱，他可能很难翻过这页。岳父总是对自责的刘忠能说，不怪他，说他尽力了，让他该干吗便干吗，包括主动给他介绍对象。

说实话，刘忠能一直觉得，因为没能救出妻儿，他一直没有办法面对故去的人，他觉得身为丈夫和父亲他没有办法交代。可是，别人的一百句话，都不如岳父的话让刘忠能的心透亮起来。有了他们的支持，刘忠能突然觉得："人生真的可以重新开始。悲伤真的可以只藏在心里。"

谈了女朋友的刘忠能，岳父岳母很关切："怎么样了？相处得如何？什么时候带过来给我们看一看？要过了我们这一关啊？"

在和柴永丽恋爱之前，岳父还告诉他："最好找一个没有孩子的啊，因为有了自己的小孩之后，会很麻烦的。"他们还嘱咐他："不要找外面的，外面的怕遇到心机太深的，老实善良的你会吃亏的……"

虽然刘忠能没有对柴永丽提出要求，但是，只要他回去看老人，妻子必定同去。

这样的理解和支持，让他的心踏实起来。

虽然两个人在一起，心暖了起来，可是，有很长一段时间，因为没有"房子"的凄凉之感，还是让刘忠能对柴永丽生出愧疚之心。

学校在水磨的那段过渡时期，刘忠能经历了人生中的一个低潮。

因为住在八一小学的板房里，条件非常不好，住了很多工人，很杂很乱。而且，因为板房数量有限，一般是五个老师住一间，里面还堆放了许多杂物。不仅如此，从老师住的板房到学生教室，有一段距离。老师们上课时需要走很长的山路，放学再爬回山上吃饭。日复一日，苦不堪言。

后来好不容易找到一间空闲的板房，刘忠能有了自己的独立空间。可是，住了没有两个月，东西却被连偷两次。就连水桶、电风扇这些小东西都被偷走了。

有一天，刘忠能放了学，刚走到自己住的板房门口，竟然看到十几个人正在从自己的宿舍里往外搬东西。

"喂，你们在干吗？你们在搬家吗？那是我的东西哎。"

那时候，刘忠能的拖鞋、衣服等已经被全部抱了出来，十几个人还在宿舍里面翻找。刘忠能一声断喝，吓跑了来人。可是，面对一屋狼藉，他心里烦躁极了。

后来，他便自己想办法，在八一小学新校区找到一间宿舍。这才逃一般地离开了那个糟糕的地方。

那时候，妻子柴永丽的情况也不太好。地震后幼儿园没有生源，所有的老师便到处跑生源。有些"营销"的意味在里面。可是，更多的是流浪的感觉。

那种感觉很不好，借了别人的学校住着，是寄人篱下的感觉。一到周末，很多老师回家了，学生也走了，像他们离家比较远，便哪里也去不了，两个人就在简陋的房子待着。那是被世界抛弃的感觉。

房子实在是太简陋了，也没有办法做饭。再加上新婚不久，妻子柴永丽便怀了孕。关于营养补充这一块，刘忠能却不能为妻子多做一些。想买些东西，用电锅炖一炖，可是，又怕负荷太大烧坏了电表。没有办法，许多时候，他就给妻子买些奶粉、牛奶，用开水烫一下。偶尔呢，就到餐馆去炖一碗蹄花。那个时候，刘忠能一直觉得对不住妻子。后来，实在没有办法他就把妻子送到了汶川岳父岳母身边，至少有人可以替他照顾她，因为他实在没有条件。

虽有凄凉，因为爱人在身边，也没有孤苦伶仃的感觉。那时的他时常想找个地方大哭一场。所以就在那个时候，他下定决心要在都江堰买套新房子。

没有多少钱，他就四处借。凑足了首付，交了房，他就马上开始装修。装修的时候，又没有钱，舅舅就资助了他一些。装修完，他就把妻子接到了都江堰。这时候，他才可以给她做点好吃的，保证她的正常休息，各方面的生活才算正常起来，心里面也才踏实一点。家的感觉，有一些终于被找了回来。

学校从水磨搬回映秀新校区后，刘忠能和所有的老师一样，心情激动。"我终于回到映秀了，终于回到家了。这里就是我的家，回家的感觉就是不一样。心情好了干啥都好。"

回到映秀的老师们，铆足了劲想要干出些名堂。在他们看来，不管外面怎样，好与不好，都是始终在别人的家里。

刘忠能也常常想，人生可能就是这样，一帆风顺，可能永远长不大。经历越多，就会变得更加成熟，而每次挫折都会让自己进步。因为经历了这一切，

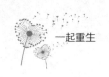

他便会去反思自己曾经错在了哪里，从而在反思中寻得经验该怎么做。

拼命工作最初是为了减压，也是逃避悲伤。因为不停工作，就没有时间和空隙去想很多事情。可是，正是因为不停工作，便让自己变得投入，在这样的过程中，寻得一种新的乐趣。先不管结果，享受过程的乐趣。所以，做事便好了，不要管别人怎么评价，那一切，都不重要。

在这样享受过程的乐趣中，还发生了一些有意思的生活小插曲。

有一天，刘忠能独自去了孔丽的父母那儿，因为柴永丽在家里要带孩子。结果坐下没几分钟，岳父的脸色便有些忧虑，终于没忍住，他问刘忠能："上次我们是不是说错话了，这次怎么没有一起来啊？"

听了老人的话，刘忠能大笑着说："哪有啊，在家里带孩子呢，来不了呢。"

本来一个敏感的角色，在所有人共同的努力下，有了温馨而让人感动的生活场景。

因为刘忠能的关系，他们的儿子刘俊熙便被老人当成了孙子，柴永丽被当成了儿媳。他们不仅想念刘忠能，还想念那个虎头虎脑的小家伙。他们总是说："带孩子来看看啊，好久没有看到了。"事实上，离上次分别的时间并不久。刘忠能便宽慰他们说："放假就带着去啊。"而每次去，老人总会买很多东西，给孩子的，给大人的，吃的喝的穿的用的。那样细密的疼爱，常让柴永丽唏嘘不已。所以，她也真心地将老人当成自己的亲人，敬爱着、孝顺着，让自己的丈夫宽心。

当然啊，也有一次，柴永丽故作生气地说："你好偏心啊，为什么只看她的父母，不看我的父母啊？"

作为一个重情意的女人，这是她吃醋的表现。于是，刘忠能便宽慰她："我岳父岳母啊，现在两个人都六十多了，又那么疼爱女儿和外孙，他们最爱的人都走了，他们很伤心的，我再不经常回去看看他们，他们会更伤心的。"

给她讲过之后，柴永丽脸上的颜色便又重新变得温暖和悦。那是唯一的一次"指责"。

刘忠能没有详细描述岳父、岳母有多么疼爱自己的儿子。女人的心说不清楚，他怕引起比较，引起不必要的误会。比如啊，以前的孩子是岳父岳母帮着带大的。而如今的岳父，便没有帮他们带孩子。他怕妻子误会："你是不是认为我的父母做得不好呢？"

在刘忠能看来，双方的父母都要放在很高的位置，很重要的位置。这样才可以组成一个和谐的大家庭。

有时候，柴永丽还会主动提出来："我们一起去山上看看她们吧。"刘忠能听了就说："走吧，一起去吧。"平时柴永丽不提，有时候他想去，也会征求她的意见，说他要去上坟，她要是愿意就一起去，不愿意也没有关系。

现在的刘忠能，因为组建了新的家庭，去看望前妻和儿子的时间，除了忌日、清明和春节，少了许多。

那天二哥来映秀，说想去山上看看，他便陪着一起去了。

关于上坟的处理，刘忠能一直觉得妻子做得很好，很尊重她。因为这样的尊重，换来的也是他对她的尊重。

在两个人的生活中，妻子也将他照顾得很好。虽然她也很累，但是回家以后，包括丈夫的衣服，都是她自己去洗，每天丈夫穿的，都早早准备好。有时候看着丈夫满脸疲惫，便会心疼地说："去休息吧。"

当然，妻子也有自己的困惑和难处。比如这个学期，因为刘忠能外出的时间太多了，家里的、学校的事情太多了，柴永丽就偶尔会抱怨一下。刘忠能说，他也没有办法，要工作啊。妻子不满，继续说："你经常这样出去，家里面也不管……"可是，也只是说说，该干的工作和家务，她一直做得很好。

刘忠能感恩如今的幸福。他常想，如果换一个人，或许，他是没有现在这种知足的感觉的。当初还在水磨过渡的时候，柴永丽有时间便到板房来陪他。将板房里面收拾得干干净净的。他印象里，她似乎一天都在收拾东西，每一样东西都弄得干干净净。

但是现在带小孩了，就没有那么多时间了，精力不够了。小孩都已经把她弄得很疲倦了，他常说她真的太累了，他有时候真的想帮忙，但心有余而力不足。

在那种环境下，有了爱人，有了一个支持和理解、关爱自己的人，他便不再那么孤单了。"她在陪我说话，她那么理解我，我为什么一定要沉浸在过去的悲伤之中呢？我再怎样悲伤，他们也不可能回到我身边了。"

4. 因为曾经失去，所以更懂珍惜

　　丈夫一定要对爱人，对小孩认真负责。要给孩子最好的保护和供应。

这是一个家，是两个人的家，许多事情需要双方共同努力去完成。

家庭于他最为重要，因为他曾经失去过一次。

对他们的爱，已是他生命中的一部分，不能割舍永远牵挂的一部分。

那是女人们在一起的视角。他理解，并觉得有趣。

＊　　＊　　＊

震前震后，和董雪峰一样，刘忠能也在思考人生的意义。

人啊，苦难能磨炼意志。只有经历坎坷才会成熟。如果没有磨炼，人便很容易不知天高地厚。

在地震前，包括成家之后，对家的概念，刘忠能一直很模糊，就算是当了父亲，孩子六七岁了，他对家的概念，对于一个父亲该做什么，一个丈夫该去做什么，基本上就是"没有想过，很模糊"。

现在再谈一个丈夫的职责，刘忠能说起来，已头头是道。

对家庭来讲，丈夫一定要对爱人，对小孩认真负责。不能说做两件事情就可以表现这种负责。这是一个漫长的过程，由太多微不足道的事情构成。比如说，在家里面帮助妻子做家务——洗衣服、洗碗、做饭、买菜……这些家务并没有规定必须由女人去完成。如果丈夫当甩手掌柜，久而久之，两个人之间肯定会产生矛盾。因为脾气再好的人，也需要有发泄的时候。不能说男人不能做小事情，大事和小事都关注，都努力去做好的男人，才是一个对家负责的男人。正所谓一个男人能屈能伸，在外面，男人是妻子和孩子的一面墙，天塌下来由男人顶着；在家里面，做好那些细小的事情，让整个家庭和和睦睦。家和万事兴。家都不和了，那还兴什么兴？

关于孩子如何喂养孩子，孩子吃什么奶粉，刘忠能以前从来不会考虑，而如今，他已经努力去做一个专家型的爸爸。

为了孩子的成长，他上网查看了许多资料，甚至包括某个品牌的奶粉几十年中发生过什么样的大情小事，出现过什么样的问题，他一家家地查找对比，有时候妻子都烦了，说干脆就买某某牌子得了。可是，刘忠能却坚持自己的意见："一定要买最好最安全的，这件事情上，不能马虎。"

刘忠能觉得，自己要重点考虑的，便是给孩子最好的保护和供应，要让孩子快快乐乐、健健康康地成长。

当然，已经收集了大量奶粉资料的刘忠能，在做最后决定的时候，还是会征求妻子的意见。为了达成一致意见，他会把大致品牌框架列出来，并推荐几个主打品牌。他问妻子："你觉得哪个好？"

妻子说："干脆就那个牌子吧。"说着，她的手指到了某个品牌名称上面。

"好，就听老婆的。家里有老婆做主，一切万事大吉！"刘忠能贫出这样的一句话。

说实话，妻子对儿子付出的爱，远远超过刘忠能。

刘忠能征求意见的本意，是对妻子的尊重。曾经有过类似的矛盾。一个很小的东西，刘忠能买回来，妻子无意中问了一句："你为什么都不问一下我？"说者可能无意，在刘忠能看来，妻子可能觉得自己没有尊重她的意见，毕竟这是一个家，是两个人的家，大情小事需要两个人商量着去决定，许多事情，需要双方共同努力去完成。在这样的过程中，首先要做到互相尊重、互相谦让。

现在的他，依然需要父母帮着带孩子。但是，他再不会像以前那样，完全将孩子甩给岳父岳母，只是周末或是节假日的时候，将孩子当玩具一样，开心地逗上几天。如今，他会请求父母跟他们一起住，他需要每天都看到小孩子。尤其是上了一天的班，只要看到儿子，所有的疲惫便会一下子烟消云散。

如今，刘忠能在学校的工作压力很大。当班主任，不仅要考虑孩子们的健康成长，还要考虑孩子们的学习成绩。他虽然并不认为成绩决定一切，但是，如果他教的班是倒数的，不仅会影响整个学校的荣誉，他也会否认自己的价值。而且，他还兼任学校的工会主席、教研组的组长，教务方面的工作他也要积极去做。所以，他一直十分努力和敬业。

但是，不管工作压力多么大，多么忙碌，在他心里，家庭已经居于工作之上，家庭于他最为重要，因为他曾经失去过一次，他要尽心尽力做最好的丈夫和父亲。

以前的家庭，岳父、岳母帮着照料孩子，替他们撑起了半边天，他的生活过得十分轻松。而如今，想法却有了如此巨大的转变。"岳母也可以帮忙带孩子，但是一定要在身边"。这样转变的根本原因，是不是因为他害怕失去，地震的阴影还在心里？

对此，他笑笑，他不想回应，因为只有每天看到孩子在身边，他的心才踏实。可是之前，十天半个月见不到孩子，甚至有时候一忙，电话都顾不得打，他却从来没有不踏实的感觉。

因为曾经失去，所以，才更懂珍惜。

在生活中，即使两个人吵架，刘忠能也绝对不会开口冲动地嚷出"离婚"两个字。他不想像许多离婚的家庭那样，把婚姻当儿戏，那种对家庭不负责，对孩子不负责的做法，他不仅十分反感，也十分痛恨。婚姻能否走到最后，需要的是两个人一起去经营，一起想办法让大家都快快乐乐的，一起期望着白头偕老的那一天。

家是一个人的精神支柱，是一个人持续向前走的动力、加油站。或者，是让自己休憩、保养、维修的地方。人啊，只要经历了，才会知道家的重要，对每一个人生命的重要。才会懂得，没有了家，便没有了生活下去的坚强后盾。

以前驱之不散的失眠，在成立新家后，大为改观。因为他对很多事情都看开了，看淡了。注意力从原来的悲伤转到了建设新生活上。所以。一切便好了起来。

可是，刘忠能心里还有难以释怀的牵挂——对原来的岳父岳母。

是的，他放心不下他们。每次岳父看到他，两个人聊天，聊着聊着岳父还会哭起来，说："唉，那时候我的女儿怎样，唉，我的孙子怎样……"哭着哭着，他又对刘忠能说："唉，人家的孩子又怎样怎样。"这样的话语每次都会让刘忠能心痛不已，他很为他们担心。

岳父曾有一儿一女，合起来是一个"好"字。如今，"好"字只有孤单单的半边。哥哥工作那样忙，也很少能抽出时间陪在老人的身边。岳母的儿媳妇在阿坝师专当老师，工作也是忙得一塌糊涂。刘忠能能做到的，就是尽可能地抽时间去看他们，让他们知道，曾经的这个儿子，依然是他们的儿子，依然对他们一如既往地尊重、孝顺。对他们的爱，已是他生命中的一部分，不能割舍的一部分。

孔丽的离世，对岳父的打击过于巨大，岳母的情绪还好一些。如何才能宽慰老人呢？让老人分散一注意力，享受更多的爱，是刘忠能想要做好的事情。

再说一说"四剑客"兄弟。

震后回到正常生活轨道的他们，还是有一些变化。虽然一起经历了那么多，但是，如今的他们，都各自组建了新家。而没有失去太多的唐永忠，和董雪峰、刘忠能、苏成刚三个人相比，想法会有所不同。所以，四剑客中，关系最好的，其实是他们三个。包括买新房，刘忠能和苏成刚选的，便是门对门。

有时候，因为出差，他们会短暂分开。其中一个人，总会感慨："我想念他们了，走了那么久。"再加上三个人在学校里，主要负责教学这一块，所以，工作上的交流也相对多一些。董雪峰主管教学，苏成刚和刘忠能负责教务。因为这样的职责，他们需要通力配合，遇事便会一起商量。于公于私，他们都配合默契。

虽然这中间也有非议，有的老师会在背后说他们，但是，他们不管，他们只是按着自己的想法一步步地为明天的新生活而努力奋进。

而三个人的爱人，似乎也结下了牢固的友谊。只要一有空闲，她们便聚在一起。可是，她们聚在一起聊天，在刘忠能看来，估计控诉或是显摆自己的丈夫，会多一些，那是女人们在一起的视角。他理解，并觉得有趣。

在三个人能走出伤痛的今天，刘忠能觉得三个人的妻子都扮演了很重要的角色，"没有她们的支持，可能我们需要很长的时间，真的！如果我一直不成家呢，有可能就会在这个事情上停留很长的时间，就停留在那一页上面，一直不会走出来。但是，她出现了，他们出现，这对我们的人生而言，是真正的转折点，真正的新起点。"

祝福他们！

刘忠能个案点评

香港大学社会工作及社会行政学系副教授　冉茂盛

2008 年震惊世界的四川汶川大地震已经离我们越来越远了，很多人已渐渐忘记了大地震给我们造成的巨大伤痛。在大家的努力下，灾区已经重建，曾经失去亲人和财产的灾区群众的生活也渐渐恢复正常。而如何铭记大地震带给人们的伤痛并直面新的生活是最值得关注的事情。

大地震发生时我在美国，因为我在成都生活和工作了 20 多年，所以成都的亲朋好友受灾的情况让我十分牵挂。地震发生后不久，我有幸和香港理工大学及国内的心理专家一起到绵阳等灾区参与了一些心理安抚和救助工作，其后又多次到灾区，深深体会到了灾难的无情，亲眼看见了灾区群众所受的巨大损失和伤痛，许多人失去了亲人和朋友，遭受巨大的身体和心理的创伤，财产的损失更是难以计数。

有关大地震的故事和报告很多，有关灾后心理援助的学术研究和指南也很多。了解地震后受灾群众的艰难历程将非常有利于我们总结受灾群众从废墟中获得重生的宝贵经验。本案例记录了一位"平凡"而又普通的小学老师经历地震灾害，灾后心理重建，开始新生活的艰难历程。他的经历感人至深，让人受益匪浅。

很高兴沈文伟博士邀请我写一篇有关刘忠能老师经历大地震的文章。虽然我没有亲身经历地震，但是对地震给灾区群众造成的巨大灾害和伤痛却深有体会和感触。怀着敬畏的心，希望这篇文章能反映自己对亲历四川汶川大地震灾害，并从灾后巨大阴影中顽强走出来的刘忠能的一些感受和思考。

刘忠能出生于一个农村羌族家庭。地震发生前，刘忠能在映秀小学当老师，有一个幸福的家庭，妻子孔丽也是一位老师，夫妻之间感情很深。在刘忠能的心里，妻子是一个"挺好的人"，对他的照顾"无微不至"。6 岁的儿子刘旭思宇很乖，很听话，按刘忠能的话说，儿子"一点儿都不淘气""从不乱花钱""太乖了""很懂事"。父子平时很喜欢在一起玩，父子情深给我留下深刻印象。

无情的地震给灾区的所有人，包括刘忠能在内造成了巨大的损失和伤痛。映秀小学许多老师和学生，以及刘忠能的妻子和儿子不幸遇难。可以想象这对刘忠能的打击有多大，这让他感觉无依无靠，他反复提到的是"人说没就没了，一下就没了。为什么这样不公平？为什么会这样?"他感觉自己没有尽到做父亲的责任，没有救出自己的妻子和儿子，欠妻儿很多，对不起他们，地震发生后很长一段时间仍觉得他们还会回来。

在中国的传统文化中，对死去亲人的安葬是对活着的人莫大的安抚和慰藉。地震发生后，许多死亡者的遗体没有被找到，还有许多遇难者的遗体无人认领，后来许多人因不知道自己的亲人葬在何处而痛苦万分。地震后刘忠能坚守映秀，没有放弃寻找自己的亲人，直到找到妻子和儿子的遗体，然后怀着悲伤将他们母子埋在一起，并立了碑。能亲手将妻儿安葬，这对刘忠能及家人，特别是岳父岳母是莫大的安慰。虽然他自己觉得只是做了一个丈夫和父亲应该做的，但这对亲人们悼念亡者，寄托哀思很重要。这也提示今后安埋遇难者应该注意方式，应标明每个死者掩埋的具体地点，这既是对亡者的敬畏，也能给生者带来莫大的安抚和慰藉。

看到刘忠能从灾后巨大的伤痛中顽强地走出来，并开始幸福的新生活，我由衷地高兴。他成功走出地震阴影的经历对今后开展灾后心理救援有借鉴意义。他是如何从地震灾后的阴影中走出来的？按刘忠能的话说，他能从灾后的阴影中走出，自我调节、家人和社会力量的帮助起了重大的作用——亲人、朋友、学生、社会工作者等的关心和帮助起了重要的作用。如果没有外部力量的帮助，他平复心情并走出阴影的道路肯定会更加曲折和漫长。

刘忠能的经历让我们看到他走出阴影的主要原动力来自自我调节和适应。他通过听歌和音乐，看电视、上网、运动等不同方式让自己放松和保持心情愉悦。他还总结出在不同情绪状态下听不同的音乐的经验，如心情好时就听舒缓的音乐，心情不好时听声音大的 DJ。一般认为借酒浇愁愁更愁，但是刘忠能认为地震刚发生喝酒对他有帮助，可以麻痹自己，喝晕了什么都不去想了，有些话也能说了。我想酒精的麻痹作用让他有更多的时间来慢慢平抚伤痛、自我疗伤。而当他从灾后的阴影中走出来后便不再喝白酒了。

亲情在危难时最能体现，也对刘忠能走出地震阴影发挥了重要作用。地震

发生后，刘忠能和妻子两边的亲戚都很关心和支持他，这对他是莫大的安慰和支持，对他平抚创伤至关重要。岳父岳母觉得他能在地震后坚持留在映秀把自己爱人和孩子的后事安顿好，很不简单。亲人们都特别关心和感激他，经常打电话关心他，让他高兴，并开导他失去的已经失去，活着的人应该开始新的生活。

有相同经历的朋友相互支持对刘老师走出地震阴影也发挥了莫大的作用。地震后，几个经历地震的老师每天晚上在一起喝酒，谈工作，大家一起悲，一起喜，相互支持和鼓励，他们就这样相互搀扶一步步慢慢走过来了。患难之中建立起来的感情无比坚实。他们之间的感情比地震前更好，像亲兄弟一样，无话不谈，成了患难之交，互相成为对方精神上的依靠和支持。

儿子和许多学生的死亡和受伤使刘忠能刚开始很害怕面对学生，看到自己的学生就会想到自己的儿子，而看到原来的50个学生只剩下16个，心里更难受。非常敬佩刘忠能仍能强忍巨大的悲伤坚持安抚有亲人遇难的学生和家长，可以想象这需要多大的勇气和毅力。难能可贵的是他还能忍住巨大的悲伤，不将自己悲伤的情绪带到教室，主动接触和适应他的学生。而学生们也主动接触他，久而久之，他和学生的交流不仅没有障碍，而且学生们的热情和爱，更使他重燃生活的希望。

刘忠能的经历也让我们看到普通人对社会工作和社会工作者从刚开始不了解到逐渐理解和信任的过程。刘忠能通过自己的观察和了解，逐渐知道社会工作者是做什么的，也慢慢理解了社工工作。相信许多社工也是从刚开始不知道如何帮助受灾人群，到逐渐了解他们的需求，再提供相应的帮助。刘忠能觉得社工对其走出地震阴霾帮助很大让我们很欣慰，这应感谢沈文伟博士及其社工团队。

志愿者在地震灾后的抢救和援助工作中发挥了重要作用。在灾后最危难的时候，许多志愿者来到映秀帮助当地受灾群众，充分体现了人间的大爱，他们的无私和奉献影响了周围的许多人，这也让刘忠能深受感动和鼓舞。这对他能走出地震阴霾也起了积极的正向作用。

地震灾后的心理辅导是我特别关注的问题。希望灾区不要再发生"防火防盗防心理医生"的奇怪现象。刘忠能的经历提示社工应注重个体及文化的差异，开展有针对性的心理辅导。地震后开始的集体心理辅导课让刘忠能反感，按他的话说"谈到的尽是让他伤心的事情"，勾起了他太多痛苦的回忆；

而有些事情他不愿意说的时候让他说，使他十分难受。他很排斥那种纯粹理论式的心理辅导，理论的东西太笼统，因此应针对灾区的具体人和事开展心理辅导。

什么样的心理辅导方式是受灾群众较易接受的？刘忠能的经历让我看到，接触和交流，间接和渐进的方式是可行的，应该在理论结合实际的基础上，针对不同的人、不同的受灾情况、不同的恢复阶段分别辅导。这提示心理辅导应先了解每个人的具体情况（如有无亲人死亡、受灾严重程度等），然后根据不同情况分组，再针对具体情况进行心理辅导。个别交谈的方式很好，先交朋友，建立互信；针对不同的时间和恢复阶段实施不同的心理辅导。和刚刚失去亲人（如2月之内）的人谈离世亲人的事情，刘忠能不能接受，用他的话说好像是"在伤口上撒盐"。

时间是心理伤痛最好的治疗师。刘忠能的经历让我看到其心理在不同阶段蜕变和升华的过程。地震后最初一段时间他害怕见到亲人，不知道该说什么，亲人们也不知道对他说什么。他参与救援工作虽然很累，但是睡不着，满脑子全是过世的家人和学校的师生，一幕一幕像放电影一样。"六一"儿童节时更难受，想的全是儿子。刚开始他也不敢看爱人和孩子的遗物。随着时间的推移，慢慢尝试看，刚开始看到妻子和孩子的照片等遗物会哭，会难受，慢慢就好了。一年以后再看到亲人的遗物或谈到失去的亲人，就会联想到过去在一起的幸福而美好的时光，都是美好的回忆。

地震前的刘忠能是一个直接和豪爽的人，做事情不会想太多，容易得罪人，相对自我封闭。地震后的第一个学期，他难受，爱哭，有点孤僻。多数时间待在寝室里，备课，听音乐，看电视，上网，在QQ空间上写一些东西寄托对爱人和孩子的思念，不愿意与人交流。生活中容易触景生情，基本上生活在失去亲人的阴影中，经常梦见他们，总觉得他们会回来。地震后第二学期他逐渐适应了，开始喜欢和学生交流，学生也愿意和他交流。他到广州和深圳等地玩，感觉很开心，尽情地释放悲痛的情绪。慢慢意识到失去的亲人已经回不来了，活着的人应该好好活着，直面今后的路。一年以后，他的心情好很多，人变开朗了，喜欢和人接触，从伤痛中慢慢走出，能平静、微笑地面对失去的亲人。三年后他变得更成熟和稳重，已能坦然面对地震灾害，"过去的一页已经翻过去了"，失去的家人永远在他的心里，他的认识在不断升华。

刘老师从伤痛中走出来之后，把家庭放在了第一位，家庭是他的精神支柱

和活下去的坚强后盾，因为失去过一次，害怕再失去，他更懂得珍惜，替他人考虑，关心家人。在工作和生活中不与人争，顺其自然。他认为钱是身外之物，过平平淡淡、健健康康、快快乐乐的生活就是福。他在做自己喜欢的事情。开始注重健康，不喝酒了。因为感觉能从大地震中活下来不是福，不是幸运，而是"不容易"，因此要好好地活下去，不能自暴自弃，"不好好走下去就对不起已失去的亲人，对不起关心和帮助过自己的人"。

新的家庭对刘忠能走出阴霾发挥了不可估量的作用。虽然刚开始刘忠能对重新组建家庭有顾虑，但岳父岳母的大度让他放心了。自己的父母亲戚也希望他开始新的生活，每天开开心心。地震三年后刘忠能重新建立了家庭，并有了一个儿子。新的家庭有利于他完全走出地震的阴影，妻儿是他精神上的支柱。他最不放心的是以前的岳父岳母，他们仍然生活在失去爱女和外孙的痛苦中。

刘忠能对物质和精神的理解给我较大的启示和感触。他提及"受灾后精神层面的东西比物质更重要，只要精神不垮，其他东西可以慢慢添置。如果精神垮了，有再多的东西也没有意义"。这提示在今后的救援中，在提供物质援助的同时，心理援助十分重要。如何让受灾群众勇敢面对自然灾害，团结互助，共渡难关十分重要。刘忠能的心中永远都装着失去的亲人，虽然他有机会离开映秀这个让他失去亲人的地方，但是他不愿意离开映秀，如离开映秀，他会更伤心，他的"一切都在映秀"，映秀也是他"新的梦想开始的地方"。衷心希望刘忠能和广大灾区群众能直面地震灾害，在重建后的美丽家园中快乐幸福地生活！

第十二章 为了孩子，他要做得更好一点

——震后三年的苏成刚

1. 一切坍塌的地方，都会有重生

心怀美好期待涅槃重生。

真正让我成长起来的是那一点，差点让我毁掉的也是那个点。

一切坍塌的地方，都会有重生。包括人的心灵。

我感觉到幸福正在慢慢靠近我。

* * *

地震两周年后，苏成刚决定"废弃"自己在 2007 年 3 月建立的博客，因为里面有许多悲伤的回忆，包括那首听一遍便要哭一回的歌曲《想哭就哭》——"好久没有陪伴你，同坐在黑夜里，离开人们的眼睛，只剩下我和你……沉默无语的相对，好多话在心里。想哭就哭，如果你也孤独……"

也许，只有经历过才知道什么是沉重，目睹过才懂得什么叫浴火重生，重新观照历史，才能给未来留下思索。

苏成刚知道，在人生这条曲折的长河里，灾难便如同河中激起的朵朵浪花，消除不尽。可是，看在眼里是激流朵朵，捧到手里却会瞬间透明澄澈。所以，震后三年，他和自己的兄弟一起，完成了重建家园的战斗——不仅是重建楼屋、恢复教学，更有精神的重建。

其实，重生的那一刻，始自地震尘埃未落之时，苏成刚和自己的兄弟作为教师的教育自觉、文化自觉，以及内在品格在血光中的骤然迸放。那是重建家园的灵魂所在。

可是，每当有人称他为"英雄老师"时，他从来都是否定的："活着的人的生命都是死去的人们换来的，学校那么多孩子和老师换来了我们今天的重见天日。"

但事实上，如同校长谭国强所言："我们的每一位老师都有故事。"

这个有故事的老师，地震后做了三个选择题，一是出于一名教师的本能，二是地震后放弃被压的妻子，三是第一时间组织拯救埋在废墟下的学生。

如今，苏成刚已经能够平静地向别人讲起地震，不，是"地啸"——"从地底下滚动出来的尖锐呼啸"。以前的他，给学生们解释课本里的"山摇地动"时，都会笑着说那是夸张的形容词。而现在，不仅仅是他，地震中幸存下的孩子都知道，真的能看到山体在摇。不仅山摇，整个世界都在摇，大地在波浪式地抖动。一瞬间，千山崩塌、乡村荡灭、镇毁人亡。

是啊，曾经的映秀一瞬间被夷为平地。但是，经过三年重建，它已尽扫昔日的阴霾惨淡，重新舒展于绿水青山之中。苏成刚也搬进了新居、进了新校区、组建了新家庭，这一切都令他兴奋、高兴。用他的话说："地震是最大的一个转折点，真正让我成长起来的是那一点，差点让我毁掉的也是那个点。我很庆幸，地震之后我没有往另外一条路上去发展，而选择了这一条路。"

震后三年，苏成刚每天都有做不完的事情。"走出去才发现，自己已经离不开映秀。因为，那里有学校和自己的学生，有朝夕相处的同事，还有自己那个支离破碎的家。"

虽然灾难是巨大的，深刻的悲怆会渗透心魄、浸入灵魂，但心中积聚的悲伤在震后渐渐消散，苏成刚的呼吸开始舒畅起来，"我们映秀小学的篮球队又成立起来了，我是主力队员哩。"喜欢摄影的他，还和董雪峰、刘忠能一起，买了佳能单反相机："我们想把映秀美丽的山水拍下来，更想把学生们的笑脸和学校的变化记录下来。"

就这样，经历过的困顿，感受过的压力，灾难洗礼后对生命的重新确认，以及由此带来的前行勇气，成为苏成刚击节高歌时的淡然一笑。对美好生活的希望，已像种子一样，播撒在了他和兄弟的心间。因为他相信，当灾难与灵魂碰撞，一切坍塌的地方，都会有重生。包括人的心灵。

他还记得 2008 年 6 月 3 日，他从成都坐飞机送幸存的孩子到山东，飞机飞抵四川上空时，刚经历了生离死别的孩子在那一刻依然抑制不住激动，轮流到窗前欣赏美景。重新坐下来，一名小同学睁着明亮的眼睛对苏成刚说："老师，我感觉到了幸福正在慢慢靠近我。"

幸福是什么？

幸福就是目能所及、手能触摸的生活。

2. 一切都会好起来的，只要你愿意去努力

> 这样的期盼，既疲惫，又兴奋。
>
> 有了爱的日子，一晃，便也熬了过来。
>
> 第一眼看到的欣赏，便已经注定了情愫的暗生。
>
> 守在这个世界里的他，恰好便等到了她。
>
> 要在一起、想在一起的念头战胜了一切。
>
> 他需要反哺，他需要去照顾已经老了的父亲。
>
> 一切都会好起来的。只要你愿意去努力。

*　　　*　　　*

地震带给苏成刚的影响已经平息，但因之而来对生命的梳理依然在继续。

三年来，苏成刚有了许多新的变化，对双亲、爱人、家庭以及自我也有了更深的认识。当然包括对工作的投入和对映秀小学的热爱，依然热烈如旧。

在水磨校区过渡时期，苏成刚和新调来的心理学老师赵陆飞恋爱了！于是，他每天都在盼着快点搬回映秀，盼着重新回到映秀。这样的期盼，既疲惫，又兴奋。许多新调来映秀的老师，总是没有办法体会苏成刚的憧憬之情："这就是映秀？没有什么特别的啊？有什么值得兴奋的呢？"

可是，对于苏成刚而言，重新回到映秀，映秀重新以宽厚和崭新的面貌接纳他，是让他的心最终踏实起来的归宿所在。而只有在映秀，他的憧憬才是美丽的，他的爱，也才能长久并走进幸福的。

已经住了三年的过渡板房，苏成刚住得快要崩溃了，因为条件太艰苦了，环境太糟糕了，活得似乎太没有尊严、太不体面了，东西还经常会被洗劫一空。这样的人生，苏成刚既不敢恭维，也不想继续。

幸好，有一起住校的孩子们，在那儿陪伴着这个孤独的老师。有给予自己温柔之爱的赵陆飞陪伴着这个悲伤的男人。有了爱的日子，一晃，便也熬了

过来。

和赵陆飞的缘分，似乎是上天注定的。刚好在那一天，赵陆飞来，而苏成刚在。

那一天是苏成刚值班，谭校长推门进来，身后跟着一位戴着眼镜、长发披肩、恬静淡然的漂亮女孩。谭校长对苏成刚说："这是新来的赵陆飞老师，我们一起吃顿饭，算是给她接风吧。"

事后许久，苏成刚回忆起初见的情形，心头都会泛起微波般的颤动。应该不是一见钟情吧？一见钟情语出《西湖佳话》里的"乃蒙郎君一见钟情，故贱妾有感于心"。就算一见钟情，赵陆飞应该表示出她的"有感于心"啊！苏成刚在给自己找理由，他想否认其实第一眼看到的欣赏，便已经注定了情愫的暗生。

苏成刚成为赵陆飞来到映秀水磨校区后，见到的第一个男老师。

好吧，我们承认，最初两个人谁都没有往那方面去想，只是两个孤独的年轻人，一起守在水磨的平淡生活里，有了一些想要彼此交流的冲动。

如果两个人一起站在静谧的夜空下，要说点什么呢？

几天之前，他们还只是一对毫无关系的陌生人。可是，如今，他们竟然在芸芸众生里相遇相逢。这是苏成刚在佛前求了五百年修来的缘分吗？没有早一步，也没有晚一步，守在这个世界里的苏成刚，恰好便等到了她。

那个时候，家在山东聊城的赵陆飞，因为没有办法回家，所以，经常留在学校值班。一起分来的还有几个老师，谁都没有经常与苏成刚的工作有"交叉"的时间，只有赵陆飞，总会有意无意地进入值班室。苏成刚正在上网，她就翻看苏成刚的一些教学、教务资料，翻看学校以前制作的视频、学校灾难情况的汇报材料等。

一来二去，两个人的话便多了起来。

没有轰轰烈烈，几个月后，两个人慢慢有了感觉。

其实这之前，食堂杨阿姨早就看出了端倪，她鼓励对苏成刚说："要考虑一下个人问题了啊，我觉得赵老师不错，主动一些哈。"

但当时的苏成刚，只是不好意思地笑笑说："我没有想这些问题啊。两个人能不能在一起是一种感觉，也是一种缘分！任何东西都强求不来的啊！"

其实，怪不得苏成刚心怯，他怎敢往那方面去想？他的状况和人家完全不一样。一个二十多岁的漂亮女孩，刚刚参加工作，内心单纯而热情，对未来生活的憧憬也是甜蜜而快乐的。不像苏成刚，失去了亲密的家人和幸福的婚姻，失去了一切的过去和生活的梦想。他不敢奢望新的爱情，他不敢奢望这样一个天使般的女孩能走进自己的生命，从此与自己甘苦与共。

可是，爱的火焰燃起来，一切问题便被抛之脑后。赵陆飞告诉自己，这就是自己命中注定的缘分，爱上这个男人，不是因为他帅气的外表，不是因为房子、车子、华美的衣裳这些身外之物能带来的炫耀，事实上，他一无所有。可是，他们可以一起去看映秀日出的辉煌和日落的凄美，他们可以一起成长，一起关注学校里的每一个新的变化，他们可以像所有普通的恋人一样，将那首"我能想到的最浪漫的事，就是和你一起慢慢变老，直到老得哪也去不了，我还依然是你手心里的宝……"唱到爱情变老，而他们还一直紧紧依靠、静静守护在彼此的生命之中。

就这样，要在一起、想在一起的念头战胜了一切。

走到一起后，苏成刚便格外珍惜这段感情，以前的茫然变成了在一起的认真。他觉得自己活着又有了新的目标，新的概念，那就是珍惜并好好疼爱身边的女人，不让她伤心，不让她生气，不让她担忧……给她幸福的未来！

如果说没有第二次的婚姻，苏成刚仍只是单身一人，他会一直将工作排在第一位，并为之奋斗终生。可是，他有新的牵挂了，有新的幸福了，他需要将婚姻和家放在生命中的首位，因为他曾失去过，他懂得失去后的疼痛，他不想重复那样的人生。

这样位置的置换，有例为证。

映秀突发洪水的那一天，很早到校的苏成刚，和赵陆飞有了一起经历灾难的记忆。

他在组织学生，他和其他老师一起，将学生带到校门口，学生们急急往二台山上跑去。可是，他不能跑，他要等到自己心爱的人，他知道那个时间，骑着自行车的她，很快便会从山坳的那一端进入自己的视线，他焦急地等待着。

赵陆飞来了，骑着自行车的赵陆飞来了。"赶紧把自行车扔在那儿，赶紧跟我走。"苏成刚老远便冲着赵陆飞喊了起来。

"怎么回事？"赵陆飞脑子一蒙，她从来没有见过苏成刚这般着急的模样。半天腿迈不开。来不及解释了，苏成刚跑过去拽住她的胳膊，有好心的老师也跑过去在后面推着她。她这才有力气跟在大部队的后面一起跑了起来。

如果没有在校门口等赵陆飞，只是随着学生一起撤退。虽然知道自己一定

会回去找她，但是，那种感觉是完全不一样的。他会有将亲人丢下的内疚。或许，赵陆飞不会说什么。因为她也是老师，她知道那种情况下，应以学生为重。可是，苏成刚想鱼与熊掌兼得。地震后的他，重新获得新生的他，有些贪心，因为他不想再次失去家庭和爱的人。

这和地震前的心态有了明显的变化。

地震发生时，苏成刚没有时间考虑太多，他不知道自己的家人怎么样了。他只是暗暗去赌：如果晓庆还活着，她就还有希望。如果晓庆已经遇难了，就算他跑到幼儿园去，也是白跑了。而小学这边，每一秒都有可能救出一条生命，也有可能失去一条生命。因为灾难太大了，大到让人没有办法想象，在不知道什么状态的情况下，他只有去赌，赌她还活着。事情都做完了，他也要去找她，去看她。只是在地震后的当时，他不能那样去做。

震后三年，苏成刚对家的重要性的认识发生了太多改变。家成为他的港湾，他的牵挂，他最重要的心灵归属。不仅如此，重新走入婚姻的苏成刚，觉得自己很有福气，因为娶了一个有情有义的山东姑娘。十分重视亲情的赵陆飞，带给苏成刚很大的冲击，这让他真正意识到家对每一个人的重要。也正是在妻子的身体力行中，在耳濡目染中，苏成刚改变了对亲情的认识。

因为远隔千里，因为不能经常相见，赵陆飞只能通过电话和短信与自己的家人交流、沟通。她打给父母的电话，会聊家常，会嘘寒问暖，会讲自己的工作，包括讲自己的同事……那样坦诚和频繁的沟通，对苏成刚触动很大。想想自己，因为离父母和家人有点远，又忙着灾后重建，这便成为他很少回家的理由。即使回家，也很少和父母亲沟通。包括对待亲情的关注也不到位、不积极。不仅说得少，做得也少。

地震后的第二个月，苏成刚的父亲被查出罹患了前列腺癌，医生给的结论是：还有三到四年的时光。为了父亲能够赶紧好起来，怀着期盼之情，苏成刚和家人一起，帮父亲决定，让他做了一个很痛苦的手术。躺在医院里的父亲，好像一下子老了一般，不停地说话，一句话翻来覆去地说，一些无关紧要的事情没完没了地说。他还老说，自己的这个小儿子长大了，他没有办法管了，包括结婚这件事，他也管不了了，他老了。

父亲的唠叨让灾难中还没有痊愈的苏成刚痛心不已。再看父亲的眼光，便和以前有所不同。以前的他一直觉得，他还需要父亲的呵护，不管是工作，还是生活，他觉得自己还是个小孩，需要父亲的照顾。不仅如此，他的心里极其崇拜父亲，他觉得父亲一生做了很多有意义的大事，他如果能够像父亲一样，该有多好。但是，他尚不明白，父亲的这一切表现，只是期望孩子们去关注他、照料他，将他当成一个该得到宠爱的孩子一样，陪伴他。他希望儿子能常回家看看他。

可是，苏成刚却很少回去，即使放假，他也总是抢着在校值班。"父亲啊！虽然你在心里如山般高大。虽然知道病后的你需要儿子陪伴。可是，儿子不知道在琐碎的生活里，怎么陪着你，儿子表达不出那样细腻的情感……"

对此，父亲总是表示理解，他希望儿子在事业上的成就能超过自己。可是，那很重要吗？对于一个垂垂老去的老人，关注儿子的事业成功，会远远超过对"一家人在一起"的期盼吗？

而父亲的理解，却又换来了苏成刚的疑惑，他想不明白："自己遭受了那样大的灾难，怎么父亲对他的关心，突然少了？不再像以前那样时时牵挂他了呢？"

和赵陆飞在一起，他才明白，他需要反哺，他需要去照顾已经老了的父亲。

所以，现在的苏成刚，无论是在工作上，还是在生活中，好像突然从温室里走了出来一般，他觉得自己是一个独立的大人了，他现在做的，和父亲以前做的一样有意义。虽然对父亲生活上的照顾还是有所欠缺，但是，他正在慢慢努力告诉父亲，他的儿子在干什么，他的儿子在想什么，他的儿子遇到了什么困惑，他的儿子又有了怎样的感想……而遇有洪水或是余震突发时，他首先想到的，是给家里人打电话，给父亲打电话。

和赵陆飞恋爱前，有一段时间的苏成刚情绪十分低迷，他常常说："哎呀，就这样过一辈子啊！就这样过吧，反正我活着对得起我的工作，对得起关心我们的那些人，我这样就已经做到最好了吧。"虽然态度消极，但是苏成刚还是积极而又认真地去对待工作。

对此，赵陆飞便常常感慨："你这个人对工作太认真了，太老实了，该不该做你都去做，哪有你这么认真的？你要知道，认真地工作不是人生的全部。你还应该将更多的精力留给自己的生活，留给自己的亲人。你是用认真工作来逃避，来消沉。这样，爱你的亲人们，心会疼。可是，他们的心疼又不敢在你的面前表现，这样，他们便会更痛苦。你想让自己的亲人因为自己而痛苦吗？一定不想吧！所以，你要振作起来，要赶紧把那种低迷的、消沉的状态甩开。

你看你长得多阳光啊，这样阳光的人，怎么可能会再也遇不上阳光的人生呢？"

果真是心理学专业的老师，苏成刚好像一下子有所顿悟。于是，他亲昵地揽过赵陆飞，握着她的手，认真地说："如果没有认识你，这样低迷的状态，可能会伴随我一辈子啊。"

赵陆飞温柔地回应他："一切都会好起来的。只要你愿意去努力。"

因为苏成刚特殊的过去，生活中，赵陆飞对他的照顾要多过他许多。这是一个女孩对自己深爱着的男人的亲情。也因如此，在水磨过渡的苏成刚，每次看到仅有的家当——几床被、一台电视机时，他都盼望搬回新学校，盼望搬回教师楼，盼望有自己独立的、温暖的家，盼望与赵陆飞走进婚姻的殿堂。

搬家、回到映秀、结婚，三件事情中的哪一件事都能让苏成刚在梦里带来新的憧憬。

3. 只要映秀小学在，他便会一直在

> 现如今看这些，一切都很平静了。
> 不停地重新整合，安装更新。
> 终于具有了重新站立起来的能力和力量。
> 只要映秀小学在，他便会一直在。
> 他的人生只刚刚进入状态。

* * *

重新回到映秀的苏成刚，算起来，只去过映秀公园的小学旧址一次。内心深处的有些东西，他依然不愿意去碰触。他情愿多看一眼漫山遍野的野花，他宁愿记住这些春风吹又生的美丽图景。只有这些，才能给人以力量，才能让人从绝望里一步步走出来。

当然，对于如今映秀镇的美丽，他其实有着自己的叹息："如果不是地震，这里怎么就成旅游区了呢？"说这话时，正有几个游人在"映秀小学"四个字前留影。蓝色的门楣，红色的校名，在整个天地间，清晰可辨。

有时候想起来，依然还会很伤心，虽然地震已经走远，而活着的人又有了新的生活。

他常常问妻子赵陆飞："我是不是越来越感性了？"

如今的他，有时候看一些伤感的电影，听到一些悲伤的故事，他都会情不自禁地流下眼泪，他觉得有越来越多的事情让他感动。

再回头看这三年，有时候他也不知道该说些什么。真的是这样，新生活给了他新的感受，三个好朋友也各自有了自己的新家庭，虽然以前的很多记忆还在，还没有消失。可是，现如今看这些，一切都很平静了。

"平静""感性"，这样的词越来越多地出现在苏成刚的词典里。

以前的他，即使有情绪，也会压抑着。可是如今，他愿意让这样的情绪释放出来。他常常琢磨，这样时间久了，他会不会变得优柔寡断呢？可是，不想它了，想多了，是没有用的，顺其自然吧！

在苏成刚迎来的新生中，忙碌的工作功不可没。可是，这个谦虚的男人，却总是这样感慨："也不知道一天在忙些什么？我自己都觉得很好笑。一学期又完了，我这学期到底忙了什么？"

是啊，他都忙了什么？老师们经常对他抱怨："我们这学期的课怎么办啊？新课都还没有上完，又有新任务了，怎么办呢？"

怎么办？身为教务主任的苏成刚，所有的教学事务都要安排好，有老师请假，请假者的课程调整也要他安排。他也不知道自己忙了什么，只是像走过例行的程序一样，不停地重新整合，安装更新。

可是，正是在这样的更新里，映秀小学才能迎来真正的重生和站立。

"5·12"地震后的映秀，其实一直被接二连三的次生灾害所笼罩。山体滑坡、泥石流、洪水等自然灾害频发。有一次，夜里一直在下雨。苏成刚紧张了一晚上，再加上中间收到了短信警报，公安局和政府的工作人员也一直都坚守在附近。可是，等到第二天早上老师和孩子们到了学校，渔子溪的河水并没有翻腾过来，太阳也是早早升到了山头，微风吹着有一丝丝的凉意，所有的迹象都表明，应该不会发生任何不平常的事情，这只是正常、平静、从容的周一早上。

可是，警报就在那一刻拉响了。来得那么突然，一下子就如荆棘刺入心脏。2008年大地震的感觉一下子便回来了，苏成刚的心脏紧缩成了一团。

但是，紧张归紧张，校长、老师都在有条不紊地组织学生撤退，清点学生带离学校。这些经历过灾难的孩子也是，突然便有了经验，知道第一时间该干

什么，虽然脸上写满了惊慌。一切都有着良好的秩序、纹丝未乱。

到了二台山的安全地带，稍事休息，学校的老师便给学生进行撤退后的第一次心理安抚。

所谓的安抚，就是遇到突发事件对学生的疏导和安慰，让学生知道发生了什么事，教他们怎么去处理。安抚前，有胆小的孩子在哭。有急急赶来的家长要接走学生。见此，苏成刚就从笔记本上撕了一些纸，让班主任做好统计，他站在100多名学生面前，大声地告诉他们，"不要怕，不要惊慌，只是警报要发洪水，为了预防灾难，才把大家紧急疏散到这个地方。警报只是一个预防，并不是说灾难真的来了。警报是提醒我们，要处理这个事情。所以，我们来到了二台山上。在这里，我们是安全的……"

听了苏老师的话，知道了怎么回事的孩子，再也没有一个人害怕地哭泣。打来电话的家长，得知学校的老师一直和孩子们在一起，也就纷纷放下心来。

事后，苏成刚在教务工作会上感慨："地震给了我们处理灾难的能力，可是，我们情愿不要这样的能力。"

这次事件的安抚到位，让苏成刚意识到，学校的老师和学生们的确已经发生变化了，都具有了重新站立起来的能力和力量。

苏成刚曾经写过一篇报告，题目是——《灾后心理干预任重而道远——映秀小学火后心理重建点滴》。开篇他便说道："经过大地震的孩子们在回到映秀后有着怎样的心理？他们在想什么？他们需要什么？由于心理创伤他们会有怎样的外在反应？我们该怎么做？我们的老师们在家破人亡的状况下该用怎样的心态面对孩子们……"

关于心理辅导。从最初系统化的培训，到如今对心理辅导的认识，他觉得自己在这方面确实有了一个大的提升。和老师们沟通时的方式，观点，也很容易便能得到老师们的认同。

包括上课也是这样。以前可能在与学生的沟通交流上，切入点不对，对学生用的语言或者技巧不恰当，很难达到自己想要的效果。可是现如今，他与孩子沟通、交流，包括处理他们的一些事情，比以前好了许多。

有一个学期，苏成刚没有课，他做了一个尝试。在四年级的一个班，据老师反映，那个班级那学期比较难管，调皮捣蛋的学生很多，影响了整个班级的状态。

那一天，40多名学生分成两拨。一拨跟着心理学老师赵陆飞去玩沙盘游戏，一拨和苏成刚在教室里待着。时间到后，两拨学生再交换。因为沙盘游戏能使用的空间和人数有限。

那一天的苏成刚，带了 20 多本书，主要是心理成长方面的一些书和故事书，基本上一本书就一个故事。他对剩下的孩子说："这节课我们就看书。"平时学生们都觉得看书很无聊。苏成刚又说："我们今天这样看，给你们 8 分钟，8 分钟你们自己把这个故事看了之后，你才有资格和别人交换。在交换之前有个前提，你要不用看书，就能把这个故事叙述给我听。而且要告诉我从这本书中你学到了什么？或者是自己想说什么？"

啊？苏老师这个建议好有趣。教室里先是叽叽喳喳的一阵议论声，紧接着便悄无声息，每一个人都全身心投入 8 分钟的阅读和领会之中。

很快，有一个学生举手了："苏老师，我读完了，我要换书了。"

"换书可以，你得完成老师布置的这个任务啊。"

听了苏老师的话，这个学生马上就走到讲台上，将这本书的精华内容叙述了出来，并且给同学们讲，他从这个故事里懂得到了什么道理。

他的发言引来苏老师成串的溢美之词。见此，其他同学纷纷举手响应，也踊跃表达自己的观点。

"用不同的方法，找一个最合适的切入点，给学生们一个空间，相信他们能够完成一件事情，而且在完成的时候会得到老师的认同，这样才能激发他们学习的积极性……"这是苏成刚自己的理论总结。

说实话，因为对学生们有着深厚的感情。所以，苏成刚一直很愿意去做心理学方面的教育。在他看来，这是映秀小学的孩子们更需要的。

从心理学教育的发展来看，或许，走到外面去，对苏成刚个人的帮助会大一些。可是，他却告诉自己："只有在这儿，才是对自己更有意义的，因为这里的孩子需要，他要为他们做得更好一点。"

苏成刚坦言，或许一些年之后，自己面对灾难的感受会更加淡化。在生命的排序中，家庭固然重要，但事业上也许会更全身心地投入，心里也不会像时时绷着根弦一样，总在担心还会有什么灾难要来。尤其是接近暑假，频发的洪水和泥石流，总让自己活得胆战心惊。

这样的心理其实是正常的。正因为灾难的频发，太害怕重新失去，所以，在排序上面，家庭会优于一切。若干年后，这一切平静了，即使心里依然重视家庭，可是，在表象上看，行动上的排序或许会有所变化。

又有人问过他一个假设性的问题:"如果这个地方一直都会发生危险,比如滑坡、泥石流,你会离开这个地方吗?为了家里人更稳定、更安全一点,你会离开这个地方吗?"

苏成刚立刻回答:"可能……但到目前为止,我没有想过。我也不知道自己为什么没有想过。如果必须走的话,我让家人走,我从来没想过会离开这儿,没想过的意思就是说,再有大的灾难,我也不会离开这儿。但我可能会考虑把家人送走,我不走,我从来没有想过走的问题。"

和董雪峰、刘忠能一样,地震过后不久,苏成刚也曾经有过可以离开的选择,但是,他和他们一样,选择了拒绝,"一直在这个地方生活,一直都在,不想离开这个地方。"而且,他也一直安慰自己,"大的灾难已经过去了,这地方不可能再有大的灾难。"

也正是因为这种灾难,让苏成刚感受到映秀小学这份解不开的缘分,终生不离弃的缘分。他觉得自己就是映秀小学的一部分,如果映秀小学集体搬迁,可以,那没问题,他走!如果映秀小学在,他便会一直在。

是的,只要映秀小学在,他便会一直在。年轻的苏成刚,震后重生的苏成刚,他的人生应该有太多精彩,有太多喜悦。他那颗曾被灾难揉搓得皱巴巴的心,在春天的怀抱里,已然成为一朵迎春的花苞,芬芳在整个映秀。

"我们像鲜花,开在春天里;鲜花爱雨露,我们爱老师……"教室里突然传来一阵这样的歌声,那稚嫩的童音像是天籁,萦绕在映秀小学的上空,也萦绕进了苏成刚们的生命。

苏成刚个案点评

香港大学社会工作及社会行政学系教授　梁祖彬

四川汶川大地震转眼已快过去 7 年。当时曾经惊动世界和触动人心的地震已渐渐被人们忘记。时间会治疗一切创伤，相信大多数当时受影响失去亲人、朋友、财产或受伤致残的群众已逐渐恢复正常生活。当然地震创伤的疤痕会仍然深深地刻在他们的心里。

过去的几年，已有不少人就地震后的影响及重建经过写过很多故事。学术界不少学者亦以汶川地震作为重建研究案例，尤其是社会工作专业，这为中国以后应对地震和进行灾区重建，帮助灾民缓解苦痛、强化抗逆能力、重建自信，建立了一套良好的工作指引。本书的特点是从三位经历地震的老师在地震后的挣扎奋斗过程，记录了不同人对"重生"的感受，可以让我们从另一个角度去了解地震灾难对人的影响和人们的康复过程。苏成刚并不是一个伟人或英雄，他是一个"平凡"的人，一个普通的乡村老师。当然，每一个人的生命经历都是独特的。

对我来说，写一篇评论灾民感受及其康复过程的文章是极大的挑战。我的专长是宏观社会政策分析和管理，有关心理辅导并不是我的强项。当沈文伟博士邀请我写有关文章，我知道他并不要求我从客观学术角度去评价苏成刚的经历。当然，我亦不完全是一位旁观者。我与苏成刚一样都在近年内失去了至亲的爱人。不同者，苏成刚的妻子是在地震中突然离去，而我的妻子是因病，我们共同面对癌魔五年，她才与我分开。在这五年间，我们之间的感情是结婚以来最好的，最能感受到两个人互相的爱护和关怀。在妻子发病之前，我们更关注各自的事业，没有留意要发展家庭关系。与苏成刚不同，我妻子的离去对我们来说是一种解脱，我们亦有充分的时间去迎接分手日子的来临。有时，我只会责怪自己在她患病时间照顾不足，不能深切地体谅她当时的心境。对苏成刚来说，妻子的离去是突然的，没有机会说一声"再见"。当知道妻子的死讯

时，他的感受会是非常强烈的。

还记得，地震当天，我与妻子正在昆明绝望地寻找另类治疗方法。地震发生时，我与她正携手在滇池湖边散步，当时察觉到有点怪异，后来才知道四川发生了大地震。以后，我们因为面对生死的挣扎，没有更多的精力关注地震后的广泛影响。因此对我来说，四川地震更多的会引起我对妻子的回忆，回想起我们在昆明共同生活的一段时光。

从文章中我们知道，苏成刚出生于一个偏远山区少数民族大家庭，那年是1977 年，大山区中的童年是艰辛的，但简单、容易让人满足。童年生活中最让苏成刚痛苦的是在中学二年级时，他的弟弟因病去世，这是他第一次感受到亲人离开的伤痛。

苏成刚的妻子程晓庆是幼儿园老师，来自小康之家。两家人都有成员为老师，算是知识分子家庭。从谈恋爱到结婚都顺利、简单，唯一不顺利的是毕业后工作把他们分开。他们 2000 年结婚，生活是有规律、平淡和简朴的，每天做饭、看电视、打理家务、聊天、听音乐等，很温馨。妻子很能干，很会照顾丈夫，包括做饭，为他买衣服，布置家庭，把家里收拾得干干净净。生活非常愉快幸福——阳光日子。对琐碎生活的描述反映的是一段幸福的日子，也带来日后的伤痛回忆。

虽然文字无法完全呈现地震那令人触目惊心的场面，但我们可以感受到如世界末日般的景象。一瞬间，人们的自然反应是惊惶、恐慌、尖叫、痛哭、不知所措。我相信经历了地震的人们都会终生难忘。过了几年，苏成刚对当时所发生的事情包括他的反应、救人行动、寻找妻子的过程，还可以清楚、准确地描述出来。看到他形容自己从废墟中找出妻子遗体的时刻，读者都会感受到他震惊、绝望、无助和麻木的心情。一方面苏成刚要救人，另一方面要想办法把妻子的遗体挖出来。整个救人与自救过程，表现出在关键时刻人们将互助精神发挥到极致的情景。大家商量利用短缺的物资和工具，分工合作，尽量抢救受伤的人和维持生活。

当救援人员把妻子的遗体挖出来后，苏成刚痛心地用床单和塑料布把她包起来，我想他当时一定是欲哭无泪的。他当时也没有时间联系家人，了解其他家人是否安全。其后，撤离现场的过程有点像战争中逃难的场面。记录的重点放在了解苏成刚在地震后的几天内所经历及所做的事情，包括遇见什么人、做了什么事情、吃过什么东西、到过什么地方。当时，他想过什么？有什么打算和计划？他在感情上的反应及处理并未多着笔。整体来说，感觉苏成刚是十分理性的，面对灾难的冲击，仍然能够保持情绪稳定，冷静地去处理一切事务。

在重建中，苏成刚很快便有不错的住宿条件及工作分配安排。在混乱的情况下，他尽力寻找学生、安置孤儿、积极参与重建工作。工作忙碌，父亲患上癌症，他等手术完结后，便马上离开，因为有很多工作等他去做。除了安抚工作之外，苏成刚还要安排接收捐赠物品和器材，以及学校复课准备。

在重建工作中，苏成刚肩负重任——在映秀灾区开展安抚工作。安抚工作是指每天按照死亡名单找到学生家长，对他们进行慰问和发放5000元慰问金。他的角色类似于一位社工，不同的是他本身也是灾民。我不清楚当他要安抚失去孩子的父母时，是否会想起自己亦是失去了妻子的人。假如他不能好好地处理和控制自己丧失亲人的苦痛的话，他不但不能安抚其他灾民，帮助他们平复悲伤及计划将来的生活，甚至会面临精神崩溃。

男人一般对感情的表达都是比较含蓄的，苏成刚面对妻子的离去，并没有找朋友开导自己。他靠喝酒、吸烟及全力投入工作来转移注意力，以缓解痛苦。面对繁复的行政和接待工作及课程设计，他只能把伤痛放在一旁。面对学生的困境，他尝试用不同的教学方法，如绘画、聊天、游戏、录像、比赛和讲励志故事等辅导学生，鼓励他们恢复自信和希望。在整个教学过程中，他扮演了老师和社工的角色，尤其是协助一些身体及心理上受到伤害的学生，苏成刚的用心照顾对他们的康复极为重要。当然，在引导学生的同时，他自己也会有不安的情绪。苏成刚是这样形容自己的困境的：他需要扮演两种角色，面对媒体时，他的话语要顾及学生，要给孩子展现正向性的信息，在面对学生时候，他要表现得十分坚强，肩负起正向引导学生的重任；但是，这种坚强不是他真实的样子，其实他的内心还是非常痛苦和伤心，甚至在最痛苦的时候，比如傍晚时，他会一个人爬到山上，在埋葬晓庆的地方，去坐一坐，平静一下自己。

地震的冲击和灾后的挑战改变了苏成刚。他比以前更爱结交朋友，亦学会接纳他人。他也学会了控制自己的情绪，学会表达和与人沟通、分享。为了应付挑战，他的学习动机增强，他爱看书、参加培训。重要的是，他已经能够面对灾难，正如他曾经和沈文伟博士谈到过，这个灾难成为他人生最大的一笔财富。他从迷茫、苦痛和无奈中自我疗愈、自我成长，学会了自我控制。通过全

面投入灾后重建工作，他把自己变为一位出色的教师、社工、心理辅导员和行政领导。苏成刚能够很快适应新环境，不自暴自弃，并把悲痛转化为动力，为学生的康复贡献力量和建立自己新的事业。

三年后，苏成刚在新学校工作，有了新的居所，不用再住板房。虽然经常会回忆，但他的心情已平静下来。

在新的工作环境下苏成刚认识了一个女孩，可以说是一见钟情。对于一位三十多岁的失去妻子的人来说，再婚是理所当然的，但再婚是否会面对一些心理上的挣扎，苏成刚并没有多说。苏成刚对新的感情更为重视和珍惜，愿意把家庭放在生命的第一位，尤其是他对患重病的父亲更为关心。他很快便成为父亲，对家庭的责任有了更深的理解。

从苏成刚的家庭背景、成长、读书、工作、结婚的经历中，我们了解到一个幸福家庭的方方面面。地震摧毁了房屋、道路和生命，破坏了美好的家庭。但是，地震并没有摧毁人的意志，苏成刚成功地走出痛苦，为灾后重建做出重要的贡献，这也让他成长起来。

后来，四川又出现雅安芦山县大地震，经历了上一次地震后，在救灾工作方面已有系统和快速的反应，灾民的需要也很快得到满足。以往累积的宝贵经验对灾后工作的推进是十分重要的。最重要的是灾民自身，像苏成刚一样，他们获得了抗逆能力，心理上比以前更成熟，会更快恢复心情重建家园和开始新的生活。

图书在版编目（CIP）数据

一起重生：三个震撼人心的故事/沈文伟编著．—北京：社会科学
文献出版社，2015.5
（中国灾害社会心理工作丛书）
ISBN 978 - 7 - 5097 - 7387 - 1

Ⅰ.①一…　Ⅱ.①沈…　Ⅲ.①地震灾害 - 灾区 - 心理保健 - 研究
Ⅳ.①B845.67②R161

中国版本图书馆 CIP 数据核字（2015）第 076209 号

· 中国灾害社会心理工作丛书 ·

一起重生
——三个震撼人心的故事

编　著/沈文伟

出 版 人/谢寿光
项目统筹/高　雁
责任编辑/高　雁

出　　版/社会科学文献出版社·经济与管理出版分社(010)59367226
　　　　　 地址：北京市北三环中路甲29号院华龙大厦　邮编：100029
　　　　　 网址：www.ssap.com.cn
发　　行/市场营销中心（010）59367081　59367090
　　　　　 读者服务中心（010）59367028
印　　装/三河市东方印刷有限公司

规　　格/开　本：787mm × 1092mm　1/16
　　　　　 印　张：20.75　字　数：356千字
版　　次/2015 年 5 月第 1 版　2015 年 5 月第 1 次印刷
书　　号/ISBN 978 - 7 - 5097 - 7387 - 1
定　　价/69.00 元